中国消防救援学院规划教材

灭火救援指挥

主　　编　姜连瑞　赵　洋
副 主 编　王　佩　王　晋
参编人员　范文恺　原　敏　朱显伟
　　　　　谢　浩　叶　涣

应急管理出版社

·北　京·

图书在版编目（CIP）数据

灭火救援指挥／姜连瑞，赵洋主编 . – – 北京：应急管理出版社，2022（2023.8 重印）

中国消防救援学院规划教材

ISBN 978 – 7 – 5020 – 9417 – 1

Ⅰ. ①灭… Ⅱ. ①姜… ②赵… Ⅲ. ①灭火—高等学校—教材 Ⅳ. ①TU998.1

中国版本图书馆 CIP 数据核字（2022）第 122752 号

灭火救援指挥（中国消防救援学院规划教材）

主　　编	姜连瑞　赵　洋
责任编辑	闫　非　罗秀全
编　　辑	孟　琪
责任校对	邢蕾严
封面设计	王　滨

出版发行　应急管理出版社（北京市朝阳区芍药居 35 号　100029）

电　　话　010 – 84657898（总编室）　010 – 84657880（读者服务部）

网　　址　www. cciph. com. cn

印　　刷　河北鹏远艺兴科技有限公司

经　　销　全国新华书店

开　　本　787mm×1092mm$\frac{1}{16}$　**印张**　13$\frac{1}{4}$　**字数**　286 千字

版　　次　2022 年 8 月第 1 版　2023 年 8 月第 2 次印刷

社内编号　20220989　　　　　　**定价**　39.00 元

前　　言

中国消防救援学院主要承担国家综合性消防救援队伍的人才培养、专业培训和科研等任务。学院的发展，对于加快构建消防救援高等教育体系、培养造就高素质消防救援专业人才、推动新时代应急管理事业改革发展，具有重大而深远的意义。学院秉承"政治引领、内涵发展、特色办学、质量立院"办学理念，贯彻对党忠诚、纪律严明、赴汤蹈火、竭诚为民"四句话方针"，坚持立德树人，坚持社会主义办学方向，努力培养政治过硬、本领高强，具有世界一流水准的消防救援人才。

教材作为体现教学内容和教学方法的知识载体，是组织运行教学活动的工具保障，是深化教学改革、提高人才培养质量的基础保证，也是院校教学、科研水平的重要反映。学院高度重视教材建设，紧紧围绕人才培养方案，按照"选编结合"原则，重点编写专业特色课程和新开课程教材，有计划、有步骤地建设了一套具有学院专业特色的规划教材。

本套教材以马克思列宁主义、毛泽东思想、邓小平理论、"三个代表"重要思想、科学发展观、习近平新时代中国特色社会主义思想为指导，以培养消防救援专门人才为目标，按照专业人才培养方案和课程教学大纲要求，在认真总结实践经验，充分吸纳各学科和相关领域最新理论成果的基础上编写而成。教材在内容上主要突出消防救援基础理论和工作实践，并注重体现科学性、系统性、适用性和相对稳定性。

《灭火救援指挥》由中国消防救援学院教授姜连瑞、北京市消防救援总队高级工程师赵洋任主编，中国消防救援学院讲师王佩、山西省消防救援总队高级工程师王晋任副主编。参加编写的人员及分工：姜连瑞编写第一章；范文恺编写第二章，第三章第三节、第五节；原敏编写第三章第一节、第二节、第四节，附录一，附录二；王佩编写第四章、第五章；谢浩编写第六章；朱显伟编写第七章第一节、第二节、第三节；叶涣编写第七章第四节。赵洋、王晋对编写提纲与书稿进行审定。

本套教材在编写过程中，得到了应急管理部、兄弟院校、相关科研院所的大力支持和帮助，谨在此深表谢意。

由于编者水平所限，教材中难免存在不足之处，恳请读者批评指正，以便再版时修改完善。

中国消防救援学院教材建设委员会

2022 年 5 月

目　　录

第一章 绪 论

《灭火救援指挥》是消防指挥专业的核心课程，学习这门课程首先要掌握灭火救援指挥的基础理论和学习方法。本章主要介绍灭火救援指挥的含义、要素、特点及学习方法。

《中华人民共和国消防法》（2021 年版）第四十三条规定"县级以上地方人民政府应当组织有关部门针对本行政区域内的火灾特点制定应急预案，建立应急反应和处置机制，为火灾扑救和应急救援工作提供人员、装备等保障。"因此，本书所讲的灭火救援是指火灾扑救和应急救援工作。

第一节 灭火救援指挥的含义

正确认识和理解灭火救援指挥的概念和属性对于准确把握灭火救援指挥活动具有十分重要的意义。

一、灭火救援指挥的概念

灭火救援指挥，是灭火救援指挥者（包括指挥员和指挥机关）为达到一定的作战目的，对所属消防救援队伍的火灾扑救和应急救援工作进行的特殊的组织领导活动。灭火救援指挥活动是由完成灭火和应急救援工作的指挥者对指挥对象行动进行控制的总和。

灭火救援指挥的目的就是发挥参战消防救援队伍的最大效能，尽快消除火灾和完成应急救援工作，将灾害所造成的人员伤亡和财产损失降到最低。

（一）灭火救援指挥主体

灭火救援指挥主体是指消防救援队伍的各级指挥者。消防救援队伍是我国火灾扑救和应急救援工作的常备力量，2018 年改革转隶后按"准军事化、准现役制"建立。按照《关于印发应急管理部消防救援局、森林消防局"三定"规定和机构编制方案的通知》（中央编办发〔2019〕23 号）要求，消防救援局、森林消防局及其下属的总队和支队都建立了灭火救援指挥部，消防指挥活动不是指挥员的个人活动，而是由指挥员和指挥机关共同进行的活动。消防救援队伍指挥者参与指挥大型火灾扑救和应急救援工作时，往往启动政府预案，要成立指挥部，根据《中华人民共和国突发事件应对法》（2007 年版）第八条"县级以上地方各级人民政府设立由本级人民政府主要负责人、相关部门负责人、驻当地中国人民解放军和中国人民武装警察部队有关负责人组成的突发事件应急指挥机构，统一领导、协调本级人民政府各有关部门和下级人民政府开展突发事件应对工作"指挥部最高指挥员是地方政府首长，同时还吸收有关部门领导和行业专家参加。政府成立的指挥部对大型火灾扑救和应急救援工作实施指挥，往往要预先规定，虽然不能确定具体人选，但对组成人员和其职责有明确要求。

指挥者在指挥活动中各有分工，如总指挥员、安全指挥员、供水指挥员、灭火指挥员、通信指挥员等，都对灭火救援行动担负指挥任务。因此，灭火救援指挥通常是由指挥员和指挥机关共同完成的。

（二）灭火救援指挥客体

灭火救援指挥客体是指指挥者所属消防救援队伍和其他参与灭火和应急救援行动的队伍。现代火灾扑救和应急救援工作，无论是在事故的规模上、灾情的复杂性上还是在灾害的危害程度上，都与以往火灾和应急救援工作有很大的不同，越来越显现出灭火和应急救援时间长、处置难度大、损失严重等特点。一场大型火灾或应急救援的处置行动中，往往有多种成分的救援队伍，除了消防救援队伍外，还可能有应急管理部门、公安机关、卫生防疫部门、医疗救护单位、环保部门、企业专职消防队、武警部队、化工专业抢险队伍、水电气抢修队和社会应急救援队伍等，这些救援队伍在灾害现场都是灭火救援指挥的客体，都接受现场作战指挥部的指挥。

（三）灭火救援指挥任务

灭火救援指挥任务是在保障作战人员安全的前提下，扑灭火灾，完成应急救援工作，挽救生命，保护财产。消防救援队伍面对火灾和应急救援工作，在执行任务时，消防员时刻面临高温、浓烟、毒气、爆炸、倒塌等恶劣环境，一旦发生危险情况，指挥者应能够判断险情，组织参战人员紧急避险，保障参战消防人员生命安全。如在处置化工装置火灾时，看到火焰由浓变淡、塔（釜）等容器本体抖动，听到装置发出刺耳泄压鸣笛声，这些都是化工火灾发生爆炸的前兆，只要有一个征兆出现，就应该立刻组织撤离，保障参战人员安全。根据《中华人民共和国消防法》（2021年版）第一条规定"为了预防火灾和减少火灾危害，加强应急救援工作，保护人身、财产安全，维护公共安全，制定本法。"所以保护人民群众的生命和财产安全，是法律赋予我们的职责，必须一以贯之。

二、灭火救援指挥活动

灭火救援指挥属性是灭火救援指挥的性质与火灾扑救和应急救援工作之间关系的统称。灭火救援指挥是指挥者的主观指导活动，是其定下和实现决心的过程，是把潜在战斗力转化为现实战斗力的过程。

（一）灭火救援指挥是指挥者的主观指导活动

灭火救援指挥是指挥者对灭火救援作战准备与实施的主观指导活动，是指挥者用自己的观点去指导所属消防救援队伍和其他参与灭火和应急救援行动的队伍作战行动。作战决心、作战方案、作战计划，以及其他各种作战指令等，都是作战客观实际作用于指挥者头脑的产物。而存在于指挥者头脑之外的与作战准备和实施有关的各种灾情、作战实力、作战环境等情况，则属于客观方面。

（二）灭火救援指挥是指挥者定下和实现决心的过程

灭火救援指挥定下决心的过程主要包括了解任务、判断情况、听取决心建议、作出决断、形成决心。灭火救援指挥实现决心的过程主要包括明确任务、设定实现时限、所需条件、存在困难、定下承诺、采取行动。灭火救援指挥既包括灭火救援指挥的思维活动，又包括灭火救援指挥的行为活动，是指挥者思维活动和行为活动的总和。灭火救援指挥活动集中表现在定下灭火救援决心和实现灭火救援决心方面。灭火救援决心是组织灭火救援行动和消防救援队伍遂行灭火救援任务的依据。定下灭火救援决心是灭火救援指挥活动的核心，是贯穿于灭火救援指挥活动全过程的一条主线，是灭火救援指挥成功与否的关键。灭火救援指挥活动最终都体现在指挥者定下灭火救援决心和实现灭火救援决心上，这是灭火救援指挥活动的出发点和落脚点。从这个意义上讲，灭火救援指挥活动过程就是指挥者定下灭火救援决心和实现灭火救援决心的过程。

（三）灭火救援指挥是科学化指挥的过程

潜在战斗力是指存在于灭火救援队伍不容易被发现或发觉的灭火力量，现实战斗力是指真实的即时力量，灭火救援指挥就是把灭火救援队伍不容易被发现或发觉的灭火力量转化为现实战斗力的过程。消防救援队伍战斗力主要构成要素有消防人员、技术装备、组织要素和后勤保障等，它不是它们的简单相加，而是它们的有机结合，最终形成真正的灭火救援战斗力。灭火救援指挥者的指挥活动都是围绕作战目标，使消防救援队伍潜在战斗力转化为现实战斗力，使消防救援队伍的灭火救援行动沿着预定的作战目标发展，直至取得灭火救援的胜利。从这个意义上讲，灭火救援指挥是把消防救援队伍潜在战斗力转化为现实战斗力的活动。

第二节　灭火救援指挥的要素及其之间的关系

一、灭火救援指挥的要素

指挥者、指挥对象、指挥信息和指挥手段是实施灭火救援指挥必不可少的条件，是构成灭火救援指挥的要素。

（一）指挥者

指挥员和指挥机关统称为指挥者。指挥者是消防救援队伍灭火战斗行动的筹划决策、组织计划和协调控制者。由于指挥者在灭火战斗活动中占主导地位，所以它的组成和表现形式受担负的指挥任务、指挥对象、运用手段以及所处环境的制约和影响。因而，在不同历史时期具有不同的组成和表现形式。

20世纪80年代以前，我国消防救援队伍面对的救援对象主要是建筑火灾，而且以砖木结构为主，灭火救援在平面展开，救援队伍往往人员较少，很少大规模联合作战，消防救援队伍重视体能，指挥方法也比较简单，以单个指挥员为主要指挥者。进入20世纪80年代以后，由于经济发展，高层建筑、地下建筑、石油化工装置等大量建设，与之相对应的火灾事故也大量出现，消防救援队伍的人员装备与以前相比也发生了重大变化，灭火救援作战空间不断扩大，大规模联合作战、跨地区救援行动时常发生，仅靠单个指挥员的指挥往往难以胜任，随着形势的发展，逐渐形成了由指挥员和指挥机关组合的指挥模式。随着人工智能、区块链、物联网、云计算等技术的发展，未来的消防救援队伍也向智慧消防方向发展，指挥者也必须向网络化、智能化指挥过渡。

指挥员是掌握灭火救援指挥权力、负有灭火救援指挥责任的人员，是对灭火战斗行动进行决策和监督执行决策的核心力量。指挥机关是消防救援队伍的指挥中枢，是指挥员实施灭火救援指挥的参谋、决策机构。从这个意义上讲，灭火救援指挥活动起源于指挥者的活动，指挥者的活动决定着指挥的内容、方式、方法，决定着指挥任务能否完成，从而影响着灭火战斗的成败。

一场灭火救援战斗的成败固然与灾害性质、规模以及消防救援队伍的人员装备等客观条件有关，但是我们决不能忽视指挥者特别是指挥员的作用，在很多情况下，指挥员的指挥能力是决定成败的关键。无数的灭火救援战例表明，在火灾扑救过程中，指挥员正确的指挥是灭火救援顺利进行的关键和保证。相反，由于指挥员错误指挥，贻误战机，甚至造成消防队员伤亡的案例在我国灭火救援行动中也屡有发生。一名合格的指挥员应具备以下条件：

1. 具有系统的灭火救援指挥和灭火战术理论

系统掌握灭火救援指挥和灭火战术理论，是成为合格指挥员的必要条件。灭火救援指挥和灭火战术理论主要包括：①消防救援队伍灭火救援工作的性质、特点，各项相关的法律、法规、执勤战斗条令；②消防救援队伍灭火作战的指导思想；③灭火救援指挥的规律和原则、灭火救援指挥的方法和程序；④各类火灾的扑救战术等。这些都是指挥员实施指挥的基础。

2. 具有丰富的灭火救援实践经验

积极参与灭火救援实践，积累丰富的实践经验是成为合格指挥员的必由之路。我国应急管理部确定的灭火专家组成员，绝大部分都有基层消防救援队伍指挥员岗位的经历，大多是身经百战的指挥员。

3. 掌握相关专业的基本知识和理论

现代火灾灭火救援指挥员，不仅要有灭火救援指挥、灭火战术理论和实践经验，很重要的一点是要掌握相关专业的基本知识和理论，如哲学、决策学、数学、信息与通信工程学、燃烧学、材料学、结构学、建筑学、流体力学、化学工程与工艺、压力容器知识等。指挥员应该关注高新技术的发展动态，注重用高科技产品武装消防救援队伍，不断提升消防救援队伍的战斗力。对已经装备到消防救援队伍的先进装备、器材，要知道其功能和特点，在指挥决策中运用好其战斗编成。

4. 掌握先进的科学决策手段

现代灾害事故现场日趋复杂，接受和处理的信息海量增加，有时仅靠个别指挥员的头脑很难做出正确的决策。作为一名优秀指挥员，必须学会利用先进的科学手段，运用智慧消防和人工智能辅助决策系统，帮助分析判断情况，作出正确判断。除此之外，指挥员还应该具有坚定的信念、勇于献身的精神和果敢的品格等。

（二）指挥对象

指挥对象是灭火救援指挥活动的客体，是指接受指挥者指挥的下级指挥员、指挥机关以及所属消防救援队伍和相关社会联动力量。相对于总队级指挥者而言，各支队指挥员及指挥机关、各支队参战消防救援人员都是指挥对象。指挥对象作为指挥信息的接受者、领会者以及执行者，它的执行情况决定着能否最终实现指挥目的。因此，指挥者和指挥对象相互依存、相互作用，共同构成了灭火救援指挥活动的两个最基本的方面。

指挥对象作为指挥活动的客观要素，它不是被动地存在的。首先，指挥对象包括下级指挥者，当对自己的部属实施指挥时，它也是指挥者，具有主动性；其次，指挥者与指挥对象之间并不是单向作用的过程，而是一个不断交流的过程，指挥者发出每个指令后，都要根据指挥对象反馈回来的信息及时地调整指挥信息，形成新的正确的指挥信息，发出新的指令，从而形成不间断的指挥，指挥者与指挥对象之间是双向作用的过程。

大多数灭火救援行动由支队组织进行。在这些行动中，消防救援站作为指挥对象，既包括站指挥员又包括站战斗员。站指挥员相对于支队指挥员而言是指挥对象，而相对于本站而言又是指挥者。站指挥员在接受指挥中不应该是被动的，而应该积极参与、主动反馈。站指挥员一方面接受支队指挥者的命令，另一方面还要将上级意图在所属消防救援队伍中贯彻执行，或者部署安排，这时他又行使指挥者的职责和权力。由于火场情况瞬息万变，基层指挥员在最前线指挥作战，往往对火场变化最为清楚，根据不断变化的火场情况，站指挥员应该及时将最新情况反馈给上级指挥者，以便指挥者能根据新情况及时调整作战方案。指挥对象的主动性还表现在：消防救援站在没有得到上级指示的情况下，站指挥员应该根据自己站的力量、所处的位置判断上级指挥者可能交给的任务，提前做好准备，预先展开，一旦指挥者发出命令，迅速投入战斗。如某消防救援站参加某石油库的一个外浮顶罐密封圈火灾，当指挥部正在研究灭火方案时，该站指挥员根据侦察的信息和自身经验，对灭火方案做出了基本判断，并根据自己的判断，准备了登顶灭火的泡沫枪和个人防护装备。当指挥部下定具体灭火决心时，该站主动请战，并向指挥部汇报了灭火计划和准备情况，指挥部在对该站的行动计划做一定的修正后，批准其行动，该站迅速执行，顺利完成任务，为取得此次灭火战斗胜利赢得了时间和战机。

（三）指挥信息

指挥信息是指保障灭火救援指挥活动正常运作的各种信息。它主要包括 3 个方面：①供指挥者进行灭火和应急救援战斗决策的各种情报信息。如着火对象情况、火场环境情况、交通道路情况、水源情况和参战救援力量战斗力情况等，是指挥者定下正确灭火战斗决心的基本依据。火灾扑救和应急救援信息是指挥者实施指挥的首要信息，无论是定下决心还是制订具体预案，都脱离不了对作战对象情况的了解。对作战对象了解不够，不仅不能做出正确决策，甚至还会酿成事故，造成伤亡。②体现指挥者决心意图的各种灭火战斗指令。如灭火救援战斗命令、指示、计划等指挥文书，是指挥对象规范自身行动的基本依据。③反映灭火救援战斗行动状况的各种反馈信息，是指挥者协调控制消防救援队伍和社会联动力量实施灭火救援战斗行动的依据。指挥对象往往处于灭火救援的最前线，对灾害事故现场发生的变化、指挥者的意图是否顺利实施、在实施过程中存在什么问题最清楚，应该主动反馈信息。指挥者应该根据指挥对象的信息反馈，把握火场情况，及时调整方案，使主观指导符合火场实际。

指挥信息作为灭火救援指挥活动的基本要素，其质量直接制约着灭火救援指挥能否顺利实施，从而对灭火救援战斗结局产生重要的影响。所以，指挥者应力求确保指挥信息正确，使指挥信息符合当时的灾情和指挥对象的实际，为取得灭火救援战斗的胜利奠定坚实的基础。对灾情的掌握是否准确、全面，直接关系着灭火救援战斗决心的正确性。在现代灭火救援战斗中，指挥者在研究、分析灾情时，既要全面把握有关作战对象的所有情况，又要根据实际灭火救援条件、环境，有重点、有选择地掌握那些对消防救援队伍行动影响较大的情况。

另外，指挥信息的表现形式，即灭火救援指挥文书对灭火救援指挥活动也有很大影响，它直接关系到指挥效率的高低。制订、传递和接受指挥文书是灭火救援指挥活动过程中的一项十分重要而又繁忙的工作。因而，必须改革指挥文书，规范文书格式，以实现指挥信息的高效传递，提高灭火救援指挥的正确性和时效性。

（四）指挥手段

指挥手段是指挥者在灭火救援指挥活动过程中运用各种指挥技术器材进行灭火救援指挥的方式和方法。在灭火救援指挥活动过程中，指挥者与指挥对象之间存在着一种法定的指挥关系，指挥者有指挥的权利，指挥对象有执行的义务，但这并不意味着指挥就能自然发生。也就是说，指挥者的意图要想落实到指挥对象的灭火救援行动之中，指挥对象要想准确地理解和执行指挥信息，指挥信息在指挥者与指挥对象之间的交流必须有一个中间媒介，促使指挥手段的存在成为必然。所以，指挥手段作为指挥者与指挥对象联系的中间媒介，是构成灭火救援指挥活动必不可少的内部要素之一。

指挥手段实质上包括以下两个方面的含义。

1. 指挥工具

指挥工具，即各种指挥技术器材。指挥工具是构成灭火救援指挥手段的物质基础，是灭火救援指挥得以顺利实施的必要前提。缺少了指挥工具，指挥者就无法了解情况，指令就无法传递给指挥对象，无法对指挥对象的行动进行协调控制，也就谈不上指挥。指挥工具的发展又对灭火救援指挥的发展具有十分重要的促进作用。科学技术的发展影响着灭火救援指挥的发展，而科学技术对灭火救援指挥的影响又总是表现在指挥工具的改进上。从锣、鼓、号、旗，到瞭望台、有线通信、无线通信、BDS 卫星定位系统，到以计算机为核心的指挥自动化系统，指挥工具实现了突飞猛进的发展，使灭火救援指挥出现了本质的飞跃。目前我国大部分作战指挥中心都建立了先进的灭火救援指挥系统，各种指挥信息在指挥中心汇集，及时传达指挥部命令和反馈信息。

2. 运用指挥工具的方法

运用指挥工具的方法，就是指挥者运用指挥技术达到指挥目的的方法和措施。要想提高战斗力，还必须对硬件资源优化使用，辅以强大的软件，综合发挥资源优势。目前我国灭火救援指挥中心的硬件建设普遍比较先进，有些消防救援总队的硬件设施甚至超过发达国家水平，但就软件而言，总体水平还比较低，有待提升。

二、灭火救援指挥各要素之间的关系

任何事物都不是全部要素的简单叠加，而是其各要素有机联系的整体，如果把灭火救援指挥要素比作人体，指挥者就相当于人的大脑，指挥信息、指挥手段就相当于人的中枢神经，指挥对象就相当于人体的四肢，它们之间的关系如图 1 - 1 所示。

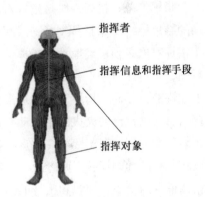

指挥者

指挥信息和指挥手段

指挥对象

图 1 - 1　灭火救援指挥
要素之间的关系

（一）指挥者与指挥对象的关系

指挥者与指挥对象之间是主观见之于客观、指令与执行、作用与反作用的关系。一方面，指挥者的主观意志以指挥信息的形式，通过指挥手段而作用于指挥对象。由于指挥者和指挥对象存在着法定指挥关系，指挥对象必须服从于指挥者的指挥，执行指挥者的指令，通过实际的灭火救援行动实现指挥者的意图。另一方面，指挥对象对指挥者的指挥具有能动的反作用。指挥者与指挥对象之间的指挥与被指挥关系，并不是说指挥对象只接受来自指挥者的指令，只是被动地执行，而是具有一定的能动性。在灭火救援指挥活动过程中，指挥对象要根据实际情况，向指挥者反馈信息，促使指挥者做出符合客观实际的指令，从而做出正确的指挥。指挥者只能立足于指挥对象的实际情况，在客观物质条件所允许的范围内实施指挥，不能超越指挥对象的实际。同时，指挥对象的能动反作用也不能凌驾于指挥者的指挥之上，而必须在指挥者的指挥之下。

（二）指挥信息与指挥手段的关系

指挥信息与指挥手段的关系，是信息和信道的关系。指挥者在灭火救援指挥过程中的一切活动都是围绕着指挥信息的形成、传递、修订而展开的，指挥信息虽以指挥文书的形式表现出来，但它不能自动地发挥作用，它必须通过指挥手段这一载体使指挥者与灭火战斗环境和指挥对象产生紧密的联系，灭火救援指挥活动才能运转起来，从而构成了灭火救援指挥活动。所以，指挥信息和指挥手段之间是信息与信道的关系，它们共同构成了指挥者与灭火战斗环境和指挥对象相互联结的现实条件，即灭火救援指挥的媒介要素。因而，在灭火救援指挥活动中，指挥信息与指挥手段相互结合，与指挥者、指挥对象相互联系，体现了主体、媒介、客体、环境相互矛盾又相互统一的辩证关系。

（三）指挥者与指挥信息、指挥手段的关系

指挥者与指挥信息、指挥手段的关系，反映了灭火救援指挥目的与条件的关系。灭火救援指挥从其实质来说就是定下灭火战斗决心和实现灭火战斗决心的活动，是指挥者借助指挥手段，把指挥目的具体转化为指挥信息，再将指挥信息与指挥手段相结合作用于指挥对象，同时又能动地反作用于指挥者的过程。指挥者与指挥信息、指挥手段的相互影响、相互作用贯穿于灭火救援指挥活动的全过程，指挥者的主观能动性正体现于这个过程之中。

（四）指挥信息、指挥手段与指挥对象的关系

指挥信息、指挥手段与指挥对象的关系，反映了条件与结果的关系。灭火救援指挥活动的结果最终要靠指挥对象来实现，指挥对象的活动结果体现着指挥目的的实现程度。①指挥对象必须正确地理解指挥信息并将指挥信息付诸实施。指挥信息传递的是指挥者的意图，是指挥对象不容置辩、必须理解和执行的，指挥对象任何背离指挥信息的行动都是不允许的，因此，指挥对象必须最大限度地发挥主观能动性去正确地理解指挥信息，使指挥信息通过自己的灭火战斗行动获得预期的灭火战斗成果。②指挥对象必须借助指挥手段才能接受、理解和实践指挥信息。指挥者与指挥对象之间的媒介因素由指挥信息和指挥手段相互联结共同构成，两者缺一不可。所以，指挥手段合不合适，直接决定着指挥对象对指挥信息的接受、理解和执行的结果。虽然指挥对象不能自主地选择指挥手段，只能被动地接受指挥手段的作用，但指挥对象是指挥者选择指挥手段的一个重要依据。因此，指挥信息、指挥手段这些灭火救援指挥的物质条件必须与体现灭火救援行动结果的指挥对象的实际状态相一致。

第三节　灭火救援指挥的特点

灭火救援指挥活动具有其明显的特点，包括指挥者的命令具有强制性、指挥活动受时间限制性、指挥者做出的决策具有风险性、火场和应急救援现场与指挥活动涉及的技术具有复杂性。指挥者的指挥需要适应火灾和应急救援的随机性变化。

一、命令的强制性

强制性是指在灭火救援指挥活动中，指挥者具有绝对的权威，对被指挥者的指挥是以命令、指示等强制性手段来进行的。各种指令都具有强迫执行而不违的强制性。灭火救援

指挥的强制性，集中体现在指挥者与被指挥者之间主要是命令与服从的关系。这是灾害现场的危险性和复杂性对灭火救援指挥的客观要求。面对灾害现场的危险性，灭火救援人员不仅要承受艰难困苦和心理压力，而且要冒生命危险，完成自己的使命，因此对灭火救援行动的指挥就必须具有权威性和强制性。此外，灭火救援行动涉及消防救援队伍跨区域灭火救援和社会各方面救援力量参战，没有统一目的、统一意志，就不可能有统一的灭火救援行动，也不可能有成功的灭火救援结果。这就要求灭火救援指挥必须有高度的权威性和强制性。否则，有令不行、有禁不止、各行其是，形不成协调一致的灭火救援行动，灭火救援指挥就失去了意义。

灭火救援指挥是一个相对比较复杂的应急行动过程，灾害现场必须采取一些强制性措施进行有序化管理，而且灾害规模越大、持续时间越长，灭火救援行动就越需要采取更多的强制性措施。例如，对公民参与灭火救援的行为进行有效的规范引导；在灭火救援实施过程中，依法强制处理全局利益与局部利益的关系。在为了全局利益而需要牺牲局部利益时，如果没有必要的强制措施，就无法保证整个灭火救援工作的顺利进行。

二、活动的时限性

时限性是指灭火救援指挥活动要在一定时限内完成，有着严格的时间限制。指挥者拥有的时间是有限的，尽管不同的灭火救援行动，其指挥时间长短不同，但绝不是随意确定的量，不是指挥者的主观意志所能决定的，是由灾害性质、灾害规模、参战力量及作战环境所决定的。指挥者必须在一定的时限内完成指挥活动，否则就会贻误战机，丧失主动。组织指挥活动的各项工作都有很高的时限性。定下决心是指挥活动的核心，正确的决心才有成功的行动，但是定下决心有很强的时间限制，因为灾害现场情况瞬息万变，此时的正确决心在彼时可能就是错误的或危险的。如，扑救原油储罐火灾时，燃烧的形态随时间不断变化，如果定下决心超过了时间限制，情况发生了变化，往往会发生沸溢、喷溅，这也意味着失败或伤亡。

面对规模大、危害性强、群死群伤的现代火灾，灭火救援行动加快，火场信息量增大，灭火救援指挥准备时间短促，对指挥的时效性提出了更高的要求。灭火救援指挥要争分夺秒，各项工作要有时限要求，要科学计算和合理分配时间，努力提高灭火救援指挥的时限性。同时，随着科学技术和指挥理论的发展，各个地区纷纷建立现代化指挥中心，开发指挥辅助决策系统，这给缩短指挥时间，提高指挥效率创造了有利条件。

灭火救援指挥的时限性还关系到政府的公信力和国家的国际声誉。一个政府对于灾害的防治与减轻所表现的行为与效能，已成为评估政府工作的重要标准。国际社会也将防灾、抗灾的组织指挥行为与效能作为评价一个国家社会进步程度的重要标志。

三、决策的风险性

灭火救援指挥决策的风险性，主要是由灾害的危险性和危害性、灾害现场情况的复杂性、险情的突发性和不确定性所决定的。在现代火灾的灭火救援现场，情况总是错综复杂，带有很大的不确定性，给指挥决策带来很大的困难。因此，也决定了灭火救援指挥具有较大的风险性。灾害现场指挥者要正确地认识指挥过程的风险性，不能因为怕担风险，怕承担责任，当断的不断，该决的不决。对于一些事关全局又情况紧急，需要立即决断的问题，要尽快拿出主见，要敢于下定决心。另外，要实施科学的指挥。在灭火救援指挥的具体实践中，要正确地运用组织指挥的原则和方法，科学地规范灭火救援指挥活动，减少盲目性和随意性，增强自觉性和科学性，最大限度地降低灭火救援指挥的风险性。

四、技术的复杂性

灭火救援指挥技术的复杂性一般体现在以下 3 个方面。

（一）目前灭火救援工作所涉及的对象更加广泛

既有自然灾害，也有人为灾害；既可能发生在人员密集的大都市，也可能发生在荒无人烟的偏远地区。消防队员有时要面对场面宏大的爆炸、倒塌，有时则要潜入孤立狭小的深井救人，有时要攀登数百米的高层建筑，有时要进入地下数千米的矿井，有时要置身烈火高温，有时要置身浓烟毒气。其涉及的技术非常复杂，指挥员必须掌握不同情况下的救援技术，才能做出正确决策，实施科学指挥。

（二）参加灭火救援所涉及的社会救援力量多

既有有组织的，也有自发的；既有专业人员，也有非专业人员；既有消防救援力量，也有社会的应急救援组织。由于平时这些单位大都不存在隶属关系，因此要统一协调各种力量的行动，是非常复杂和困难的。同时，参与的单位多，必然导致指挥机构多，使得统一的指挥机构在灭火救援行动初期对各种力量难以实施有效的掌握和控制，增大了灭火救援行动组织实施的难度。必须考虑到各方面的因素，稍有不慎，不仅起不到灭火救援作用，甚至会造成新的危害。如对地震灾害中的火灾扑救，不仅要考虑到对原生灾害的抢救，而且要考虑到对次生灾害和衍生灾害的预防与抢救；不仅要救人，而且要救物。同时，各种救援队伍所配备的装备技术含量越来越高，指挥者必须了解装备的性能，才能正确指挥，充分发挥装备的效能。

（三）指挥手段的先进性

随着科学技术的发展，消防救援队伍的指挥系统日新月异，先进的 GIS 电子地理信息系统、BDS 卫星定位系统、现场图像传输系统、计算机辅助决策系统，纷纷在灭火救援指挥中发挥着重要作用，大大提高了指挥效能，如果指挥者对新知识、新方法不能很快适应，仍然采用传统的指挥手段，这就会使新技术发挥不了作用。因此，要求指挥员要掌握新的科技知识，以适应灭火救援指挥需要。

五、指挥的随机性

灾害事故发展过程中险情的突发性和灭火救援作战计划中某些预测的不准确性，决定了灭火救援组织指挥具有随机性的特点。灾害现场情况的不断变化，灭火救援有利时机的短暂，需要参与灭火救援的各个单位在紧急和非常时刻，根据灾情状况和对其发展趋势的正确判断，自主、果断地确定行动方案，选用灭火救援手段，实施抢救行动。

由于灾情发生的具体时间、地点、规模及危害方式等因素难以准确预测，这就使得灭火救援作战计划必然存在许多不确定的因素，如对火情的判断比较模糊，对行动任务的部署比较概略，对灭火救援措施的规定不具体等。因此，任何灭火救援行动都不可能完全按照行动预案去组织实施，参与行动的各单位必须依据火灾发展的实际情况采取果断措施，以弥补行动方案的不足。同时，在灭火救援的实施过程中，必定存在许多意外情况和一些需要现场临机处置的问题，如果事事都要向火场指挥部请示报告，势必贻误有利战机，甚至造成不必要的损失和伤亡。因此，有必要赋予一线指挥者相应的机断权，使他们能够在紧急情况下，以勇于负责的精神进行临机处置，提高灭火救援行动的有效性。

第四节　灭火救援指挥的学习方法

本课程的教学主要采取理论学习、战例研讨、想定作业、案例教学相结合的方法进行。

一、理论学习

灭火救援指挥理论，主要包括基础理论和应用理论。基础理论包括灭火救援指挥要素，灭火救援指挥规律、原则、方式、手段，灭火救援指挥体系；应用理论包括灭火救援指挥活动、决策、效能评估。系统地学习和深入地掌握灭火救援指挥理论，并结合火灾和应急救援现场的实际情况，才能创造性地运用理论知识去解决灭火和应急救援中的实际问题，为指挥灭火救援行动奠定良好基础。

理论源于实践又高于实践，我们只有把灭火和应急救援的理论与灭火和应急救援理论的实践结合起来，从中发现其内在的必然联系和规律，才能真正精通适用于各种灭火和应急救援指挥的一般性原理、原则和方法。人们在灭火和应急救援实践中，可能不同程度地积累一些新的经验，领悟到新的理论，但这丝毫不能成为轻视既有理论学习的理由，因为个别实践经验不一定都能反映普遍规律。

理论联系实际是马克思主义的一个基本原则，也是学习灭火救援指挥理论的方法。它要求从实际出发，针对灭火和应急救援的特点，总结灭火救援指挥实践的经验与教训，探寻灭火救援指挥的规律，从而升华和发展灭火救援指挥理论。在学习中应注意研究，深刻领会理论内涵。

灭火救援指挥理论学习也应注重对前期所学知识的运用与贯通，灭火救援装备决定灭火救援技术，灭火救援技术决定灭火救援战术，灭火救援战术决定灭火救援指挥。对灭火救援指挥的学习，还应该回顾《灭火救援装备》《灭火救援技术》《灭火战术》等其他课程，这些课程是灭火救援指挥学习的基础。

二、战例研讨

战例研讨是检验理论学习后学习效果的一种方法。灭火救援指挥实践性强，许多灭火救援指挥方法是在对灭火和应急救援实践总结的基础上提炼出来的。系统地研讨各类典型战例，从中汲取丰富营养、经验和教训，是学习本课程的重要途径。

在学习灭火救援指挥理论的基础上，选择有针对性的战例，进行较为系统的介绍、深入研究和讨论，总结经验和吸取教训，以强化对灭火救援指挥理论的认识。战例研讨活动可穿插在课堂教学中进行，研讨前要做好准备，明确研讨目的、方法和要求。实施中应注意以下事项。

（1）选择战例要典型，具有普遍意义，能够反映灭火救援指挥的特点和应用，有助于深化对理论的理解。

（2）战例材料的内容全面，情况具体，数据准确，标图规范，表达形象直观，具备分析研讨的条件。

（3）加强研讨的针对性，重点突出灭火救援指挥活动各要素在各个环节的作用。

（4）要提倡学术争鸣，解放思想，勇于突破，同时应有实事求是的科学态度，避免学术观点的主观性、片面性和表面性。

（5）总结评价时，问题要分析透彻，评价要有理有据，总结的经验能举一反三，以利于提高。

[**例1-1**] 2021年8月12日，某市危险化学品仓库集装箱堆垛发生火灾，辖区消防救援站21名消防员（含2名指挥员）及5台水罐消防车到达现场后，经侦察发现：现场多个集装箱已经发生燃烧，通往燃烧区的通道堵塞，询问现场工作人员燃烧物的名称，均表示不知，用叉车搬移堵塞通道的集装箱未果，辖区消防救援站指挥员决定用消防水炮冷却燃烧区外围集装箱，结果在火灾扑救过程中发生了爆炸，造成参战人员的伤亡。这是一个典型的灭火救援指挥战例，我们既可以讨论指挥员的指挥活动（掌握情况、运筹决策、计划组织、协调控制等指挥环节的得与失），也可以讨论指挥员下决心的过程（确定目标、拟订方案、评选方案、制订计划等每个步骤内容的优与劣），从中吸取教训，提高运用灭火救援指挥理论的水平。

三、想定作业

想定作业是根据灭火救援指挥特点及规律，设置指挥场景和一定的决策背景，在给出相应的灭火力量和火场有利与不利的环境条件下，让参训者运用所学的理论知识，对火场和应急救援现场情况进行分析、判断，制定灭火救援决心方案，从而培养其分析问题和解决问题能力的一种训练方法。

这种方法既可采取现地作业、沙盘作业，也可利用计算机模拟作业的形式进行。①现地作业形式，是参训者直接在选定的指挥场景进行灭火救援指挥想定作业训练。它接近实战，场景真实，但受现地环境制约性较大。②沙盘作业形式，是参训者在按一定比例缩微的指挥场景模型上确定灭火救援方案。它简便直观、不受场地环境制约，但指挥逼真性较差。③计算机模拟作业形式，是通过计算机三维动画方式模拟火灾和应急救援现场，给出指挥条件，进行想定作业训练。它场景逼真、训练手段灵活，可达到较高的训练效果，但训练软件制作有一定难度。无论采取何种形式，灭火救援指挥想定作业训练既能加深参训者对灭火救援指挥理论的理解，又能提高其应用能力，是一种从理论学习到灭火救援实战的一个必要的中间环节。

四、案例教学

案例教学是通过重现火灾现场中的一些场景，让学员把自己融入案例场景，通过讨论或者研讨来进行学习的一种教学方法。教学中既可以通过分析、比较，研究成功经验和失败教训，从中抽象出某些一般性的灭火救援指挥理论，又可以让学员通过自己的思考或者他人的思考来开阔自己的视野，从而提高自己的能力。

案例教学没人会告诉你应该怎么办，而是要自己去思考、去创造，使枯燥乏味变得生动活泼，而且在案例教学的过程中，每位学员都要就自己和他人的方案发表见解。通过这种经验的交流，一是可取长补短、促进人际交流能力的提高，二是起到一种激励的效果。一两次技不如人还情有可原，长期落后者，必有奋发向上、超越他人的内动力，从而积极进取、刻苦学习。

[例1-2] 某年2月15日，某市一商厦发生火灾，辖区消防救援站18人（含3名指挥员，分别为指导员、副站长和站长助理）及5台水罐消防车到达现场后，发现商厦西侧4楼有30多人已经跳楼，南侧3楼、北侧4楼有数十人在窗口呼救，1楼、2楼的大火突破窗口达到猛烈燃烧阶段，笼罩整个大楼，火灾现场情况异常复杂。此时指导员决定控制火势，减少火势对被困群众的威胁，同时开展内攻救人行动，抢救已经跳楼的群众，但明显人手不够，于是用手持对讲机呼叫副站长和站长助理，征求他们对灭火决策的意见。副站长意见：一部分人抢救地面跳楼群众，另一部分人攻入大楼救人，但内攻人员面临被困火场的危险；站长助理建议：抢救地面受伤人员没问题，但要分出一部分人控制火势，等具备内攻条件时再内攻救人。此时指导员很疑惑，不知道哪个方案最优。请同学们分别以3位指挥员的身份，应用灭火救援指挥相关理论，定下自己的灭火救援决心。这个案例素材丰富，难度大，符合学员第一任职的需要，既可以帮助消化理解灭火救援指挥各要素之间的关系，也可以检验灭火救援指挥规律、原则和方式的内涵；既可以呈现出灭火救援指挥活动的实践应用，又可以检验灭火救援指挥决策过程，还可以评估灭火救援指挥方案的优劣，一个案例包含全书的知识点，只要认真讨论，学员会有意想不到的收获。

📖 **习题**

1. 灭火救援指挥的概念是什么？

2. 灭火救援指挥的实质是什么？

3. 灭火救援指挥的构成要素有哪些？

4. 简述灭火救援指挥各构成要素之间的关系。

5. 灭火救援指挥的特点是什么。

6. 灭火救援指挥学习的内容有哪些？

7. 灭火救援指挥学习的方法有哪些？

第二章　灭火救援指挥规律和原则

灭火救援指挥规律和原则是消防指挥学的基础理论内容。在没有发生指挥系统革命性变革的情况下，灭火救援指挥是以灭火救援指挥规律、原则为指导，在灭火救援指挥活动中正确贯彻落实灭火救援指挥规律、原则是消防救援队伍能否发挥出作战效能的重要影响因素。

第一节　指　挥　规　律

根据《辞海》的定义，规律是指事物之间的内在必然联系。将"规律"的定义延伸，灭火救援指挥规律是指存在于灭火救援指挥活动内部各要素之间的内在必然联系。灭火救援指挥规律主要包括以下 3 点。

一、指挥者的主观指导必须依据客观实际

指挥者的决策必须依据客观实际是灭火救援指挥规律的核心，是灭火救援指挥活动中最基本的要求，是灭火救援指挥的根本规律，作用于灭火救援指挥的全过程，并制约和影响灭火救援指挥的其他规律。其基本内容是：客观实际是实施灭火救援的基础，灭火救援指挥必须从客观实际出发，一切违反客观实际或超越客观实际条件的灭火救援指挥都极有可能招致失败。具体地说有以下两个方面。

（一）客观实际是指存在于指挥者头脑之外的与灭火救援指挥紧密相关的客观情况

客观情况既包括到场灭火战斗力量、火场或救援现场的态势及时空环境等物质因素，也包括战斗员的技能、体能，同时还包括他们的觉悟、士气等精神因素。客观实际是独立地存在于指挥者意识之外的，因此永远是第一性、决定性的方面。指挥者的主观指导和火场客观实际是相互制约、相互影响的一对矛盾，而火场客观实际是矛盾的主要方面，指挥者的主观指导始终受到火场客观实际的制约。灭火救援指挥活动不是孤立的、抽象的东西，而是一种具体的、建立在一定的客观基础之上的主观指导活动，离开了客观实际，灭火救援指挥就会成为一种空想和盲目行动。因此，在灭火救援指挥实践活动中，指挥者必须以客观实际情况为基础进行指挥。

（二）指挥者的主观指导对客观实际具有积极的能动作用

灭火救援指挥对客观实际不是消极被动的，恰恰相反，灭火救援指挥对客观实际具有积极的能动作用，并极大地影响灭火救援的走势。在灭火救援战斗的客观条件中，存在着

有利条件和不利条件的矛盾统一，关键在于指挥者如何去认识它、利用它。面对同一复杂情况下的火灾救援现场，不同的指挥员由于主观能动作用的差异，往往会导致火场指挥效能的不同。在1993年10月21日南京炼油厂310号油罐火灾扑救中，正是由于当时的火场指挥员合理地使用了到场的力量，以及在总攻阶段把握了有利的战斗时机，适时地组织人员将泡沫钩管架设在了燃烧罐壁上，才最终取得了胜利。

这条规律要求指挥者在指挥活动中要正确认识火场客观实际，并把客观实际作为决策、决心、计划的依据；同时要充分发挥指挥者的主观能动性，在尊重客观实际的基础上充分发挥其聪明才智，不断扩大有利因素，减少不利因素，指导灭火救援工作向成功方面发展。

二、指挥系统的组织结构及运作机制影响指挥效能

指挥效能是衡量灭火救援指挥能力的重要指标。影响指挥效能的其中一个因素是灭火救援指挥系统，灭火救援指挥系统是由指挥者、指挥对象、指挥信息和指挥手段按照一定规则组合的有机整体，其结构决定着指挥效能的发挥。

灭火救援指挥系统的表现形式，是系统内诸要素之间、要素与系统之间的相互作用和联系的反映，最佳的结构才能发挥最佳的效能。灭火救援指挥系统是一个由不同层次、不同级别、不同类型指挥机构和指挥手段所组成的复杂系统。在这个系统中，各指挥机构的相互作用、相互联系，影响和制约整个系统的整体功能发挥。要想发挥和提高指挥效能，不仅要使构成指挥系统的各个指挥机构内部优化组合，形成最佳结构，而且整个系统的构成必须科学合理，才能使指挥效能真正提高。

大型的灭火救援指挥系统比较复杂，指挥体系的建立必须科学合理。在这种指挥机构中，往往有地方政府有关领导、应急管理部门领导和技术专家，这些成分复杂的指挥员如何优化组合、采用何种指挥手段、怎样才能充分发挥效能是值得研究的。在一些发达国家，都建有应对紧急事件的组织指挥体系。如美国的ICS指挥系统，可以根据火灾或其他灾害的规模建立不同的指挥机构，采用统一的标准、统一的指挥用语、规定的通信频率，使指挥机构随灾害规模和参战力量规模变化。目前，我们国家消防救援队伍对大型灭火救援，特别是跨地区灭火救援指挥问题有了一定的研究基础，也取得了一定成果。特别是在国家机构改革后，由国务院应急管理部门对全国的消防工作实施监督管理，县级以上地方人民政府应急管理部门对本行政区域内的消防工作实施监督管理，由本级人民政府消防救援机构负责实施的应急体制，具备了处置大型灭火救援现场及跨区域救援现场的能力，逐渐统一了指挥手段、指挥用语、通信方式等，有效提升了指挥效能。

这条规律要求我们要加强指挥系统的研究，充分发挥应急管理部统一领导下的指挥系统的指挥效能，并针对不同火场建立不同的指挥机构，细化指挥部建立标准和指挥手段所用器材的配备标准，尽快建立适用我国国情的灭火救援指挥系统。

三、指挥成效取决于构成指挥活动各要素的整体作用

指挥成效，是指挥效能的体现，同时也是指挥活动及其他因素共同作用的目标。因此，在指挥活动中，指挥成效不仅取决于指挥者履行权利、承担责任和发挥其素质、能力的程度，而且取决于指挥对象完成受领任务的水平、指挥手段达成指挥的能力和功效、指挥信息的数量及质量等方面，同时还受任务对象的影响和制约。这一规律贯穿于灭火救援指挥活动的全过程及其各个方面。需要注意的是，指挥成效取决于构成指挥活动各要素的整体作用，并不是说指挥者、指挥对象、指挥手段、指挥信息对指挥效能没有单独的作用或影响，它们对提高指挥成效具有同等重要的作用或影响，但其作用的大小和影响程度不同。在所有指挥要素中，指挥者是最重要的要素，其对指挥效能起最关键的作用。

（一）指挥者的素质、能力直接影响指挥效能

指挥者在消防救援队伍开展灭火救援行动中，始终处于主导、支配的地位，发挥着运筹决策、临难抉择的作用，承担着灭火救援战斗成败的责任。指挥者在灭火救援指挥活动中，其决定因素的作用发挥得好坏，又将首先和主要地取决于其指挥素质和能力的高低。在灭火救援实践中不乏这样的例子，同样的火灾，同样的消防救援队伍，不同的指挥者指挥却有截然不同的结果。

这条规律要求消防救援队伍要努力提高指挥者的素质能力，提高指挥员、参谋人员的指挥素质和指挥机关的整体运作能力。指挥员是灭火救援指挥活动的核心，起主导和支配作用；参谋人员是指挥机关的主体，辅助指挥员定下决心；专家组是指挥决策的"智囊"，为指挥员定下决心提供科学依据。因此，提高指挥者的素质，直接影响指挥机关的运作水平，对指挥效能有重大影响。提高指挥者素质能力的途径是加强学习、培训，保持政治学习和业务训练并重，不断提高政治素质、业务素质和文化素质等。

（二）指挥对象完成任务的程度制约指挥效能发挥

指挥对象是指挥者实施指挥的基点。在指挥活动中，指挥者通过定下决心，制订下达计划、方案、命令、指示，对指挥对象承担的灭火救援任务进行宏观指导和具体的组织指挥。指挥对象则通过了解和领会指挥者的意图，特别是坚决贯彻执行其命令、指示，以完成所受领的任务，并实现指挥者的决心。指挥者与指挥对象的关系是互为矛盾、互为依存的。突出表现在指挥活动中，指挥对象对于指挥者而言，是客观的方面。在指挥活动中，在既定的物质条件基础上，指挥者的主观指导及其具体的组织指挥行为能否达到预期的效果和目的，虽然主要取决于其自身主观能动作用的发挥，但也有赖于指挥对象完成受领任务的能力、水平，以及其能力、水平的有效发挥。

因此，要对指挥对象开展经常性的政治教育、业务训练、文化培养，经常进行体能、技能训练及战术训练，提高指挥对象完成灭火救援任务的能力，也可以考虑使用虚拟现实技术开展模拟训练，培养消防队员在实战氛围下的应变能力。

（三）指挥手段达成指挥的能力影响指挥效能发挥

随着科学技术的进步和灭火救援形势的发展，指挥手段的质量和作用更为突出。特别对于跨地区大规模灭火救援行动，不仅灭火救援对象日益复杂，而且参战的人员、装备和所采用的技术战术也更为复杂，救援队伍的协调更为困难，汇集于指挥者手中的信息量急剧增加。在这种情况下，灭火救援指挥能否做到实时、灵敏、快速、高效，就成了能否保障消防救援队伍协调一致行动的关键。这给指挥者实施有效的指挥提出了严峻考验，也对指挥手段达成指挥的能力、功效和其作用发挥提出了更高的要求。

（四）指挥信息的质量与数量影响指挥效能

指挥信息的基本作用，是为指挥者及其指挥对象提供各种信息保障，是连接指挥要素和指挥环境的纽带。缺少指挥信息，灭火救援指挥的各要素就是孤立的、僵死的事物，就不能协调有序地开展灭火救援指挥活动。而指挥信息的纽带作用发挥效果是由指挥信息的数量、质量及其作用发挥效果所决定的。在消防救援队伍灭火救援指挥活动中，指挥信息主要包括灾害对象情况、救援队伍情况和地理、气象、水文等有关情况。指挥者开展指挥活动，特别是提高指挥成效，就必须"知彼知己"，即一方面要了解灾害对象，并预测其发展趋势；另一方面要客观地判断各种救援力量情况。同时还应该了解地理环境、人口分布、风向风力、水源分布等情况。这些是指挥者定下决心、组织计划的前提。另外，信息获取的时效性、正确性和准确性也同样影响指挥效能。灭火救援现场情况瞬息万变，如果指挥信息滞后于实际救援现场，指挥效能势必会受到影响。需要注意的是，指挥者对情况的认识不是一次性的，它既作用于指挥者定下决心和制订计划的过程中，又作用于指挥对象贯彻执行决心和计划的过程中。指挥对象贯彻执行决心和计划过程中的情况，不但要反馈给指挥者，而且指挥者必须据此重新检查所定决心和计划是否符合实际情况，这就要求指挥者修订决心或重新定下决心。从这个意义上看，信息反馈是实施指挥的重要依据。可以说，离开了足够数量并具有较高质量的指挥信息，指挥活动就无法进行，提高指挥者的指挥效能就无从谈起。

在灭火救援指挥过程中，信息的搜集、处理对指挥效能的提高十分重要，消防救援队伍应该充分利用各种现代技术，加强对指挥信息的搜集工作，同时利用辅助决策工具分析整理信息，为指挥决策提供科学依据。如购置各种先进的侦检仪器，以提高火情侦察效率；开发辅助决策软件，提高信息处理能力等。

除了上面主要因素外，灭火救援任务对象、指挥环境和时空条件等都在不同程度上制约指挥效能的发挥，只有这些因素整体发挥作用，指挥效能才能从根本上提高。

第二节 指 挥 原 则

灭火救援指挥原则是在总结灭火救援指挥实践经验、认识灭火救援指挥规律的基础上，逐渐总结出的指挥者应当遵循的一套灭火救援指挥活动的准则。

一、灭火救援指挥原则的来源

灭火救援指挥原则的确立不是凭空臆造的，而是有充分的理论和实践依据，是灭火救援指挥理论发展的成果，也是灭火救援指挥实践经验教训的总结，其来源依据包括以下内容。

（一）军事理论研究成果

灭火救援指挥作为指挥领域的一个分支，常用的军队指挥一般原则同样也是适用的。这一原则对于不同时期、不同国家军队及其不同军兵种和不同级别指挥者的指挥实践活动，具有普遍的指导意义。任何时代、任何国家及其任何种类和级别的指挥者，包括军事指挥、警务指挥和灭火救援指挥，只要期求指挥的成功和军事行动的胜利，就必须努力做到遵守灭火救援指挥原则。例如，在扑救公共场所火灾时，往往有大量人员被烟火围困，被困人员随时都有生命危险，指挥者掌握情况的时间很紧迫，如果稍有延误，就会造成人员重大伤亡。

（二）灭火救援指挥的经验教训总结

在我国灭火救援实践中，指挥者遵循灭火救援指挥原则，科学决策，取得灭火救援工作胜利的战例不胜枚举。相反，违背灭火救援指挥原则，导致灭火救援工作失败的例子也屡见不鲜。如在 2015 年"8·12"天津滨海新区爆炸特别重大安全事故中，处置力量对事故企业储存的危险货物情况不明，致使先期处置的一些措施针对性、有效性不强。在多种因素的综合影响下，该事故造成 165 人遇难、8 人失踪，798 人受伤，304 幢建筑物、12428 辆商品汽车、7533 个集装箱受损。

二、灭火救援指挥原则的内容

灭火救援指挥原则具体包含以下内容。

（一）掌握情况，知彼知己

"掌握情况，知彼知己"是灭火救援指挥的首要原则。

1. 原则的实质内涵

这一原则的实质内涵，就是要充分利用可以使用的各种侦察仪器和侦察方法，在灭火救援过程中，不间断地了解掌握情况，并进行去粗取精、去伪存真、由此及彼、由表及里地分析判断，从而得出正确的结论，确保主观指挥符合客观实际。

"掌握情况，知彼知己"内容包括：①最大限度地搞清灾害对象情况、灾害性质规模和发展趋势；②各种救援力量的战斗能力、组织体系、救援行动的进展情况等；③地理环境和人员分布及气象条件等。

所谓"彼"就是任务对象，是指发生灾害的建筑、设施、装置以及灾害发生场所的情况。"彼"所包含的场所主要有高层建筑、地下建筑、大型商场、油罐、液化石油气储罐、槽车、炼油装置等。"彼"场所所包含的情况主要有各种灾害的发生、发展的机理；

常见危险化学品的性质、危害范围、爆炸威力；各类建筑结构的形式、特点，倒塌的原因；常见化工工艺流程、工作原理；油罐、液化石油气储罐的结构、原理、材料等；天气情况变化；地理环境。如对于指挥处置液化石油气槽车泄漏事故，指挥者必须掌握液化石油气的理化性质、火灾危险性、毒性，还必须掌握液化石油气槽车的结构和各安全附件的工作原理，否则指挥活动就无法正确进行。

所谓"己"是指能够参加灭火救援的各种救援力量。"己"不仅包括消防救援队伍、专业抢险队伍、医疗卫生机构等，还包括队伍的人员数量和构成、消防技术装备、专业救援装备、固定消防设施、水源分布情况等。对救援队伍的了解不能仅限于表面数据，更要了解人员的思想品质、体能、技能和作战能力，要深入了解消防装备的技战术参数，完好状态等，还要掌握人员、装备的最佳战斗编成。

2. 贯彻这一原则的基本要求

"掌握情况，知彼知己"原则对灭火救援指挥活动各项内容都有指导作用，但其重点作用目标则是定下决心这一活动内容，即主要是为指挥者定下正确决心服务的。需要指出的是：各项指挥原则对整个指挥活动的作用都是全面的和综合性的，同时又是有其重点作用目标的。这一方面要求我们在对任何一项指挥原则的认识、理解特别是贯彻上，都不能将其与某项指挥活动内容当成"一对一"的对应关系来看待和把握；另一方面也应看到任何一项指挥原则对于各项指挥活动内容，又有重点作用目标与非重点作用目标的区别。因此，不能把某项指挥原则与其对各项指挥活动内容的作用关系加以平均看待和把握。

定下决心是指挥活动的核心内容。要完成好这项工作，从选定任务目标，预测遂行任务的发展过程，计算可以利用的力量、灭火剂、时间等方面的数据，到拟制备选方案并进行评估与优选，以至最终定下决心，每一步都必须在"知彼知己"这一基础上进行。离开了"知彼知己"这个基础，指挥者的定下决心活动就无法进行，更不用说其所定决心的科学性与正确性。

为做到"掌握情况，知彼知己"，灭火救援指挥者就要做到以下3点。

1）处理好全面掌握情况与及时定下决心的关系

"掌握情况，知彼知己"是定下正确决心的基础，对灾害对象、灾害性质和救援队伍状况等各方面情况掌握得越全面、准确，所定决心的正确性越有保证。当前灭火救援战斗现场复杂性不断增加，现场信息量不断增大，指挥者从接收信息到下达指令的时间却并未延长，这就导致指挥者如果单纯采用人工处理信息的方式，会使指挥者的决策时间变长。而定下决心周期的长短，严重地影响着队伍的反应速度和救援工作得失，再好的决心，晚一步定下、慢半拍实施，都有可能失去效用，甚至导致失败的结局。因此，指挥者必须处理好全面掌握情况与尽快定下决心之间的矛盾，从而既确保所定决心的正确性，又确保其效用的正常发挥。

2）充分发挥先进指挥手段的作用

指挥手段的先进程度，以及对所拥有先进指挥手段掌握和运用的情况，决定着掌握情况的速度、效率、准确程度以及所定决心的质量。指挥者可灵活运用以现代信息技术为核心的指挥自动化手段来处理现场掌握的各类信息，建立全方位、多层次，具有综合效能的灾害现场信息侦察系统，集中调度和使用各种信息侦察力量，形成整体合力。对于多部门联合行动的救援现场，要明确信息分发，实现资源共享，以便各级指挥者、各有关职能部门能够随时获取自己需要的信息。

3）加强对灾害对象的研究

对灾害对象的研究可以考虑从以下几个角度来进行：①深入细致地调查研究，熟悉辖区内交通道路和水源分布情况；②熟悉辖区内重点单位的分布情况；③熟悉辖区内重点单位的建筑结构、生产工艺流程及介质性质；④熟悉固定消防设施情况；⑤学习先进科学知识和方法，掌握各种灾害机理，正确评判灾害的影响。

对于灾害对象，指挥者至少需掌握以下内容：①本单位人员结构、素质状况；②掌握消防装备的技战术性能指标；③掌握消防装备的战斗编成与战斗力估算；④掌握新技术、新装备的灭火战斗力。同时还需特别注意的是知彼与知己是等量齐观的，并不存在谁主谁次的问题。

（二）着眼全局，把握关节

1. 原则的实质内涵

"着眼全局，把握关节"是指指挥者在指挥灭火救援行动时，必须把握灾害的全局，围绕着对全局具有决定性意义的火场主要方面，统筹使用现场灭火救援力量，部署灭火救援行动，组织现场的各种保障，注意及时发现各方面可能存在的问题或薄弱环节，适时进行调整，力争在最短的时间内，以最快的速度、最小的代价消除灾害，把灾害损失降至最低程度。同时，要把注意力放在对全局具有决定性意义的关键部位或关键环节上。通过关键问题的解决，推动作战全局向着有利于灭火救援最终目标的方向发展。在把握这一原则时，还要正确处理好全局与局部的关系。全局高于局部，统率局部，决定着局部，但是局部的变化往往导致全局的改观。

2. 贯彻这一原则的基本要求

在灭火救援组织指挥实践中，贯彻运用这一原则的基本要求是：①注意力放在火场主要方面，着力解决潜在的主要险情。火场主要方面是对火场全局起决定性影响的局部，处理得好与坏往往影响到灭火救援工作的成功与失败。把握住火场主要方面，解决好火场的潜在主要险情，是争取火场全局主动和顺利的先决条件。②把握住火场主要方面，要随时掌握其发展和变化。火灾是发展变化的，火场主要方面也会随着灭火救援的进行而发生变化，开始一些潜在的小险情可能会在一定条件下转变成主要险情。因此，指挥者要学会观察和预测火情的变化，准确判断火场主要方面。③加强灭火救援全过程的整体协调。火场的各个局部既相对独立，又相互联系，相互影响。只有进行合理组合，并协调一致行动，才能使灭火救援整体作战功能得以充分发挥。

在灭火救援行动中，指挥者要自觉做到：

1）服从全局，统揽全局

服从全局和统揽全局是指挥者着眼全局意识必须把握的两个方面。服从全局是指在较大规模的灭火救援行动中，参战力量众多，消防救援队伍各级指挥者应将自己所辖队伍作为一个局部，准确领会、贯彻指挥部及上级指挥者作战意图。统揽全局是指指挥者在落实指挥部以及上级指挥者作战意图的过程中，要统揽所辖各队伍行动的任务、过程、阶段、空间等，使之相互协调，形成合力。服从全局和统揽全局两者相辅相成、相互协同。

2）抓住关键，关照全局

关键对事物发展的全局具有决定性作用和影响。因此，灭火救援指挥者应在统揽全局的过程中，努力抓住关键，把解决关键问题作为工作的重心，以关键问题的解决带动全局的发展。灭火救援行动中，必定有许多关键。指挥者要善于发现这些关键，善于把工作重心放在关键问题的解决上，以此搞活全局，牵动全局，推动全局的发展。把握关键对推动全局发展有决定性作用，但关键终究不等于全局；抓住了关键也不等于就抓住了全局，解决了关键问题也不等于就解决了全局问题。因此，在把握关键的同时，必须关照全局，即也要关照非关键、非重心的各个方面。消防救援队伍大规模的行动往往牵动队伍内部的各个方面，涉及地方和友邻的各个方面。指挥者必须把队伍行动的主要矛盾和非主要矛盾统一起来，把关键和全局统一起来。

3）着眼发展，推动全局

在灭火救援行动中，矛盾的各个方面、环境的各个方面及其相互关系是不断发展变化的。随着主次矛盾的变化，关键也随之变化。

指挥者要善于根据事态的变化，随着过程的推移，不断转变工作重心，不断抓住新的关键，推动事物的发展。在灭火救援行动过程中，一件微小的事件，在前一阶段可能无足轻重，但随着过程的推移，在另一阶段却可能决定全局的成败。如，在可燃气体泄漏事故发生初期，周围环境可能没有达到爆炸极限范围，微小的火花或冲击无关紧要；随着事故的发展，周围环境可燃气体的浓度升高，当达到爆炸极限范围时，如果前期消除引爆源不彻底，任何小的引爆源都会导致灾难性后果。如在 2019 年安徽蚌埠"6·28"华海化工有限公司一储罐爆燃事故处置过程中，现场指挥员在对罐体上侧覆盖物实施切割时，未提前做好相应的稀释抑爆工作，最终导致罐体发生爆炸。

（三）科学决策，周密计划

"科学决策，周密计划"是灭火救援指挥的一个重要原则。只有科学决策，周密计划，才能使主观符合客观，才能达到目的，获得成功。

1. 原则的实质内涵

科学决策、周密计划，是一个问题的两个方面。一方面，定下决心的方法、手段要科学；另一方面，制订具体体现决心的计划要周密细致。从一定意义上讲，灭火救援指挥就是定下决心、制订计划和实现决心、完成计划的过程。决策失误，固然不能取得胜利，但决策正确而计划不周密，同样也难以获得成功。科学决策、周密计划相辅相成，共同反映着灭火救援指挥规律的客观要求，是灭火救援指挥活动中必须遵循的重要原则。

2. 贯彻这一原则的基本要求

1）运用科学的决策方法

决策是一个分析情况、对行动做出决定的活动。要做出科学的决策，必须运用科学的方法。当前，灭火救援行动，情况复杂多变，信息量急剧增多，而且"信息污染"严重，在大量真伪混杂的信息环境中，要辨明真伪，审时度势，于千头万绪中找出关键所在，及时做出准确的判断，没有科学的方法，是根本不可能的。

所谓科学的决策方法，就是最快速地做出最正确、最科学的决策的方法。现代科学技术方法论已经为我们提供了科学思维的基本思路。运用辩证思维与公理思维相结合、定性分析与定量分析相结合的方法，围绕预定目标，对救援队伍行动中的诸多因素进行综合分析、研究、制订多种决心方案，并对各种决心方案进行评估论证，可以提高决策的科学性。另外，采用定量分析、线性规划、动态规划等方法，对消防救援队伍行动中的诸多问题进行分析，非常有助于提高决策的质量。当前，消防救援队伍行动所遇到的情况复杂多变，仅凭经验性、常规性方法很难保证决策的科学性，必须采用科学的理论和方法。

2）运用先进的决策手段

传统的决策方法主要是运用经验和直观判断能力进行决策，这在一定条件下是可行的。但是，现代条件下的灭火救援指挥作战信息量大、变化速度快，仅靠传统的决策手段难以实现决策的高效率、高质量。有人做过这样的统计，假定火场初始情况为 A、B、C、D、E5 种，如建筑特点、火灾规模、火情发展方向、被困人员数量、救援队伍到场情况等，全部排列组合可达 120 种，依靠人的主观能力则最优判断不到 2%。以此类推，当初始情况为 10 种时，人的经验和直观判断能力就难以进行优选了。以信息技术为核心的自动化信息处理系统和辅助决策系统，把决策提高到一个新的科学化水平。借助于指挥自动化系统，指挥者可以得心应手地及时处理各种错综复杂的作战信息，通过比较、论证形成科学正确的判断。将有关情况和数据输入辅助决策系统，系统便可以在分秒之间生成多种决策方案，并可根据需要对各种决策方案进行对抗模拟和评估论证。这就极大地提高了决策效率和决策的科学化程度。先进的决策手段不仅保障了决心的质量，而且提高了定下决心的速率，缩短了指挥周期，为争取主动，掌握先机之利奠定了基础。

3）周密制订计划

制订计划是实现决心活动的重要步骤，是理解任务、判断情况、定下决心的最后表现形式，是围绕预定目标对消防救援队伍行动的步骤、方法以及人力、物力、时间、空间等进行具体的筹划和安排的活动，这是实现决心的重要保证。制订计划时应做到以下几点：①要周密细致。要从最困难、最复杂的情况出发，计划组织各种协同和保障。要精确计算，科学安排，反对马虎从事，反对粗枝大叶。②要具有可调节性。消防救援队伍灭火救援行动中，情况的不确定性和流动性客观上要求计划要富于弹性，留有余地。③要有多种预案。按照《中华人民共和国消防法》(2021 年版)规定，消防重点单位都必须有灭火救援预案。灭火救援预案的制订，对实现指挥自动化也有不可替代的作用。中国古代兵书《兵经百篇》对此有过精辟的论述："大凡用计者，非一计之可孤行，必有数计以儓之"，"此策阻而彼策生，一端致而数端起，前未行而后复具，百计叠出，算无遗策，虽智将强敌，可立制也。"说的就是要制订多种预案，以便应付意外。

（四）集中统一，整体协调

1. 原则的实质内涵

"集中统一，整体协调"原则是指挥者组织指挥大规模的灭火救援行动时，必须实施集中统一的指挥，着眼整体效能的发挥，协调控制各救援队伍的行动，使各支救援队伍始终围绕预定的目标行动，按照统一的计划运作，形成整体合力。

灾害现场情况复杂，任务艰巨，经常涉及参加灭火救援以及协同灭火工作的各种社会力量，只有实行集中统一的指挥，才能使指挥者准确地掌握和正确地调用各种参战力量，保证力量部署的整体性和灭火救援行动的协调性，使之步调一致地贯彻执行火场的总体决策，有效地完成灭火救援任务。

确立这条原则，主要基于以下考虑：①灭火救援行动是一个统一的整体，作为指挥对象的参战队伍必须有统一的意志、统一的目标、统一的步调、统一的行动，才能取得灭火救援工作的胜利。要达成这种统一，指挥者必须对参战队伍实施集中统一的指挥，加强整体协调。②灭火救援行动往往情况复杂，地域广阔，协同力量多，要使各参战力量协调一致的行动，发挥整体威力，指挥活动更要集中统一，整体协调。

2. 贯彻这一原则的基本要求

1）统一指挥机构，明确指挥关系

统一指挥机构，明确指挥关系，是实现集中统一指挥的前提条件。为此，必须明确参与灭火救援行动的各队伍的指挥关系和指挥权限，防止隶属关系不清、职权交叉、机构重叠、多头指挥和越权行事。尤其应注意在跨地区灭火救援行动的各救援队伍的联合行动中，只能有一个最高指挥机构，避免在同一地区出现重叠的指挥机构和多重指挥关系。

2）统一思想，统一计划

集中统一指挥的基础是统一思想、目标和计划。为了实现集中统一的指挥，需要做到以下几点：①统一思想。只有指挥者在思想认识上达成一致，才能在指挥活动中心往一处想，劲往一处使，才能步调一致，密切协同。②统一目标。有了统一的目标，指挥才有明确的方向，才能统一运筹、协调队伍的行动。③统一计划。计划是统一指挥的依据，是参战队伍在规定的时间、地点，按规定的方式行动并达成预定目的的重要保证。

3）见微知著，加强调控

灭火救援行动中，各方面力量既有其相对独立性，又相互联系，相互影响。只有将它们合理组合，并自始至终协调、控制它们的行动，才能使整体功能得以充分发挥。如果协调控制不力，即使组合合理，也难以发挥整体效能。

在灭火救援行动中，指挥者要"谨小慎微""见微知著"，善于从细小问题和环节上协调和控制参战队伍的行动，把指挥对象之间的"裂痕"和"缝隙"弥合在初始阶段。

（五）靠前指挥，坚定灵活

1. 原则的实质内涵

"靠前指挥，坚定灵活"的原则是指挥者在指挥灭火救援行动时，必须亲自掌握情况，把握战机，果断决策，实施快速灵活的指挥。这是灭火救援行动的紧迫性、变化性对指挥提出的客观要求。火场危害大、险情急，要使组织指挥及时有效，只有简化指挥程序，才能提高组织指挥效率。简化指挥程序的重要措施就是减少各种中间环节，组织指挥员尽量深入第一线，实施靠前指挥。指挥的坚定果断，是指挥过程中对两难选择的果敢决断。指挥者在指挥时常常面临各种选择，而进行这种选择又常常受到诸如利益权衡、胜败概率、生死考验、时间限制、部属建议、上级意图等多种因素的干扰和制约。这就需要指挥者排除干扰，果断决策。犹豫不决，当断不断，必将自受其乱。

指挥的坚定，是指在灭火救援指挥过程中，指挥者要意志坚定，不畏艰险，不达目的，誓不罢休。指挥中，不论遇到何种艰难险阻，只要决心一定，没有原则错误，就要坚决付诸实践，不为表面现象所迷惑，不为局部失利所影响，不为部属的牢骚、怪话所干扰。只要情况没有发生根本性的变化，即使面临大的风险，也要坚定不移地指挥参战队伍完成任务，实现既定决心。此时，胜利就常常存在于"再坚持一下的努力之中"。

果断坚定的指挥主要表现为：①有坚定的自信心和不达目的誓不罢休的意志；②有胆有识，敢于合理冒险，勇于承担责任；③有坚强的毅力，头脑清醒，处惊不乱，千方百计完成任务，实现目的。

快速灵活的指挥主要表现为：①闻风而动，雷厉风行，在指挥中判断快、决策快、组织快、行动快；②善于根据彼情、己情、地形、时间等变化，在不违背上级总意图的情况下审时度势，机断行事；③善于从实际情况出发，灵活地运用指挥方式、方法和手段，灵活地运用兵力和战法。

果断坚定，并不等于固执僵化，而是要依据情况的变化机断行事，活用指挥方式和战法。快速灵活也不意味着六神无主，变幻不定，而是要围绕着既定的目标，实现既定的目的。因此，果断坚定与快速灵活是相辅相成的两个方面。

2. 贯彻这一原则的基本要求

1）亲临前线，掌握情况

灭火救援行动的前沿或现场往往情况复杂，瞬息万变，需要指挥者亲自掌握情况，及时决策。因而，往往需要指挥者靠前指挥。需要说明的是，靠前指挥所要求的"位置靠前"只具有相对的意义。靠前指挥的含义是要求指挥者亲自、直接掌握情况，及时、准确地决策和调控，而不是死板地要求指挥者尤其是高级指挥员都披挂上阵，亲自指挥。"靠前指挥"中的"靠前"的程度，以保证现场指挥员亲自、直接掌握情况为限度。

2）把握战机，果断决策

在紧急关头，能够沉着冷静，审时度势，及时果断地做出选择，定下正确的决心，既是主动制胜的基础，又是化险为夷的保证。因此，指挥者在错综复杂的情况面前，既要多谋，又要善断。否则，在稍纵即逝的战机面前，优柔寡断，必致恶果。指挥者在决策过程中，难免出现一些不同意见，听一听不同意见的合理之处，对于实施正确的指挥无疑是有益的。但是，作为一个指挥员决不可听到不同意见就六神无主，无所适从，而应力排众议，果断决策；光听不断，必遭其乱。

3）不畏艰险，坚定信心

消防救援队伍在灭火救援行动中，难免遇到艰难险阻，流血牺牲。这就要求指挥者必须坚定果敢，坚韧顽强。只要总体情况没有发生根本性变化，就要坚决贯彻上级意图，坚决实现既定决心，不为一些表面现象所迷惑，不为局部的伤亡和失利所动摇，镇定自若，信心百倍。

"不畏艰险，坚定信心"是智谋与勇敢的结晶，在实际的指挥活动中，集中表现为坚定果敢的组织指挥能力。这种坚定果敢的指挥能力大体又表现在 4 个方面：①坚定、自信，不优柔寡断，不患得患失，条件成熟就敢决策；②善于权衡利弊，正确处理局部与全局的关系，敢于在全局需要之时，牺牲局部利益；③具有强烈的责任感，有胆有识，敢冒必要的风险，勇于承担责任；④有坚强的毅力，不论在任何艰难困苦的场合，都能冷静思考，为实现既定目的而顽强地指挥。如在处置液化石油气等可燃气体泄漏事故时，随时都会发生化学爆炸，造成人员伤亡，深入现场的人员非常危险。但是，只要措施得当，防范到位，就可以将这种风险降至最低。因此，指挥者在定下决心后，必须坚定地组织实施，不能优柔寡断。

4）因情制变，快速灵活

消防救援队伍在灭火救援行动中，难免遇到事发突然、危害严重的意外事件。妥善处置这些事件，客观上要求快速指挥，快速反应，快速开进，快速处置。然而，由于现场情况复杂多变，又受各种因素的影响，连续、稳定、不间断的指挥常常遇到很多困难，若一切都由上级决断，实施高度集中指挥，将会束缚下级指挥者相机行事，贻误战机。因此，单一的集中指挥方式将难以实现有效指挥，达到既定目的。只有灵活地采用集中与分散、逐级与越级等多种指挥方式，才能提高指挥的速率和效能。而且，任务对象即灾害对象、灾害发展趋势等在变化，指挥对象的人员体力、士气和装备情况也在不断变化。这都要求指挥者对己方力量和战法的运用要机动灵活，富于变化。如在扑救油罐火灾时，一线指挥员一旦发现油罐出现爆炸、沸溢喷溅的前兆，不必请示总指挥员，应果断下达撤退命令。

要因情制变，快速灵活，就要熟谙任务对象和指挥对象，善于创新思维，善于综合运用多种指挥手段和指挥方式，始终把握指挥的主动权。

（六）持续不断，慎始善终

1. 原则的实质内涵

"持续不断，慎始善终"是指指挥者要随着灾害的发展和灭火救援工作的深入，连续不断地检查和指导火情的侦察、灭火救援行动的准备与实施、火场通信和供水保障，根据火情的变化，机动灵活地调整力量部署，使整个灭火救援过程始终朝着有利于控制险情发展、充分发挥现有力量的灭火效能、最大限度地减少灾害带来的损失和人员伤亡的方向发展，特别要抓好开局和结束阶段的指挥。

"持续不断，慎始善终"的原则，是灭火救援行动的特点和规律对灭火救援指挥的客观要求。灭火救援行动本身是个持续不断的过程，需要持续不断地运作、调度、调控，唯有如此，才能保持参战队伍行动的有序性，才能使各参战力量形成整体合力。如果指挥中断，参战队伍的有序行动就会中断，就不能达到预定目标，实现预定目的。在灭火救援行动的全过程中，开局至关重要。好的开局，不仅为参战队伍的下一步行动奠定了必要的物质基础，而且给参战队伍以极大的精神鼓舞。在指挥活动中，开局的指挥不仅为参战队伍的行动创造了条件，还为指挥者树立了威信，赢得了信任，为顺利地实施对参战队伍的指挥创造了条件。

在灭火救援行动的全过程中，结束阶段也是很重要的阶段。因为愈是临近结束，指挥对象即灭火救援队伍越容易出现松懈、疲惫、麻木，如果对残火清理不彻底，会使火灾发生复燃，致使灭火救援工作功亏一篑。因此，在灭火救援指挥活动中，既要持续不断，又要慎始善终。

2. 贯彻这一原则的基本要求

在灭火救援指挥活动中，贯彻"持续不断，慎始善终"原则的基本要求是：

1）周密计划，严格制度

计划是队伍行动的依据，也是指挥活动得以有序进行的依据。因此，灭火救援行动要有计划，指挥活动也要有计划。计划要周全，内容要严密，既要有作战行动计划，也要有作战保障计划。作战行动计划通常包括总体计划、分支计划和协同计划，而作战保障计划通常包括信息保障计划、后勤保障计划、装备保障计划和政治工作计划等。要把队伍行动全部过程的一切活动尽可能地纳入计划之中，并对队伍行动过程中可能遇到的各种困难情况有预测、有措施。要周密计划指挥员及指挥机关的工作，使之对各个阶段的工作内容和特点都心中有数。要在各级指挥机关建立严格的制度，并严格地执行制度，如信息报知制度、信息搜集制度、信息处理制度等，确保指挥不间断、指挥活动慎始善终。

2）严密组织，及时检查

要保持消防救援队伍行动持续不断，保持指挥活动持续不断，就要严密组织消防救援队伍的行动，严密组织指挥者的活动。严密地组织指挥者，相对来说更重要。指挥者作为一个由指挥员及指挥机关组成的实体，要实施不间断的指挥，就必须严密组织内部各个方面、各个部分，使之有明确的分工、严格的规范。要及时检查指挥员及其机关的各个方面、各个部分、各个环节乃至相关个人的工作情况，检查规章制度的落实情况，发现问题及时解决，防止指挥活动的混乱和中断，防止出现虎头蛇尾现象。

📖 **习题**

1. 灭火救援指挥规律从哪些方面作用于灭火救援行动?

2. 灭火救援指挥规律的基本特征有哪些?

3. 灭火救援指挥规律的内容有哪些?

4. 指挥活动中的各要素如何影响指挥成效?

5. 灭火救援指挥的原则包含哪些内容?

6. "掌握情况,知彼知己"原则的实质内涵是什么?

7. "靠前指挥,坚定灵活"原则的内涵是什么?

8. 要做到"着眼全局,把握关键",指挥者遵循什么要求?

9. 结合自身经历谈谈灭火救援指挥规律在灭火救援战斗行动中的作用。

第三章　灭火救援指挥体系

灭火救援指挥体系是消防救援行动中完成灭火救援指挥的基础，每次灭火救援行动指挥都离不开灭火救援指挥体系，灭火救援指挥体系能够针对不同的灾害事故现场，实现对到场应急救援队伍的统一指挥，达到保护人民生命财产安全，最大限度地减少损失的目的。灭火救援指挥体系是处置各类灾害事故重要的组成部分，是灭火救援指挥行动过程的基础，它像人的大脑和神经中枢，指挥着整个灭火救援行动的开展，在灭火救援现场无论采用哪种指挥方式都应该遵循灭火救援指挥体系的基本特征。

第一节　指挥体系的含义

灭火救援指挥体系的含义包含灭火救援指挥体系的基本概念、构成和特征，了解掌握灭火救援指挥体系的含义是熟练应用不同的灭火救援指挥方式和指挥自动化系统的前提。

一、指挥体系的基本概念

灭火救援指挥体系是灭火救援指挥主体的组织结构形式，是灭火救援指挥行动赖以运行的基础。其基本任务是对灭火救援力量和各种救援行动做出正确的决定，并能够组织引导救援人员实现救援行动的目标。

灭火救援指挥体系是根据灭火救援行动，或一些较大型的灾害救援事故的指挥需要，以消防救援的相关指挥员、相关的职能指挥机关（部门）为主建立起来的指挥实体。在灭火救援指挥体系中，指挥者是指挥体系的主体部分，是组织指挥灭火救援力量行动的组织领导者。而现场作战指挥部、全勤指挥部、作战指挥组等则是灭火救援指挥的基本表现形式，是根据不同的救援任务建立的灭火救援指挥形式。现在是科技信息化的时代，灭火救援指挥体系应该是一个"人与装备"共同作用且具有强大功能的组织系统，是由多种不同的要素构成，相互影响、相互作用的有机整体。

二、指挥体系的构成

灭火救援指挥体系的内部构成是指指挥系统内部的人员和部门构成。指挥体系内部的人员指挥能力如何，部门功能分工是否科学合理，直接影响着指挥的效率和效益，关系着灭火救援行动的成败。

（一）人员构成

1. 指挥员

指挥员是指挥系统的基础，消防救援队伍中按照职务级别可分为站、大队级指挥员，负责救援任务中的各消防救援站和大队的指挥任务。在较小的灾害救援事故现场，直接对救援任务负责；在大型灾害事故救援现场，主要负责执行指挥长的命令，在一定范围内开展救援，或者担任指挥助理等具体职务。指挥员既是消防救援实战行动的决策者，又是救援进程与节奏的控制者，同时也是上级指挥员命令的执行者，对灭火救援任务负具体责任。指挥员集权力、职位、责任、风险于一身，是灭火救援指挥体系最基本的构成者。

2. 指挥长

灭火救援指挥体系中的指挥长主要是指由消防救援总队、支队成立的全勤指挥部中的指挥长，其主要由作战训练、特种灾害救援等相关处（科）副职以上干部和其他具有丰富实战指挥经验的人员担任，主要负责辖区内灭火和应急救援力量调派，督促全勤指挥部人员完成既定任务，并在发生大型火灾或灾害事故时遂行出动并进行直接指挥。如有上级指挥部门到达现场时，传达贯彻上级命令、指示，完成灭火救援任务。

与消防救援衔中指挥机关的指挥长有所不同，灭火救援指挥体系中的指挥长具有具体的灭火救援指挥任务，一般情况下为轮流担任，且要有一定的灭火救援实战指挥经验，在担任指挥长期间需要了解掌握辖区内各类火灾与救援现场力量调动情况，并在遂行出动时负责指挥灭火与应急救援行动。

3. 总指挥员

总指挥员一般指在大型火灾或灾害事故救援现场，由消防救援队伍成立的现场作战指挥部的总指挥，对此次灭火或救援行动进行统一指挥。总指挥员一般由灾害救援现场的最高领导担任，在灭火救援现场主要负责统筹协调救援作战、信息处理和后勤保障部门的各项任务、命令的下达，传达灭火与救援现场整体救援意图和策略，制订整个救援行动总体作战方案，划分战区等；并在发生灾情突变时及时调整作战力量部署，协调政府和相关部门进行战勤保障和其他有效救援措施的组织实施。

4. 其他处置力量领导或负责人

部分灭火或救援现场除消防救援队伍外，还有其他救援或处置力量到达现场，不同部门单位的领导或负责人，既是其处置力量的指挥者，又是现场统一指挥者的指挥对象。当灾害现场以消防救援队伍为主要救援力量时，其他参战力量应在消防救援到场总指挥员的统一指挥下进行灭火和其他救援行动。作为不同处置单位的领导或负责人，是本单位力量的主要责任人，应在消防救援队伍的统一指挥下，率领本级处置部门组织进行好实际救援行动。

灭火救援指挥体系中主要的指挥者由以上四部分人员构成。不同的灭火和救援现场指挥体系中的人员数量等也有较大的差异性。指挥层次越高，其指挥体系越复杂，各级指挥员、指挥长的数量也就越多。

（二）部门构成

灭火救援指挥体系的部门构成是在进行灭火救援作战行动时，根据灭火救援任务的需要而设立职能部门的组成结构。

1. 作战指挥部门

作战指挥部门的主要职责是：①实施现场侦察了解灭火救援现场灾情发展的基本方向，掌握灭火和应急救援行动时的力量调派、辖区灾害事故类型特点和常用处置程序方法、安全要求；②准确下达灭火救援作战任务，并根据现场情况及时调整力量部署；③完成上级下达的各项命令，并上报执行情况。

2. 通信联络部门

通信联络部门的主要职责是：①在灭火救援作战行动时以多种手段和技术建立和上下级各级参战单位之间的通信联系，确保灭火救援战斗的信息通信的可靠畅通，并及时传达上级救援命令，反馈现场信息等；②根据现场情况建立可视化调度指挥体系，为指挥者提供决策信息支撑，及时做好信息搜集、整理、上报工作，汇总灭火或应急救援相关数据，并做好记录。

3. 战勤保障部门

战勤保障部门的主要职责是：在灭火救援作战行动时负责组织实施参战队伍的装备、灭火药剂、燃料供应及现场车辆装备的抢修、维护等战勤保障工作，并组织协调其他部门做好保障，根据救援需要及时调拨物资、装备。

4. 政工宣传部门

政工宣传部门的主要职责是：记录救援行动的全部进程，掌握指战员作战表现情况；适时灵活地开展思想政治教育和心理教育疏导工作，及时进行典型宣传、表彰奖励、慰问优抚等工作，指导保持队伍良好纪律作风形象。加强与新闻媒体的沟通协调，建立应急宣传机制，做好执勤战斗宣传报道和舆情应对工作。

5. 其他部门

根据救援现场情况，为完成灭火救援指挥体系中的特定需要，可视情况成立各类信息、防火监督、技术专家、防疫卫生等职能部门，为灭火救援指挥提供有效的解决方案或技术支持，为指挥决策提供处置建议。

三、指挥体系的特征

灭火救援指挥体系与一般意义上的其他领导机构有所不同，具有一定的特征。

（一）权威性

权威性，是指灭火救援指挥体系中的指挥者能够对所属的消防救援力量和救援行动进行组织指挥，而所属的救援力量必须绝对执行的特征。

灭火救援指挥体系的权威性是由灭火救援指挥体系的性质所决定的。灭火救援指挥体系是以指挥者为主建立起来的实施灭火救援行动指挥的系统，是消防救援行动的指挥中枢和核心，系统中的指挥者既是消防救援行动的决策者，又是消防救援力量进行灭火救援行动的组织者，还是灭火救援行动的驾驭者和监控者，其指挥命令是消防救援力量行动的依据。

（二）完整性

完整性，是指灭火救援指挥体系具有能够全面履行灭火救援行动指挥职能的特性。灭火救援指挥体系的完整性是由灭火救援指挥职能和任务所要求的，是完成指挥任务的客观需要。灭火救援指挥体系的完整性主要表现在其内部结构上，无论救援行动大小，都是由相应级别的指挥员、指挥部门和相关保障人员等组成的一个整体，按灭火救援指挥需求进行的配置和分工，并包含了实现指挥职能和完成指挥任务的各种要素。灭火救援指挥体系的这种组织结构，能够全面保障履行指挥职能和完成灭火救援指挥任务的需求。缺少其中的任何一种要素，都将影响灭火救援指挥整体效能的发挥和指挥任务的顺利完成。完整性既是灭火救援指挥体系的基本特征，又是灭火救援行动指挥对灭火救援指挥体系的客观要求。

（三）层次性

层次性，是指灭火救援指挥体系通常是按其级别和灭火救援行动任务运行的层次相适应的特征。层次性是实现灭火救援指挥行动的合理性、有序性的保证。灭火救援指挥体系的层次性是由消防救援队伍编制体制、级别划分的层次和灭火救援行动规模与任务的层次所决定的。灭火救援指挥体系的层次性主要表现在灭火救援现场指挥部、全勤指挥部等具有一定的层次性，是根据到场灭火救援力量的数量和级别进行划分的。在灭火救援行动中，每个层次的指挥系统既具有相对的独立性，同时又受上一级指挥机关的指挥，其灭火救援行动的指挥范围和权限又具有相对的有限性。

第二节 战备指挥任务

战备指挥任务是指消防救援队伍为了能够满足灭火救援需求，既要履行不间断的战备要求，又要完成灭火救援指挥任务。消防救援队伍日常的值班备战既是各级指挥员的主要工作内容之一，也是灭火救援指挥体系中不可缺少的一部分，保证值班备战工作的正常开展，在灭火救援战斗中及时转换指挥角色也是对消防救援队伍中各级职能部门最基本的要求。

一、基层队站战备指挥任务

消防救援队伍基层队站包括消防救援大队、消防救援站和所属的各级指挥员，基层队站是灭火救援指挥体系中指挥命令最终的执行部门，在上级指挥机关未到达救援现场时也是灭火救援作战任务的指挥者。基层队站指挥员在日常战备中既要组织开展战备值班、检查、教育，维持正常战备秩序，在灭火救援行动时也要负责指挥本级救援队伍完成灾害事故处置，同时还要完成上级指挥员下达的指挥命令。

（一）消防救援大队

消防救援大队指挥员在日常战备时要做好以下几点：①检查辖区消防救援队伍和专职消防队战备工作，贯彻落实上级的有关规定、指示，做好灭火与应急救援准备；②熟悉辖区消防救援队伍和专职消防队执勤战斗实力，掌握重点单位有关情况、火灾及其他灾害事故的类型、特点及处置对策；③在辖区发生灾害事故救援时到场进行协调与组织指挥所辖消防救援站进行灭火救援处置，视情况调集辖区其他应急救援力量，协调组织灭火与应急救援工作开展。

（二）消防救援站

消防救援站指挥员在日常战备时要做好以下几点：①落实各项战备和安全管理制度，保证人员、装备时刻处于良好的战备状态；②熟悉辖区交通道路、消防水源、重点单位执勤战斗预案等情况，掌握辖区火灾及其他灾害事故的类型特点和处置对策、安全要求；③在接到指挥中心和上级指挥部门发出的出动命令时，带领所属指战员快速到达灾害救援现场，迅速组织进行火情侦察，开展灭火和救援行动；④及时对现场灾害情况进行反馈，并根据现场灾情发展情况调集增援力量；⑤执行上级指挥机关下达的作战指挥命令，完成灭火救援战斗任务。

战斗班长作为班指挥员时要积极配合消防救援站指挥员做好执勤战备工作，并在灭火救援现场根据指挥员作战意图，执行指挥员的作战命令，分配本班战斗任务，指挥战斗行动，组织进行灾情侦察和战斗展开。

二、机关部门战备指挥任务

（一）消防救援局

消防救援局建立灭火与应急救援指挥专班，由指挥中心、作战训练处、特种灾害救援处、信息通信处、新闻宣传处、后勤装备处等相关人员组成，在发生重特大或社会影响较大的各类灾害事故时，派出指挥员赶赴现场指挥救援工作。

（二）消防救援总（支）队

消防救援总（支）队战备值班时应设值班领导，各级值班、执勤人员必须坚守岗位，严守执勤制度，认真履行职责，完成值班、执勤任务；在辖区发生各类灾害事故时根据灾害等级和实际情况出动，赶赴现场指挥救援工作。消防救援总（支）队领导在灭火救援指挥中主要进行整体的领导与指挥，确定灭火救援指挥意图，制订作战策略，带领消防救援队伍完成救援任务。

（三）灭火救援指挥部

灭火救援指挥部是消防救援队伍中为有效完成灭火与救援任务中各项任务的管理监督机构，需要在掌握消防救援队伍、专职消防队执勤战斗实力，熟悉辖区其他应急救援队伍的人员、装备等情况的前提下，负责制订各类灾害事故处置的力量调动方案和执勤战斗预案，组织开展实战演练；并在灭火救援行动中与供水、供电、供气、通信、医疗救护、交通运输、生态环境、自然资源、气象等有关单位和其他应急救援队伍协调做好灭火与应急救援协同作战的工作。

灭火救援指挥部包括作战训练、特种灾害救援、信息通信、指挥中心等职能部门。

（四）作战指挥中心

作战指挥中心主要任务包括：①根据辖区灾害类型制订事故处置调度方案，及时接收和发布预警预报；②准确受理各类灾害事故警情，按照火警和应急救援分级标准、力量调派方案或者值班领导指示，及时调派力量赶赴现场实施处置；③及时了解通报救援现场情况，根据警情调派增援，同时向全勤指挥部和值班领导报告；④根据需要和指挥员的命令通知公安、供水、供电、供气、通信、医疗救护、交通运输、环境保护等有关部门、单位和技术专家到场配合作战行动；⑤全程跟踪灾害事故现场情况，提示灭火和应急救援行动注意事项，搜集、汇总、分析、报送警情和灾情信息，辅助决策灾害事故处置。作战指挥中心是保持灭火救援指挥系统能够及时有效传达命令的中枢指挥机构，在灭火救援指挥体系中有着极其重要的地位。

（五）后勤装备处

后勤装备处是灭火救援指挥体系中战勤保障制度落实的主要组织实施部门，负责在灭火救援行动中指挥协调训练和战勤保障支队等战勤保障单位落实战勤保障工作，并与社会联动部门建立保障机制，为灭火救援指挥体系提供保障基础。

（六）政治部

政治部主要在执行灭火救援任务时结合消防救援队伍战备和灭火与应急救援工作情况，适时灵活地开展思想政治教育和心理教育疏导工作；了解掌握指战员灭火、应急救援工作中的表现情况，及时进行典型宣传、表彰奖励、慰问优抚等工作，指导保持队伍良好纪律作风形象。

（七）新闻宣传处

新闻宣传处应当加强与新闻媒体的沟通协调，建立应急宣传机制，做好执勤战斗宣传报道和舆情应对工作。负责组织记录救援行动进程，指导做好现场发布会和新闻媒体服务管理，统筹舆情管控；组织指导做好现场采访和宣传报道，深入报道消防救援动态、典型战例、先进集体和个人。

三、现场文书和安全助理职责任务

现场文书和安全助理是消防救援队伍在进行灭火救援行动时记录现场情况和指挥命令，对现场危险发出预警的重要岗位，是灭火救援指挥体系正常运行不可或缺的一部分。

（一）现场文书

现场文书一般由灭火救援指挥部或者消防救援站干部担任，在灭火救援行动中主要负责记录灭火救援现场灾害事故的变化情况，以及救援力量调动、作战部署和战斗行动等关键内容；记录上级指挥员、当地政府领导下达的作战命令情况和现场总指挥员下达的命令等。

（二）现场安全助理

现场安全助理一般由总指挥员指定专人担任，负责灭火救援现场安全管理，对安全员实行统一管理。负责对灭火救援现场的危险区段、部位进行实时监测，确定安全防护等级，落实作战行动的安全保障，检查参战人员安全防护器材和措施；记录掌握进入危险区的作业人员数量和时间及防护能力，保持不间断的联系，了解现场安全状况和参战人员的体力、健康情况，准确判断突发险情，及时向指挥员提出紧急撤离和人员替换的建议；协助指挥员确定紧急撤离路线，并通知进入危险区的所有人员。根据指挥员下达的紧急撤离命令，利用长鸣警报、连续急闪强光、通信扩音器材等方式及时、准确地发出信号，并及时清点核查人员。

第三节 指 挥 方 式

指挥方式就是在灭火救援指挥过程中，指挥者开展指挥活动的方法和形式。灭火救援指挥方式是灭火救援指挥的一个重要内容，在各类灭火救援实践中都表明灭火救援指挥方式极大地影响着指挥效能的发挥以及灭火救援行动的结果。灭火救援指挥方式通常可以分为集中指挥与分散指挥、逐级指挥与越级指挥、其他指挥方式。随着时代的发展，灭火救援指挥方式更加多样化，在原先指挥方式的基础上，又添加了消防指挥自动化系统。

一、集中指挥与分散指挥

按灭火救援指挥责任和权力集中程度，灭火救援指挥方式可分为集中指挥与分散指挥。

（一）集中指挥

集中指挥，是指现场最高指挥员集中掌握和运用指挥职权，对指挥对象进行灭火救援指挥的一种指挥方式。这一指挥方式的主要目的是将灭火救援现场开展的所有灭火救援行动统一起来，防止各灭火救援行动出现重复或矛盾的情况。集中指挥的一般特点是指挥者不仅给指挥对象明确的任务，并且还规定完成灭火救援任务的具体方法和步骤。一般情况下，下级指挥员在整个灭火救援过程中必须坚决贯彻上级的命令指示，未经批准不得擅自调整行动方案；在执行任务过程中，还必须加强请示报告；上级指挥员或指挥部在灭火救援行动过程中应严格监督检查下属对命令、指示的执行情况，确保集中统一指挥的完整性。

集中指挥的主要优点是：①便于统一组织灭火救援行动，形成整体合力，协调一致地将灾害的危害和损失降到最低；②便于现场指挥员统揽灭火救援全局，抓住现场的主要方面，通过总指挥员统一下达的指令，可以更好地集中力量，完成现场最艰巨的任务。

缺点是：①难以应对指挥对象多、指挥任务重的大型灭火救援现场，指挥者难以妥善安排指挥对象完成任务的方法和步骤；②现场指挥权高度集中，有时不利于充分发挥下属指挥员的主动性和积极性，在处理某些突发险情时同级指挥员很难主动协调，形成合力，容易延误灭火救援行动的良好时机；③集中指挥对指挥手段的依赖性强，指挥者需要时时掌握指挥对象的灭火救援情况，对指挥对象不间断地调控，一旦指挥手段无法有效在指挥员与指挥对象之间建立联系，整个灭火救援行动的开展就极有可能受到重大影响。因此，集中指挥适用于火情比较明确，到场救援力量适中，现场通信联络畅通的指挥现场，或是在集中力量控制和消除现场主要方面险情时使用。

（二）分散指挥

分散指挥，也称分权式指挥，是指根据现场总指挥员或指挥部的总体意图和原则性指示，现场各战斗段灭火救援小组指挥员之间和供水保障指挥员、通信保障指挥员、医疗救护指挥员等结合具体情况所开展的独立自主的组织指挥系统，简而言之，分散指挥是指挥者将指挥职能大部分下放给指挥对象的指挥方式。分散指挥方式的实质是下属指挥员享有较大的指挥职权，其特征是最高指挥员对下属指挥员仅示以任务而不示手段，以利于一线指挥员"机断行事"。也就是说，上级指挥员给下级指挥员只是明确任务和完成任务的要求，说明当时现场情况，提供或指派完成任务所需的人力和物力，不规定完成任务的具体方式和步骤。

分散指挥的主要优点是：①可使下级指挥员充分发挥各自的主观能动性和创造性，依靠自己的经验和能力，以及现场的具体情况，确定完成任务的有效方法；②在处置险情时，分散指挥可以减少一系列的请示报告，有利于抓住灭火救援的有利时机，便于下级指挥员机断行事；③分散指挥可以有效降低指挥者对指挥手段的依赖，降低对现场指挥手段保障的要求。如，在2019年"3·21"江苏响水特大爆炸事故中，由于现场泄漏危险化学品种类多样，灾情复杂，现场指挥员通过划定区段的方式实施分散指挥，有效处置了现场灾情。

缺点是：①对下级指挥员组织指挥的素质和能力要求高。由于下级指挥员具备一定的现场指挥权限，如果下级指挥员没有良好的组织指挥能力，现场就有可能出现较大的伤亡。②可能无法完全发挥灭火救援现场整体效能。下级指挥员下达指令时，管辖范围内的因素考虑得多，整体灭火救援现场考虑得少，容易出现局部利益与总体利益冲突的情况。③现场灭火救援行动整体协调难度大。总指挥员在分散指挥中，对于下级指挥员的掌控力有所下降，这使得总指挥员对于现场的调控能力和驾驭能力降低，不利于总指挥员统筹协调现场灭火救援力量形成合力。因此，分散指挥方式常用于灭火救援现场大，专业救援队伍多，灾害类型复杂的处置现场，或是特定条件下出现通信不畅的指挥现场。

（三）集中指挥与分散指挥的关系

集中指挥与分散指挥是对立统一的关系。它们在指挥权的集中和分散的程度上具有不同的要求，集中指挥强调现场指挥权的相对集中，而分散指挥则要求现场指挥权相对地赋予下级指挥员，两者在对应的指挥条件下都有各自独特的地位和作用。在灭火救援指挥的实践中，集中和分散两种组织指挥方式是相互依赖和渗透的，职权上的绝对集中和绝对分散是不存在的。因为集中指挥离不开分散指挥，下级在上级的统一意图下勇于负责，机断行事，有利于上级总的意图和决策的实现。另一方面，分散指挥也离不开集中指挥，下级指挥员只有在集中指挥的前提下，全面、正确地理解上级的总体意图，才能充分发挥各自的主观能动性和创造性。

因此，在很多较大的灭火救援行动中，总指挥员都是将集中指挥和分散指挥有机结合，这样既可以发挥集中指挥的整体协调作用，将现场救援力量有机地整合在一起，形成战斗合力，又可以发挥下级指挥员的主观能动性和创造性，有效提升一线救援力量的灵活性。要想将集中指挥和分散指挥有效地结合起来，就需要现场指挥员能够依据现场情况灵活调整指挥职权的使用，把握好集中指挥与分散指挥的尺度，着眼于指挥职权的使用，从有利于现场灭火救援力量的发挥，有利于灭火救援工作有序、高效进行的角度出发，调整现场灭火救援指挥的指挥方式。

二、逐级指挥与越级指挥

按是否跨越指挥层次行使权力，灭火救援指挥方式分为逐级指挥与越级指挥。

（一）逐级指挥

逐级指挥是指依照隶属关系逐级实施的指挥方式。其要求总指挥员下达命令时应按照隶属关系逐级下达，逐级控制，各负其责地实施组织指挥。逐级指挥的实质是依靠原有的指挥关系，将指令逐级传达到各级指挥对象，不跨越任意一个指挥层级的指挥系统。逐级指挥对于上级来说既是对下级的约束也是对下级的信任，因为当在灭火救援现场出现通信不畅的情况时，下级指挥员可以根据上级指挥员的决心实施，结合现有情况，做出有效的灭火救援指挥行动。

逐级指挥的主要优点是：①各指挥层级效能能够充分发挥。由于逐级指挥是在正常的上下级关系上建立起来的，上级指挥员对其隶属下的救援队伍或人员较为熟悉，能够根据救援队伍或人员情况进行灭火救援任务分工，有效发挥各层级灭火救援效能。②利于各级指挥员在集中指挥的基础上开展灭火救援任务。逐级指挥通过分级指挥的方式对各层级实施指挥和控制，能够实现灭火救援行动的统一性，同时各层级都具有一定的职权，可以在各自职权范围内实施指挥。③易于达成灭火救援指挥的有序性和可靠性。各级指挥者对本级、上下级的指挥关系、指挥职能、运行机制都较为熟悉，有利于保证灭火救援指挥有序、可靠地进行。

缺点是：①逐级指挥难以满足灭火救援指挥需要的时效性。逐级指挥由于其组织机构层级较多，一个指令被得到执行通常需要较长时间，容易耽误灭火救援的最佳时机。②由于逐级指挥本身架构的限制，一旦中间的任一层级指挥出现问题，都可能造成连锁反应，影响灭火救援指挥行动的整体效能。

（二）越级指挥

越级指挥是指在紧急情况下或出现特殊险情时，指挥员超越一级或数级实施指挥的指挥方式。其实质是为了应对现场的紧急情况，上级指挥员打破正常的指挥关系，越级对下级指挥员直接实施指挥的情况。

越级指挥的主要优点是：①有效提升指挥的时效性。越级指挥在实施时可以有效减少指挥层级，节约指挥时间成本，争取宝贵灭火救援时机。②便于实现灭火救援主要方面的重点控制。在灭火救援行动中，上级指挥员可以采取越级指挥的方式，对下级指挥员处置的"急难险重"事故进行指导，弥补下级指挥员对于"急难险重"任务经验不足的问题，避免出现下级指挥员指挥不当造成灭火救援行动失败的情况。

缺点是：①容易造成指挥关系混乱。越级指挥容易打乱原有指挥体制，可能出现指挥对象无所适从的情况，影响灭火救援效能的充分发挥。②越级指挥难以掌控指挥对象的具体情况。在实施越级指挥时，上级指挥员一般难以掌握指挥对象的各项具体情况，不能根据指挥对象的实际情况下达指令，易造成指令与实际不符的情况，造成指挥失误。③对指挥手段依赖较重。越级指挥需要上级指挥员越级对下级指挥员实施指挥，这有赖于较好的通信手段，如果在通信不佳的环境中，越级指挥就没有开展的物质基础。越级指挥是现场出现紧急情况时不得已采取的组织指挥方式，在实施过程中，上级指挥员应将自己的指示及时通报被越权的下级指挥员；指挥对象也应及时向直接上级指挥员报告受领任务情况，便于进一步协调行动。

（三）逐级指挥与越级指挥的关系

逐级指挥和越级指挥是一般与特殊的关系。没有逐级指挥，就不存在越级指挥，两者的区别在于指挥职权的直接作用层次不同，适用的范围不同。但是，逐级指挥和越级指挥都是着眼于有利于灭火救援任务的完成而开展的。在实践中，逐级指挥和越级指挥有时是需要结合使用的。一般情况下，灭火救援指挥行动中的指挥形式以逐级指挥为主，越级指挥为辅。

三、其他指挥方式

消防救援队伍在灭火救援过程中，还实施以下几种指挥方式。

（一）属地指挥

两个以上消防救援队伍到达现场参加灭火救援战斗时，且上级指挥员未到现场前，由灭火救援现场所在辖区的主管队（站）指挥员或属地指挥员实施指挥，这种由主管消防队（站）指挥的方式称为属地指挥。

存在属地指挥主要是因为属地指挥员平时熟悉本地域情况、水源情况、辖区内重点单位情况等信息，能够迅速掌握现场的主要方面，便于迅速下定决心，快速实施灭火救援行动，有利于把握住灭火救援行动中稍纵即逝的良好时机。而在常见的灭火救援行动中，由两个以上消防救援站参加的灭火战斗比较常见。在上级指挥员到达现场以前，指挥权一般由辖区消防救援站承担。

（二）授权指挥

在灭火救援现场上，灭火救援战斗正在遂行过程中，上级指挥员到达现场，判定指挥过程基本符合要求，可根据现场实际情况把指挥权交给完成这类任务的经验丰富的指挥员代行指挥，或授权给属地消防指挥员指挥。这种方式称之为授权指挥。实施授权指挥时，上级指挥员必须承担指挥责任。如1993年南京炼油厂万吨轻质油罐发生火灾时，省市有关领导和消防总队领导都到达现场，但灭火总指挥权却交给了灭火组织指挥经验丰富的南京消防支队支队长，这是典型的授权指挥。

（三）参与指挥

在扑救油田、化工、船舶等特殊火灾时，若消防救援队伍到场参与救援力量较少，灭火救援力量主要以企业专职消防队为主体时，消防救援队伍指挥员可参与火场指挥部的指挥工作，这种指挥方式称之为参与指挥。

当有专职消防队的企业、事业单位发生特殊火灾，且这些专职消防队的装备精良、现代化程度高，指挥员又具备丰富的扑灭这些特殊火灾经验时，消防救援队伍可实施参与指挥，否则消防救援队伍指挥员应果断实施统一指挥。在灭火救援现场上，为了缩短组织灭火救援的时间，就必须建立精干的指挥机构，采用灵活的指挥方式，简化组织灭火救援的程序，在灭火救援过程中力争同时开展一些主要工作，缩短灭火救援指挥效能发挥的时间。作为一名灭火救援指挥员，必须全面了解，切实掌握，机动灵活地运用灭火救援的知识，在"活"字上下功夫。

（四）"指令性"指挥与"指导性"指挥

"指令性"指挥，实际上就是"命令式"指挥。上级指挥员下达命令，下级必须坚决服从指挥。采用这种方法时，上级下达的命令中不但要详细规定任务，而且要具体规定完成灭火救援战斗任务的方法和协同事项。这种方法便于指挥员和指挥部集中指挥。在现代条件下，组织指挥协同战斗时仍然需要采用这种方法。在大型火场上，采用协同战斗时，在各战斗区段，协同力量在受领任务后，也均应向各自的部属下达明确指令，不但下达任务，而且要规定行动方法和时间要求，只有这样才能做到协调一致。在纷繁复杂的火场，火势变化莫测，因此，有些情况下应允许下级指挥员边处置边报告，充分发挥下级指挥员的积极性、主动性和能动性。

"指导性"指挥，就是上级只赋予下级战斗任务并说明基本意图，下级可按此意图灵活执行指挥。

每当发生特大灾害事故，往往事故单位的上级领导、主管的应急管理局、政府部门等会到场指导，当这些领导到场后，可能都要对灭火救援概略地提出一些具体要求，进行"指导性"指挥，此时应根据实际，以指令性指挥为主，对首长们的指导意图应相机执行。

另外，在灭火救援中，由于各战斗阶段具体情况不同，而应因情况突变，因地制宜，灵活采用不同的指挥方法。如在一般情况下，组织进攻战斗时，或应现场态势要求必须向某一区段突破时，或急需救人时，对协同动作比较复杂时，对统一指挥依赖性较大时，应以指令性指挥为主。又如，灭火救援行动向纵深推进，进攻顺利，打扫残火，对灭火救援行动独立性较强的协同力量等也可采用"指导性"指挥。

第四节　指挥类型

消防救援队伍灭火救援组织指挥通常分为消防救援局、总队、支队、大队、消防救援站、班6个层级，并遵循"统一指挥、逐级指挥、属地指挥"原则。

消防救援队伍接到报警或者作战指挥中心调派命令时，应当迅速按照命令出动，根据不同等级的灾害事故救援现场，作战指挥中心调派的救援力量的数量和种类有所不同。①当仅有一个消防救援站或大队参与灭火救援战斗组织指挥时，需要由消防救援队站本级指挥员负责现场指挥，执行灭火救援任务；②当两个以上总队、支队或者大队处置同一起灾害事故时，上一级全勤指挥部或者值班领导应当到达灭火救援现场负责指挥任务；③当遇到参战力量多、事故规模大的灾害事故现场时，还需要成立现场作战指挥部，统一指挥灭火与应急救援行动；④当政府成立其他形式的指挥部时，消防救援队伍也需要参与其中完成灭火与应急救援行动任务。

在灭火救援现场，无论采用哪种指挥形式都应该遵循灭火救援指挥体系的基本特征，并由指挥员和救援职能部门组成，按照灭火救援的组织指挥一般程序进行。

一、基层队站独立指挥

基层队站接到作战指挥中心的调派命令时，应该及时出动，在灭火救援现场仅有本级单位独立作战时，一般由到场最高级别的指挥员负责指挥任务，根据火灾与救援现场情况开展组织指挥。

现场指挥员的主要职责是：①组织实施现场侦察了解灭火救援现场灾情发展的基本方向；②确定救人、灭火、排烟、排险和保护、疏散物资等战术措施，及时向上级报告现场情况；③向各战斗班（组）下达作战任务，落实安全防护措施，确定进攻路线和阵地，指挥灭火与应急救援攻坚作战行动；④组织火场供水，检查执行情况；⑤根据现场情况的变化，调整力量部署；⑥完成上级下达的各项命令，并上报执行情况。在灭火救援现场成立以下职能组负责相关灭火救援任务的执行。

（一）侦察组

负责现场侦察任务，及时了解灭火救援进展情况和灾害变化情况并向指挥员汇报，也可由指挥员直接对灾害事故现场进行侦察并根据侦察情况做出指挥部署。

（二）作战组

负责按照本级指挥员的指挥命令开展灭火与救援任务，在救援现场做好灾情控制、火灾扑救和被困人员的救助等任务。

（三）通信组

负责确保灭火救援战斗时的信息通信的可靠畅通，并及时传达上级灭火救援命令，反馈现场信息等；负责救援现场照片影像资料的搜集，做好宣传工作；担任记录灭火救援战斗过程的任务，并根据情况架设通信单兵系统，完成视（音）频信号的传输。

（四）保障组

负责灭火救援现场的供水工作，保障灭火战斗所需用水不间断，及时汇报水源使用情况，协调供水保障；同时根据指挥员命令做好照明或其他救援器材的保障工作。

（五）其他组

指挥员根据现场需要成立相关的职能小组，担任具体的救援任务，例如现场排烟、物资疏散和安全员的设立。

当消防救援大队指挥员到达现场后，将指挥权力移交给大队指挥员，并按照大队指挥员的指挥命令进行处置行动。大队指挥员在救援现场指挥与站指挥员相似，组织灾情侦察，确定防护等级，制订作战方案，部署战斗任务，督促落实作战安全规程，检查执行情况，并根据灾情变化调整力量部署；及时向上级报告现场情况，落实指挥中心指令。

二、总（支）队指挥

全勤指挥部是消防救援总（支）队中发挥灭火救援指挥功能的临时指挥机构，全勤指挥部一般不会接到上级指挥部门的出动命令。《消防救援队伍执勤战斗条令》明确"两个以上支队、大队处置同一起灾害事故时，上一级全勤指挥部应当立即出动"，全勤指挥部到达现场前，实施属地指挥；到达现场后，应当实施直接指挥或者授权指挥。

全勤指挥部一般由指挥长、指挥助理组成，需要具有一定实战指挥经验并能够胜任本级指挥岗位，在日常战备时需要掌握辖区各类灾害事故的特点、处置对策、组织指挥要点、安全注意事项、重点单位有关情况和本级执勤战斗预案相关内容；了解辖区消防救援队伍、专职消防队及其他应急救援队伍执勤战斗实力、分布及装备、灭火剂储备情况，检查督促消防救援队伍战备工作；随时做好出动准备，遂行作战，指挥灭火与应急救援战斗行动。

当辖区内发生灭火救援灾害事故时，全勤指挥部值班指挥长应及时了解重要警情发展情况，在灾害事故等级提高到全勤指挥部出动标准时，立即带领全勤指挥部人员遂行出动，到场后接管指挥权，开展组织指挥。

（一）作战组

主要任务是：①掌握灭火和应急救援力量调派、执勤战斗预案及灾害事故类型特点；②根据灾害事故发展情况为指挥长提供可行的处置程序方法和安全要求；③完成指挥长下达的灭火救援指挥命令，带领灭火救援力量完成既定任务；④在灾情突变时及时提供火情侦察信息，调整作战力量部署。也可根据灭火救援现场大小成立若干个作战指挥小组，担任不同的灭火救援作战任务，由作战指挥组统一指挥实施救援。

（二）通信组

主要任务是：①将指挥长的指挥命令传达给现场各职能组；②完成应急通信任务，担任应急通信保障和通信系统、装备配置的维护；③根据指挥长的命令及时建立应急通信系统，完成现场通信组网的操作；④保持和上级指挥部门的应急通信，及时传达指挥命令。

（三）战保组

主要任务是：在灭火救援作战行动时保障灭火救援战斗人员和车辆所需的装备、物资、燃料供应，在现场需要组织协调其他部门做好保障，根据救援需要及时调拨物资装备。

（四）政宣组

主要任务是：①了解掌握指战员作战表现情况；②适时灵活地开展思想政治教育和心理教育疏导工作，及时进行典型宣传、表彰奖励、慰问优抚等工作，指导保持队伍良好纪律作风形象；③组织指导做好现场采访和宣传报道，掌握新闻稿件发表、媒体采访和新闻发布会组织等工作要求。

（五）信息组

主要任务是：负责救援现场的信息搜集整理、信息报送和信息发布。

（六）其他组

一般由指挥长根据灭火救援现场情况成立防火监督、技术专家、防疫卫生等职能组。

三、现场作战指挥部指挥

对于灾害事故规模大、参战力量多、作战时间长、现场情况危险复杂、灭火与应急救援难度大的灾害事故现场，消防救援队伍应当成立现场作战指挥部，统一指挥灭火与应急救援行动。现场作战指挥部一般设在接近灭火救援现场，便于观察、便于指挥、比较安全的地点，并设置明显的标志。

消防救援队伍现场作战指挥部一般由总指挥员、副总指挥员，以及下属的作战指挥组、通信联络组、战勤保障组、政工宣传组、技术专家组、信息组及相关人员组成，并设立现场文书和安全员，如图 3-1 所示。

1. 总指挥员

消防救援队伍现场作战指挥部总指挥员，一般由消防救援局、总队、支队或者到场的最高领导担任，作为现场作战指挥部的最高指挥者也是灭火救援指挥体系中最高级别的指挥员，负责整个灭火救援现场的战斗指挥任务。履行下列职责任务。

（1）调集作战力量，组织现场侦察，分析判断灾情，制订总体作战方案，根据现场需要，划分战斗段（区）。

（2）向参战的下级指挥员部署作战任务，组织参战单位协同作战，督促落实安全防护措施。根据现场情况的变化，及时调整力量部署，必要时可以组织单位人员和群众参与

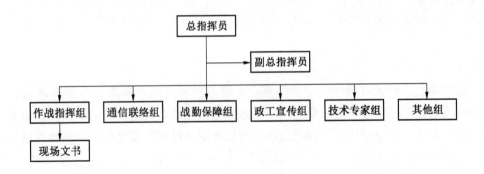

图3-1 现场作战指挥部结构

辅助性行动。

（3）根据灭火与应急救援的需要，合理使用各种水源，利用邻近建筑物和有关设施，切断现场及其周边区域内的电力、可燃气体和可燃液体的输送，限制用火用电，划定警戒区，实行局部交通管制，拆除或者破损毗邻火灾现场的建（构）筑物或者设施等。

（4）提请政府协调应急联动部门到场配合灭火救援行动，提出调集驻军、武警及其他增援力量参加灭火与应急救援的意见。

（5）全面掌握现场情况，当发现可能发生突发重大险情而又不能及时控制，直接威胁参战指战员生命安全时，应当果断、迅速下达撤离命令，组织指挥参战力量安全撤出灭火和应急救援现场。

（6）提出战勤保障要求，落实战勤保障措施，视情况启动战勤保障预案并组织实施。

现场作战指挥部副总指挥员，一般由消防救援局指挥专班指挥员、总队、支队当日值班指挥长或者到场的消防救援局、总队、支队领导担任，其主要职责是协助总指挥员工作，在总指挥员授权或者离开现场时，履行总指挥员职责。

2. 作战指挥组

全勤指挥部指挥长在成立现场作战指挥部后担任作战指挥组组长，作战指挥组一般由作战训练、特种灾害救援处（科）和具有实战指挥经验的人员组成，在作战指挥组组长的带领下，主要负责执行现场作战指挥部总指挥员的各项作战指挥命令，完成灭火救援行动的处置。履行下列职责任务。

（1）实施现场侦察，向总指挥员提供具体作战方案，向参战力量下达作战任务，掌握战斗进展情况，绘制作战图表。

（2）管理和调度现场参战力量、装备，组织现场供水（灭火剂）和各种辅助力量协同作战。

（3）确定防护等级措施，掌握现场变化情况。遇有直接威胁参战指战员生命安全的重大突发险情而又不能及时控制时，根据现场情况或现场作战指挥部命令立即组织指挥现场力量安全撤离。

（4）指挥督促参战力量落实灭火与应急救援总指挥部及现场作战指挥部下达的各项命令，并及时上报执行情况。

3. 通信联络组

通信联络组在灭火救援现场主要负责：①将总指挥员的指挥命令传达给现场各职能组；②完成应急通信任务，担任应急通信保障和通信系统、装备配置的维护；③根据指挥长的命令及时建立应急通信系统，完成现场通信组网的操作；④保持和上级指挥部门的应急通信，及时传达指挥命令。一般由通信技术人员和通信员组成，由总指挥员确定组长。履行下列职责任务。

（1）统一通信联络方式、方法，组织现场通信，规范现场通信秩序。

（2）统筹组织通信人员、装备和资源，建立现场通信指挥网，确保战斗命令及时准确传达到各级指战员，保持现场通信畅通。

（3）维护通信器材，保障参战队伍、现场作战指挥部与指挥中心的通信畅通。

（4）组织开展图像采集、航拍建模、测量测绘、力量标绘等工作，为指挥部提供信息和技术支撑。

4. 战勤保障组

现场作战指挥部战勤保障组除了在灭火救援作战行动时保障灭火救援战斗人员和车辆所需的装备、物资、燃料供应外，还需要组织协调地方政府部门做好物资保障，根据救援需要及时调拨物资、装备。一般由后勤装备和战勤保障机构有关人员组成，由总指挥员确定组长，履行下列职责任务。

（1）负责组织实施参战队伍的装备、灭火药剂、燃料供应及现场车辆装备的抢修、维护等战勤保障工作。

（2）负责参战队伍饮食、饮水、休息、防寒保暖等生活保障工作。

（3）负责组织参战队伍医疗救护、卫生防疫和伤员运送救治工作。

（4）负责人员、装备、物资的前运投送工作。

（5）统筹协调社会保障力量做好相关保障工作。

5. 政工宣传组

现场作战指挥部政工宣传组主要负责：①组织指导政治动员、思想教育、心理疏导、典型宣传、表彰奖励、慰问优抚等工作，指导保持队伍良好纪律作风形象；②记录救援行动进程，组织指导做好现场采访和宣传报道，掌握新闻稿件发表、媒体采访和新闻发布会组织等工作要求。一般由政治部，纪检督察、新闻宣传处（科）有关人员组成，由总指挥员确定组长，履行下列职责任务。

（1）掌握指战员作战表现情况，适时开展政治思想和心理疏导工作。

（2）协调新闻单位，做好灭火与应急救援的宣传报道工作。

（3）起草现场最高指挥员对外信息发布内容，审核新闻发布会议通稿。

（4）督促参战队伍遵守国家相关法律规定和队伍纪律，严肃灭火与应急救援现场秩序，维护队伍形象。

（5）妥善处理与队伍外人员和单位的纠纷等问题。

6. 信息组

现场作战指挥部信息组主要负责灭火救援现场信息记录搜集，对相关数据进行统计，并及时汇报总指挥员。一般由总队、支队机关有关人员组成，由总指挥员确定组长，履行下列职责任务。

（1）检查和督促队伍落实信息报送制度，搜集、整理、上报信息。

（2）掌握灾害事故信息，现场记录指挥部决策指挥和作战行动情况。

（3）统计汇总灭火与应急救援相关数据，保持与指挥中心联络，做好信息的上传下达。

7. 技术专家组

现场作战指挥部根据灭火救援实际情况设立技术专家组，负责为总指挥员提供技术支持，解决技术难题。一般由消防救援队伍和有关单位专家组成，由总指挥员确定组长，履行下列职责任务。

（1）观察、搜集现场相关情况和信息，判断灾害事故发展趋势，监控消防控制中心和消防设施，配合灭火与应急救援行动。

（2）评估灾害事故的影响范围和危害程度以及可能发生的后果，提出应急处置建议。

（3）参与制订作战方案，提供技术支持，解决技术难题。

8. 其他组

现场作战指挥部一般还会设立现场安全助理和现场文书，或者其他救援现场需要的相关职能组。

现场文书在灭火救援行动中主要负责记录灭火救援现场灾害事故的变化情况，以及救援力量调动、作战部署和战斗行动等关键内容；记录上级指挥员、当地政府领导下达的作战命令情况和现场总指挥员下达的命令等。

现场安全助理一般由全勤指挥部人员或由总指挥员指定专人担任，负责灭火救援现场安全管理、对安全员实行统一管理。

四、参与政府指挥部指挥

当发生重大、特别重大灾害事故，政府成立指挥部时，现场最高指挥员及相关人员应当参加指挥部，并根据职责分工，组织消防救援队伍完成灭火与应急救援工作。

消防救援队伍参与政府指挥部时，应当保留灭火救援指挥体系基本构成，由总指挥员或相应指挥机构负责与政府指挥部协调指挥完成灭火救援任务，并由总指挥员下达指挥命令，利用灭火救援指挥系统的相关人员和部门实施完成指挥命令。

消防救援队伍应当与应急、气象、地震、自然资源、水利、生态环境等部门和专业机构、监测网点建立信息共享制度，及时接收和共享各类灾情预警信息。消防救援队伍应根据需要和指挥员的命令通知应急、公安、供水、供电、供气、通信、医疗救护、交通运输、环境保护等有关部门、单位和技术专家到场配合作战行动，消防救援队伍和其他队伍共同执行灭火与应急救援任务时，由消防救援队伍实施统一指挥。

第五节 指挥系统

消防指挥自动化系统，简称指挥系统，是指在灭火救援指挥活动中广泛使用计算机及其他技术设备，并结合人工智能算法，实现信息处理自动化和决策方法科学化，以提高灭火救援指挥效能的各种设备和手段。建立消防指挥自动化系统的意义在于把指挥员从繁忙的手工作业中解放出来，以便集中精力从事创造性的指挥活动，加快决策的进程，提高灭火救援指挥的时效性和准确性。

一、消防指挥自动化系统的功能

消防指挥自动化的实质是依托计算机的并线处理能力，将人从纷繁复杂的信息流中解放出来，充分发挥指挥者的自主性和创造性，把指挥、控制、通信情况紧密地联系在一起，形成一个多功能的系统。

消防指挥自动化系统的功能包括以下5个方面。

（一）信息搜集

运用传统搜集信息的周期长、速度慢、质量差、效率低，严重影响了指挥的时效性。运用自动化信息搜集系统，可大大加快信息搜集的速度，扩大信息搜集的范围，为指挥者及时掌握大量的信息，确定灭火战斗方案奠定了基础，提供了准确依据。自动化信息搜集系统包括各种固定式火灾探测器、火情监视器火灾自动报警设备、4G和5G图传、布控球、无人机和侦察机器人，可随时为指挥者提供各种灾害信息。

（二）信息传输

信息传输是由发信者发出各种灾情信息，经指挥自动化系统中的通信网，将灾害信息传达给收信者。消防指挥自动化系统中的信息传输，不仅是人与人之间的通信，而且要在人与计算机之间、计算机与计算机之间通信。为保证信息传递的迅速、稳定、可靠和不间断，必须组成多种通信网。通信网按照业务类型通常分为电话通信网、数据通信网、广播电视网、公用电报网、传真通信网、图像通信网、可视图文通信网。其结构通常分为网状网、辐射网、环形网、总线型网、复合型网5种。

（三）信息处理

信息处理是消防指挥自动化的关键环节。其目的是：①把信息的原始状态变换成便于观察、传递和分析的形式；②在信息分类和分析计算的基础上，提取最主要的和有用的信息；③通过编辑整理，压缩信息数量，提高信息质量，最后将各种有关信息储存起来，以备必要时进行提取。信息处理的步骤通常是转换、集中、存储、翻译、检查、编辑简化、分析、计算、结果输出等。具体而言，现有的一些消防指挥自动化系统通过城市智慧消防获取大量的相关信息，并通过云计算技术、大数据学习与分析技术和人工智能对海量数据进行快速加工处理，最终能够有效辅助指挥者高效科学地完成各项现场指挥任务。

（四）信息显示

信息显示就是以数字、文字、符号、图形和图像等人们便于接受的形式提供给指挥员，以便及时了解情况，作出决策。现代显示技术主要体现在计算机显示设备、大屏幕显示设备和移动手持设备3大方面。①计算机显示设备又分为文字显示设备和图形显示设备这两大类。文字显示设备用来传递命令指示、报告等战斗文书，以及表格、数字文件等。图形显示设备将计算机的处理结果以数字、文字、曲线或图形等形式显示出来，其图形可以作静态显示，也可以作动态显示。②大屏幕显示既可供多人同时观看和分析，也可在一块屏幕上同时显示灾情、参战力量、地形等多种信息，还可与计算机结合起来，进行大型标图作业。③移动手持设备主要是依靠大型后台先将数据进行系统加工，之后允许移动客户端使用移动设备对现场信息进行动态查询。且移动手持设备还可以根据移动设备定位情况，自动显示周边设施情况，方便现场指挥者快速高效掌握现场情况，并能够快速联动其他社会力量。

（五）辅助决策

决策是灭火救援组织指挥中的核心，辅助决策是消防指挥自动化系统的重要功能。决策系统主要由计算机中心、指挥员、控制台组成。计算机中心是为决策服务的，如方案的选择、评估、预演等。指挥员处于决策系统中的主导地位，通过显示设备了解火场情况，通过控制台发号施令。控制台是指挥者表达意志，进行决策的得力工具。

消防指挥自动化系统中的辅助决策，一般有两种形式。①预案检索型，即事先将各种灭火救援预案作为若干个软件成品存放于软件库中，需要时直接提供给指挥者使用。②人工智能型，由知识库、"专家"管理系统和逻辑库组成。知识库主要包括灭火救援理论、历史案例和灭火救援经验，逻辑库由真正反应能力高超的思维功能来构成，"专家"管理系统由知识更新和经验丰富的指挥者来组成。人工智能型比预案检索型具有更多的灵活性，它能根据各种情况和需要随时进行决策，使决策方案的范围具有了更大的适应性，进一步保证了辅助决策的高效与科学。

二、消防指挥自动化系统的组成

消防指挥自动化系统的建立，是以独立城市的消防救援总队、支队或大队为单位，在标准数据形式及标准接口的前提下，在全国建立消防指挥自动化系统，形成"全国消防一张图"。系统通过运用大数据、云计算及人工智能等技术提升接处警效率、作战指挥信息分析能力、辅助决策效能。该系统主要由接处警业务模块、接处警业务信息支撑模块、智能化支撑模块、运行监控模块四部分组成，其基本运行图如图3-2所示。消防自动化指挥系统还可以获取本地位置信息系统、气象信息系统提供的信息，增强本系统的辅助指挥功能。

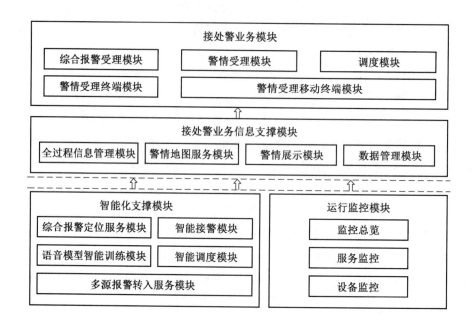

图 3-2　消防指挥自动化系统基本运行图

（一）接处警业务模块

接处警业务模块实现警情受理、处置、调度、反馈的全流程工作，包含综合报警受理模块、警情受理模块、调度模块、警情受理终端模块、警情受理移动终端模块。

警情受理模块可以提供城市远程监控、互联网应用报警信息，并实时刷新，掌握城市基本情况。能够智能分析互联网报警信息，避免出现同一警情多次报警的情况，并在警情核实后推送至人工处理。

在接警过程中，警情受理模块可以根据警情类别、警情地址、警情等级、气象信息、处置对象等自动匹配不同的接警用语进行辅助提醒，规范接警员在接警对话中的话语内容，并可以根据实时对话内容自动调整接警用语排序和显示状态，达到提升接警效率的目的；对于报警人寻求现场帮助的场景，也支持匹配对应现场自我救援指引方案，有效辅助接警员对报警人进行引导，并支持根据警情类型动态调整问询事项。

警情受理模块联合智能化支撑模块可以将报警通话过程中的语音信息实时转变为文字内容，同时能够自动检索、提取报警语言中的警情地址、警情类型、燃烧物、被困人员、燃烧楼层、火灾场所、烟雾状况等关键信息，并由接警员确认后自动填入警情单。通过提取的事故点信息分析事故点周边情况，为救援力量调度提供依据。该模块还可以智能判定重复报警情况，并自动提示将警情合并。

在救援力量调度过程中，警情调度模块能够显示辖区所属车辆装备的状态情况，并能够根据车辆种类、消防救援站情况查询消防救援车辆情况。警情调度模块可以根据事故点定位情况自动判定主管消防救援站，能够通过手动选择、拼音首字母检索、序号检索、中文模糊检索等方式主动选择处置力量，并能够实现报警人、席位接警员和处置救援力量三方通话。警情调度模块还支持直接运用历史调派记录和重点单位预案实施消防救援力量的调派，减小调度难度。在调度结束后，警情调度模块可以显示调度力量预计到场时间、已到场灭火救援力量情况等一系列信息，方便调度人员掌握调度情况。

（二）接处警业务信息支撑模块

接处警业务信息支撑模块实现接处警过程信息管理、数据展示、数据维护、接处警地图应用等功能。包含全过程信息管理模块、警情地图服务模块、警情展示模块、数据管理模块等。其中，数据管理负责进行接处警业务数据（机构、人员、车辆、装备、水源、预案等）的维护、治理等。

1. 全过程信息管理模块

全过程信息管理模块能够自动记录警情受理、调度、处置的全过程信息，同时支持接警员对处置信息进行快速回填，能够实时跟踪掌握警情的状态节点及详细信息。警情信息主要包括报警信息、接警信息、出动信息、火场文书、现场信息、安全监控、通话记录、警情归并、火场总结、请求增援、跨区域调派。全过程信息管理模块通过对接物联网监控系统，具备人员装备监控接入能力，对现场参战人员和装备位置、数量、状态等信息进行实时监控，有定位设备的可以进行实时跟踪，可接入车联网信息、液位监控信息等，实现相关信息自动更新。

2. 警情地图服务模块

警情地图服务模块功能是：①提供地形地貌、警情地图展示方式；②提供地图基本操作功能（图源选择、平移、框选放大、复位、绘制、测量、画圈查询），支持自动导航、地图绘制等功能；③显示实时路况信息，支持手工选择起点和终点，模块自动计算消防车导航路径，充分整合实时路况信息，规避限高、限重、限行路段，选择最优路径，快速到达现场；④显示事故点周边消火栓、重点单位等部位基本情况，事发地为重点单位则额外提供对应的重点信息；⑤实时展示辖区天气情况、风力、风向、气温等信息，支持根据警情发生地点的地理信息数据，自动分析该区域气象、水文情况，实时展示辖区降水量。

3. 警情展示模块

警情展示模块功能是：①显示警情类型、对时段（小时、当日、本月、本年）中辖区警情进行统计，同时可对消防救援站的数据进行分区域展示，支持按照柱状图、饼状图等进行可视化统计展示；②辖区各级值班信息、各辖区装备车辆情况、灾害事故伤亡人数；③可以根据实际调派出动车辆情况，快速绘制出动车辆图标；④可以通过手动依次点击的方式调派出动车辆；⑤提供标准的作战车辆图标、作战器材图标、作战场景图标、现场态势图标，允许手动选择需要的图标进行作战部署标绘。

4. 数据管理模块

数据管理模块提供机构管理、人员管理、装备管理、水源管理、高低大化、辅助信息、综合管理等功能。该模块功能是：①支持机构信息、行政区划、应急联动单位、企业专职队、政府专职队、消防救援站关联关系、备防站点、微型消防救援站、机构树共计 9 类数据的维护与管理；②支持指战员信息、专家信息、重点人员、通信录、人员标签共计 5 类数据的维护与管理；③支持车辆管理、器材管理、车辆特性、车辆作战功能、电台组网、单兵设备、非消防机构车辆共计 7 类数据的维护与管理；④支持消火栓、消防水鹤、消防水池、消防码头、天然水源共计 5 类数据的维护与管理；⑤支持高层建筑、地下公共建筑、大型综合体、大型化工单位、九小场所、高危单位信息、重点区域管理共计 7 类数据的维护与管理；⑥支持危化品库、MSDS、问询信息、重点警情规则、案例战评总结、重要通知、视频监控点、专业队伍、重点单位预案、灾害等级管理、重要时段管理共计 11 类数据的维护与管理；⑦支持编成管理、编队管理、值班管理、调度电话、交接班管理、等级调派方案、重点单位共计 7 类数据的维护与管理。

（三）智能化支撑模块

智能化支撑模块是系统实现智能化的核心功能模块，包含智能接警模块、智能调度模块、综合报警定位服务模块、语音模型智能训练模块、多源报警转入服务模块。

1. 智能接警模块

智能接警模块结合人工智能技术，建立消防语料库、接警关键信息识别模型和本地口音普通话训练模型，实现警情无延迟精准语音识别，并通过本地私有化部署的自然语义解析服务，以智能警情要素提取模型实现实时警情信息精准提取。模块能够智能给出警情等级，并结合人工修正记录比对历史同类警情进行自我优化，不断完善系统智能化警情等级划分准确程度。

2. 智能调度模块

智能调度模块可以根据当地消防救援力量、灾害类型及分布特点，结合空间位置、路径、时间等要素，建立智能调派模型。通过智能调派模型，可自动生成辅助推荐调派方案，支持根据实际调派方案数据，自动预警并提醒接警员核实差异原因（如车辆正在维修，道路限高、限重、限行等），以接警员修改及确认的调派优化方案作为训练数据不断优化智能调派模型。结合地图分析辖区内交通道路情况、桥梁隧道及高速公路入口的通行能力等信息，利用卡车、特种车模式合理规划行车路径，合理规避限高、限重、限行路段，指引消防救援车辆以最佳、最快捷的行驶路线到达警情现场，同时结合实际历史行车轨迹数据，运用深度学习技术，不断自行训练，提升优化智能路径规划模型的正确性和可靠性。系统自动核对实际出警车辆与推荐出警车辆存在的差异，自动预警并提醒接警员核实差异原因。

3. 综合报警定位服务模块

综合报警定位服务模块功能包括：①可以联动运营商提供报警电话定位数据，实现手机及固话报警定位；②依托人类活动中产生的各类信息数据，如详细区域、街道、门牌号、建筑物名称等，找到最相似的地址信息获得地理坐标信息，返回的地址信息包括完整地址、经纬坐标、所属管辖区域等信息；③通过警情地图服务提供的关键字、周边POI搜索，以及行政区划等查询功能，实现报警时常用位置识别信息比对定位，同时支持多类别的精准搜索匹配和模糊搜索查询，满足目的化、多样化的地图搜索需求；④可通用移动终端设备利用AGPS技术或Wi-Fi定位技术获取当前位置信息，并将报警信息推送至综合报警定位服务中，实现手机报警实时定位；⑤以警情地图服务为基础，充分利用互联网数据资源，整合报警电话定位、辖区范围、地理要素定位、地名地址定位、移动应用定位等多类定位手段，逐渐缩小空间区域，将各类位置信息互为补充，建立优先规则，自动计算警情位置，提供定位服务，同时结合手动定位，以提高定位精准度，达到快速准确定位警情的目的。

4. 语音模型智能训练模块

语音模型智能训练模块利用离线化部署的数据标注流程、模型训练流程、模型评估流程、模型发布流程等，构建普通话本地口音特征的语音模型，持续提高本地语音识别效果。

5. 多源报警转入服务模块

多源报警转入服务模块提供多源报警统一接入接口，与接警端应用模块分离，对各类报警源的信息进行统一转换，如城市远程监控、微信、APP报警信息。

（四）运行监控模块

运行监控模块对核心系统服务及关键设备的状态进行监控，保障各级系统高效稳定运行，包含监控总览、服务监控、设备监控等。

监控总览提供对主要的服务器设备、坐席、中继网关、服务等主要指标信息总览展示。服务监控提供对服务各项指标信息实时监控，异常数据提醒。设备监控提供对服务器、坐席、网络、中继网关等主要设备各项指标信息实时监控，异常数据提醒。

三、运用消防指挥自动化系统的要求

消防指挥自动化系统的建立和运用，必将使灭火救援指挥在功能上实现质的飞跃，即由传统的经验型向现代的智慧型，由过去的单一效应向将来的组合效应进行转变。要充分发挥消防指挥自动化系统的作用，提高灭火救援指挥的效率和质量，在掌握和运用消防指挥自动化系统，实施灭火救援指挥时就应注意以下一些问题。

（一）充分认识指挥自动化系统的特性，发挥人的决定性作用

消防指挥自动化系统作为一种先进的指挥方式和手段，可以完成人在生理上很难达到的某些高强度、高速度、高精度的指挥控制过程，把指挥员从大量繁重的手工作业中解放出来，以便集中精力从事更高级的创造性指挥活动。

消防指挥自动化系统的运用，可以在很大程度上代替人的体力劳动和脑力劳动，但不

排斥人的作用，相反更突出了人的地位和作用。在消防指挥自动化系统中，人与机器共处于系统的统一体中，人在系统中起主导作用，机器处于被支配的地位，但人要受到机器的制约，适应系统提出的要求。

发挥人在指挥自动化系统中的作用，做到人—机的有机结合，就要充分发挥操作人员、技术人员的作用。要对他们进行专门训练，使他们精通计算机的功能，适应指挥自动化系统中的特殊环境和作业条件，能同机器设备进行语言交换，熟练使用各种技术装备，达到人与机器密切协调，形成整体功能。同时还要提高指挥员尤其是参谋人员的素质，使他们不仅具有较高的灭火救援战斗水平和组织指挥能力，而且还要懂得计算机的编程语言和技术设备，能设计科学的程序软件，能分析机器运行结果，这也是达到人—机最佳协调的重要方面。

消防指挥自动化系统的实质是人与机器的结合，关键是发挥人的创造作用。因此，指挥者应根据灭火救援指挥的需要，规定编拟软件的种类、数量、内容，然后由技术专家和专业人员共同研制，充分发挥他们的科学技术知识和丰富的专业知识，通过创造性的思维劳动来完成。

（二）根据指挥自动化系统的需要，进行指挥机构的改革

消防指挥自动化系统在灭火救援指挥中的运用，无疑会引起指挥机构的组织机构、工作方式、指挥员的知识结构、思维方式与工作习惯的改变。只有进行这种变革，才能使指挥自动化系统成为一种真正有效的手段，才能使人—机的结合达到完美的程度。

消防指挥自动化系统的出现，把指挥、控制、通信和信息这四者紧密结合在一起，使指挥机关从人员的组合体变成了人和机器的结合体，要求变革过去单一分散型的指挥机关为高度合成化的指挥机关。因此，指挥机关的组织结构中参谋人员不仅要能够参与决策，还要对计算机技术有一定的了解，具备一定的程序编制能力，这给参谋人员提出了更高的要求，同时指挥机构也转变为一种集先进技术和传统指挥为一体的新型综合型指挥部。

消防指挥自动化系统的运用对指挥者提出了更高的要求。①要求指挥者从经验型变成知识型；②要求指挥的思维方式由粗略定性型向精确定量型转变；③要求指挥者从固有的工作习惯中解脱出来，要以积极的态度主动地接近、熟悉、掌握和使用消防指挥自动化系统，果断地与过去不适宜的指挥方式告别，培养新的工作习惯。

（三）与其他手段并用，弥补指挥自动化系统的不足

消防指挥自动化系统的运用，极大地提高了灭火救援指挥的效能。但指挥自动化系统不是万能的，也不是唯一有效的指挥手段，要有效地对消防救援队伍实施不间断地指挥，还需多种手段并用。

1. 要发挥传统指挥手段的长处

传统的指挥手段在灭火救援中有其特殊的作用，比如指挥员亲临火场，面对面地以口述等形式布置任务，亲自观察火情，把总体情况和灭火救援战斗意图直接传达给消防救援队伍，就地了解灭火救援战斗进程和当面解决问题等。要充分发挥传统指挥手段的长处，弥补指挥自动化系统的不足，以保证有效、稳定的灭火救援指挥。

2. 熟练掌握运用两套手段进行指挥的本领

为确保灭火救援指挥的效能，弥补指挥自动化系统的不足，指挥者不仅要有使用自动化技术设备指挥的技能，还要能运用传统的指挥手段进行指挥，掌握两套本领。在灭火救援指挥的各个环节都应有运用两种手段的措施，都要有两手准备。根据两种手段的优点和不足，合理规划。对于灭火救援指挥过程中最费工时、最费力、最需要使用自动化器材和技术处理的问题，应运用指挥自动化手段加以解决；对自动化设备不能解决的问题则依靠传统方式完成。要注意指挥者运用传统指挥手段的训练，使之具有两套本领，把指挥自动化手段与传统的指挥手段相互结合起来，实施更有效和不间断的指挥。

📖 习题

1. 灭火救援指挥体系的定义是什么？

2. 灭火救援指挥划分为几个层级？

3. 灭火救援指挥体系的特征是什么？

4. 灭火救援指挥体系中人员构成有哪些？

5. 消防灭火救援指挥与应急救援指挥的关系是什么？

6. 现场作战指挥部和全勤指挥部的区别是什么？如何相互影响？

7. 全勤指挥部有几种？分别是什么级别？

8. 灭火救援指挥方式有哪些？

9. 集中指挥的含义是什么？

10. 分散指挥的含义是什么？

11. 集中指挥和分散指挥分别具有哪些优缺点？

12. 逐级指挥和越级指挥分别具有哪些优缺点？

13. 逐级指挥和越级指挥的关系是什么？

14. 灭火救援指挥决策的依据有哪些？

15. 消防指挥自动化系统的功能有哪些？

16. 运用消防指挥自动化系统有什么要求？

17. 结合自身经历谈谈灭火救援指挥方式在灭火救援行动中的作用。

18. 简述在新时代如何灵活使用消防指挥自动化系统。

第四章　灭火救援指挥活动

灭火救援指挥活动是指挥者对所属队伍实施指挥的思维及行动，通常分为掌握情况、作战筹划、计划组织、协调控制 4 个主要环节，是指挥者履行指挥职责、行使指挥职权的过程，是灭火救援指挥规律、原则在实践中的运用，具有极其丰富的内涵。

第一节　指挥活动的含义

指挥活动主要指指挥者的行为活动，按照相对固定的程序进行，是主观指导与客观实际相结合的具体体现，直接影响和决定着作战进程和成败。

一、指挥基本程序

根据《消防救援队伍执勤战斗条令》（试行），灭火救援指挥一般按照迅速调集作战和保障力量，启动指挥决策系统，侦察掌握现场情况，制订作战方案，部署作战任务，指挥战斗行动，落实战勤保障等程序进行。具体而言，包括以下几个部分。

（一）受领任务

受领任务是灭火救援指挥的第一步，即接报环节，只有接收到上级指令或突发警情相关信息才能进入到指挥程序之中。消防救援队伍接收信息后会首先分析信息以感知态势，并确定响应级别，调派作战和保障力量。通常情况下，灾害事故是一般级别的，消防救援队伍单独就能应对，如果根据接报信息分析判断出态势严峻，则会向地方政府和上级消防救援部门报告，视具体情况请求增援。消防救援队（站）指挥员在受领任务时，要了解灾害事故的基本情况，明确主要行动目标、出动力量和注意事项，并以此确定行车路线，下达出动命令。

（二）途中指挥

车辆出动后，指挥员要与指挥中心、报警人联系，在联系过程中要掌握的具体情况包括灾害现场基本情况、起火楼层和部位、燃烧物质及火势、人员逃生和被困情况、周边道路通行能力与消防水源、增援力量出动及社会应急联动单位调集情况。同时，查阅预案、查询辅助决策系统，确定初步决心。

在即将到达灾害现场时，指挥员要不间断观察风力和风向情况、起火建筑冒烟楼层和烟雾颜色、外部窗口是否有明火、是否有被困人员互救或发出求救信号、建筑周边道路、消防车作业面等情况，调整作战决心，根据实际情况对出动力量进行初步部署，明确首车停靠位置、个人安全防护、优先处置目标、战斗力量编成等行动方案。

（三）必要行动

初步行动方案确定后，指挥员应向本队（站）其他车辆人员、增援消防救援站指挥员下达准备命令，进行战前动员，通报掌握情况，部署车辆停靠位置、初步作战分工和现场警戒方式等，提示行动注意事项。

（四）组织侦察

组织侦察，搜集灾害现场信息，是灭火救援指挥程序中必不可少的一环，其主要目的是侦察灾害现场，搜集现场周围环境情况，为制订下一步具体作战方案打下基础，并贯穿于灭火救援指挥的全过程。信息搜集的质量决定战斗决心生成的质量，进而决定处置指挥行动的成败，这就要求在组织侦察的过程中获取最准确、最佳数量的信息，并以此得出最符合实际的结论。

（五）灾情评估

灾情评估是在灭火救援行动开始就已经开始的、持续性的信息搜集整理工作。指挥员对侦察的信息进行鉴别和综合评估，作出符合实际的结论和发展趋势的判断，如起火部位在哪里，火势的蔓延方向如何，现场被困人员的位置、搜救途径和方法，是否存在可能发生轰燃、回燃、强烈热对流和建筑坍塌的风险等。

（六）拟订方案

指挥员依据灾情评估结果，结合上级机关和指挥中心的决定和指令、参战力量和装备、初步行动方案或已采取行动方案实施成效等情况，进行简要会商，定下战斗决心，明确灭火救援行动主要方面、优先处置目标和拟采取的战术措施，借鉴灭火救援预案和各类事故处置行动指南制订具体的行动方案。

（七）组织作战

指挥员定下战斗决心，制订出具体作战方案后，对所属队伍下达作战命令，部署灭火救援具体行动。

（八）督促指导

从下达命令到灭火救援行动结束的全部过程中，指挥员要及时、准确地搜集所属队伍灭火救援行动情况，督促、指导参战力量贯彻执行作战方案。同时，根据灾情态势变化，适时调整作战方案，并进行不间断的指挥。

（九）协同保障

在下达命令的同时，指挥员要根据火场实际情况和参战力量的具体情况，进行组织、协同和做好各项保障工作。

（十）善后撤离

灾情消除后，现场指挥员应认真研判现场情况，提出清理要求，防止灾情死灰复燃，采取必要的安全措施，并向上级或指挥中心汇报。接到撤离命令以后，应迅速做好撤离准备，移交灾害现场，进行简要战评，组织队伍撤离。归队后，应及时向指挥中心报告，并迅速恢复战备。

二、指挥活动内容

按指挥的程序，指挥活动一般分为掌握情况、作战筹划、计划组织和协调控制 4 个环节，如图 4 - 1 所示。

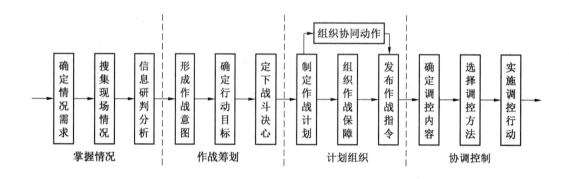

图 4 - 1　灭火救援指挥活动流程

（1）掌握情况是指指挥者对作战信息进行收集、整理的活动。它是灭火救援指挥活动的第一要务，是作战筹划、计划组织和协调控制的基础，是灭火救援指挥活动的首要环节，并贯穿于战斗全过程，对灭火救援进程和结果有决定性影响。

（2）作战筹划是指指挥者在搜集处理信息的基础上，对如何完成灭火救援行动进行筹划和作出决定的活动，是指挥活动的核心内容和关键环节，作战筹划正确与否，直接决定着灭火救援的形势能否向有利方向转化，进而决定着行动的进程和结局。

（3）计划组织是指指挥者依据灭火救援行动决心，对所属队伍实施灭火救援所进行的具体筹划和组织，使其明确担负的任务及需采取的措施，是指挥活动的重要阶段。

（4）协调控制是指指挥者根据灭火救援现场情况，调控队伍灭火救援行动的活动，以保障灭火救援行动能够顺利进行。

三、指挥活动特点

准确把握指挥活动的特点，深刻认识其本质，揭示其规律，对于深化指挥活动的认识，正确指导和实施指挥活动具有重要意义。

（一）整体性

灭火救援指挥活动是建立在严密组织、严明纪律、整体协调、高度统一的基础上的，具有较强的整体性。指挥者处于对灭火救援行动所涉及人员、装备、保障等所有行动所需要素与资源统筹协调的组织指挥位置，特别是在重特大灾害事故救援现场，参战力量众多、人员构成复杂，更需要指挥者对救援任务分工、救援行动展开、救援方式方法和救援阶段重点进行全盘考虑，解决好各参战力量之间的相互协同与配合问题，以确保灭火救援行动整体步调一致。

（二）时效性

灾害发展的快速变化和灭火救援行动的迅速展开，决定了指挥活动环节链循环的时间非常紧促，指挥周期大大缩短，必然使得灭火救援指挥活动的每个环节（掌握情况、作战筹划、计划组织、协调控制）都要以最快的速度、最短的时间完成。同时，先进的指挥信息系统的发展和应用，为指挥信息的快速获取、快速传输、快速处理和快速利用提供了技术支撑，也为指挥者快速高效地实施指挥提供了条件保障。

（三）灵活性

由于每个灾害事故现场的各方面情况不同，参战人员的素质、装备也不尽相同，现场指挥的方法也不会相同。因此，指挥者在组织指挥上应根据灾害事故现场的情况、参战力量情况和灭火救援行动主要方面的不同，选择不同方式方法进行灵活指挥，包括指挥方式的采用、人员的编成分组、参战力量的协同配合等。

（四）动态性

事物是发展变化的，指挥活动也不例外，主要体现在以下两点：①灭火救援过程是动态发展变化的，特别是重特大灾害事故救援行动，现场情况变化急剧、作战行动要求高、影响因素多，灾害现场的各方面都始终处于不断变化之中。②指挥活动过程也是动态变化的。一方面，指挥活动的知与行、计与谋、组织与实施等，无时无刻不是在主观与客观的变化中进行的，始终是在动态中不断预测灾害现场情况和适应变化了的灾害现场情况；另一方面，指挥活动不可能是一帆风顺的，在每个指挥环节中都可能会出现不可预测的情况，需要及时进行调整，以保持指挥的稳定和不间断。

（五）复杂性

指挥活动的复杂性主要取决于3个方面。①指挥活动所处的环境是复杂的，这是由于灾害事故现场大量复杂多变的情况以及不确定信息所致。②指挥活动内容非常复杂，从指挥过程（掌握情况、作战筹划、计划组织、协调控制）看，每个环节都涉及很多内容。如组织实施活动就包括拟制下达灭火救援行动指令、组织协同动作、组织现场保障、检查作战准备等多个方面内容，而且每个环节内容都要十分准确、精确。③对于多种力量参战的组织指挥，需要协同各指挥机关与作战力量和参战力量之间的各类关系，特别是没有隶属关系的各类力量，协调复杂、情况多样。

四、指挥活动要求

灭火救援指挥活动的组织实施应遵循以下要求。

（一）以明确目的为基点

指挥者实施指挥活动时，必须明确灭火救援行动的总体目的，特别是在重特大灾害事故现场，还要贯彻政府总指挥部的战略意图，将其细化为灭火救援行动的具体任务和要点；在进行作战筹划时还须从全局出发，综合考虑、科学确定灭火救援行动方案，确保救援行动有利于实现战略意图，最大限度地满足整体利益的要求。

（二）以作战筹划为核心

面对复杂的灾害现场环境，只有有正确科学的作战筹划，围绕既定决心进行计划组织和协调控制活动，才能使灭火救援行动效益最大化。在实施指挥活动中，必须把作战筹划作为整个指挥活动的核心，实现决心的相关活动必须围绕这个核心展开。这就要求指挥者要运用正确的思维方式，立足最困难、最复杂的情况，在科学预测的基础上充分运用科学决策的程序和方法，全面、迅速、准确地判断情况，预想灭火救援行动可能发生的变化，集中精力进行创造性的运筹谋划，对多种方案进行论证，保证决策的正确性，提高定下决心的质量与效益。

（三）以提高指挥效能为核心

指挥者在指挥活动中必须把提高组织指挥效能作为着力点，以一切指挥工作都要有利于提高指挥效能为出发点。总体来说，指挥活动要做到准确、及时、周密、精确、灵活。①在掌握情况环节，要突出做到准确，因为情况信息如果不准确，就将对决策正确与否造成重大影响；②在作战筹划环节，要突出做到及时，因为只有及时果断地定下灭火救援战斗决心，参战力量才能够有充足的时间做好各项复杂准备；③在计划组织环节，要突出做到周密，这就要求无论是制订救援计划还是组织救援行动，都要充分考虑各个要素及影响；④在协调控制环节，要突出做到精确、灵活，这就要求指挥者对作战行动的时间、地点、数量、效果等都要计算精确，并针对情况的发展灵活应对。

（四）以发挥整体效能为目标

当有多支力量参加灭火救援行动时，指挥活动重要目标之一就是科学合理地组织各参战力量，最大限度地发挥参战力量的整体威力和综合优势。因此，指挥者在进行作战筹划、计划组织和协调控制活动时，必须准确把握灭火救援作战和保障力量的特点和优势，科学安排重要作战力量使用的时机和强度、救援行动效果的相互利用，处理好各救援队伍之间的协调配合，以及各救援方向、救援灾害现场、各救援行动的相互配合，解决好各阶段、各时间的相互衔接等重大问题，最大限度地发挥整体效能。

第二节　掌握情况

毛泽东同志指出："指挥员的正确的部署来源于正确的决心，正确的决心来源于正确的判断，正确的判断来源于周到的和必要的侦察，和对于各种侦察材料的连贯起来的思索。"[①] 指挥者要熟悉掌握情况的内容和方法，有序组织现场信息搜集，并通过加工整理，从而获取现场情况准确信息，取得指挥活动的主动权。

---

① 毛泽东．毛泽东选集：第一卷［M］．北京：人民出版社，1991：179－180．

一、确定情况需求

确定现场情况的需求，是掌握判断现场情况的首要工作。

（一）主要内容

掌握情况主要包括灾害对象、参战力量和现场环境3个方面。不同的灾害对象、灾害形式、灾害区域、灾害类型，掌握情况的内容有所不同。因此，必须具体情况具体分析，合理确定情况需求。

1. 灾害对象

主要搜集掌握救援对象情况、火灾燃烧情况、作战条件情况、交通道路情况、水源情况和战斗力情况等，是指挥员定下战斗决心的基本依据。

2. 参战力量

主要掌握现场参战力量的队伍及人员数量、种类、性质和隶属，现场可利用的灭火救援装备和物资、技术资源，灾害事故现场战勤保障能力等。

3. 现场环境

主要搜集掌握天气情况变化、地理环境、防护条件、舆情和社会状况、气象水文特点，以及可利用的资源等。

（二）阶段重点

在灭火救援指挥活动中，由于现场情况总是在不断地变化，所以现场情况的获取随着时间的推移也总存在新的需求，因此应当明确各阶段重点，区分轻重缓急，使得搜集掌握情况更具针对性。

1. 灭火救援初期

及时掌握灭火救援初期的现场情况对消防救援队伍争取时间、不失时机，迅速扑灭火灾和高效地抢险救援，更大限度地减少损失，具有十分重要的意义。当首批力量到达灭火救援现场后，要立即组织侦察，迅速查明现场情况。

1）火灾扑救需查明的情况

（1）有无人员受到火势威胁，人员数量、所在位置和救援方法及防护措施。

（2）燃烧的物质、范围、火势蔓延的途径和发展趋势以及可能造成的后果。

（3）消防控制中心和内部消防设施启动及运行情况，现场有无带电设备，是否需要切断电源。

（4）起火建（构）筑物的结构特点、毗连状况，有无坍塌危险，抢救疏散人员的通道，内攻救人灭火的路线。

（5）有无爆炸、毒害、腐蚀、忌水、放射等危险物品，遇水爆炸燃烧的物质以及可能造成污染等次生灾害。

（6）有无需要保护的重点部位、重要物资及其受到火势威胁的情况。

2）应急救援需查明的情况

（1）灾害事故的种类、危害程度、波及范围、次生灾害及可能造成的后果。

（2）遇险和被困人员的位置、数量、危险程度以及救援途径、方法。

（3）危险区域和防护等级，应当采取的防护措施。

（4）贵重物资设备的位置、数量、危险状况以及抢救疏散和保护的方法。

（5）灾害事故现场及其周边的道路、水源、建（构）筑物结构以及电力、通信、气象等情况。

2. 灭火救援中期

灭火救援中期是指从战斗展开至对灾情基本控制、取得了一定的成效这一阶段。在这一阶段，灭火救援力量是否发挥出来其应有的作用，是对灭火救援准备和灭火救援战斗初期搜集信息的检验。大量资料分析证明，掌握灭火救援战斗中期所需灾害现场情况信息，了解火势及灾害发展变化情况，及时调整战斗部署，始终掌握灭火救援战斗的主动权，是灭火救援战斗的关键。通常情况下，灭火救援中期情况需求主要体现在以下几个方面：

1）灾害对象方面

（1）受火势或其他威胁的人员是否全部救出。

（2）火势或其他灾害形势的发展变化情况及灾害现场的主要方面。

（3）倒塌、坍塌、高空坠落、高压线、爆炸、中毒、放射性等危险情况是否依然存在，其危险程度如何。

（4）火源或其他灾害危险源的位置。

（5）灾害现场客观条件（如作战空间、水源等）对灭火救援战斗的影响。

（6）气象等其他有关情况。

2）参战力量方面

（1）现场参战力量的多少、种类、性质、隶属。

（2）现场可利用的灭火救援物资资源。

（3）现场可利用的技术资源等。

3. 灭火救援后期

当火势或其他灾害情况控制以后，大的威胁消除，灭火救援战斗进入尾声，但这绝不意味着可以放弃对灾害现场情况信息的搜集和整理。由于那些隐蔽的火情或其他险情难以被发现，因此，这时对灾害现场信息搜集同样重要。灭火救援后期所需查明的信息主要有以下几点。

（1）灾害现场险情消除情况。

（2）灾害现场险情复发的可能性。

（3）灾害现场毒害物质对参加救援人员及装备的危害是否存在。

（4）灾害现场残留物对周围环境是否造成较大影响，是否需要洗消。

（5）补充必要的重要信息及其他有关情况。

二、搜集现场情况

搜集情况在指挥员的统一指挥下，以作战部门为主，综合运用各种方法和手段进行。需要注意的是，应重点搜集指挥员定下决心急需的情况，对灭火救援时间、地点、人员、事物、过程和结果等重要方面情况要密切关注，及时跟踪。

（一）合理划分职责

现场指挥者负有掌握情况的职责。指挥员主要负责批准情况需求和情况搜集计划，督促情况搜集，参与重要情况处理。指挥机关主要负责提出情况需求，组织制订情况信息搜集计划，组织信息搜集，组织信息处理。对于现场作战指挥部下的各部门及各救援队伍，都要根据作战指挥任务分工，掌握各自业务范围内的情况。①作战指挥组负责制订侦察计划，组织指导各作战力量开展信息搜集工作，以及对参战力量和现场环境的情况搜集；②技术专家组负责情况鉴别、分析，提出对于情况的判断结论，并进行灾害情况判断；③战勤保障组负责装备保障以及其他保障和防护工作；④信息组是救援现场灾害对象、参战力量、现场环境的信息集结地，对情况信息汇集与处理，向指挥员完整、准确地描述和呈现所掌握的具体信息。

（二）组织信息搜集

组织信息搜集是一项艰巨、复杂、细致的任务，指挥者必须制订详细计划，合理确定各参战力量任务，周密组织协同和保障，保障情况搜集顺利实施。

1. 制订计划

情况搜集计划是指挥者为统一运用各种侦察力量获取信息而制订的综合性一体化侦察计划，包括灾情侦察、现场监视、信息获取等。信息搜集计划是根据情况需求，采用规划、调度、优化等科学方法及相关软件技术，明确各侦察单元的情况搜集任务，灾害现场观察、任务区分、完成任务通报等。

2. 成立组织

信息搜集工作的顺利进行，与信息搜集组织的建立是不可分割的，在情况搜集过程中，应根据灾害现场情况、岗位职责区分和情况搜集任务，及时建立和调整信息搜集组织。

当辖区消防救援队伍到场后，应迅速成立侦察搜救小组，对初期战斗所需情况进行侦察搜集。侦察小组一般由站指挥员、通信员和战斗班长组成。如有增援力量参加战斗的灾害现场，根据信息搜集需要，可组成联合侦察小组。

在火势或灾害现场较大，到达现场的参战力量较多，作战指挥部成立时，应根据信息搜集计划和侦察搜集任务需要，组织成立若干侦察小组，从现场各个方面进行深入细致的情况搜集，为指挥者提供可靠的信息。

3. 组织搜集

指挥者应根据信息搜集计划，及时下达信息搜集指示。下达指示的时机：①在指挥员定下决心前，为了尽早开展信息搜集，可下达先期侦察指示；②在指挥员定下决心后，为全面搜集信息，可下达相应的搜集指示；③在救援过程中，发现信息有缺漏或不明，根据实际需要可下达补充搜集指示。

在信息搜集活动中，应按照先急后缓、先主后次的原则组织搜集。首先，应查明指挥员急需的、对救援进程影响重大的信息，然后查明其他信息。应及时掌握各参战力量的信息，协调各参战力量之间的行动，组织好支援保障。对搜集到的信息资料及时记载，及时进行信息鉴别；对未达到要求的信息及时下达补充侦察指示，组织补充搜集。

在信息搜集过程中，对可能获得的重要信息，可向政府有关部门请求协助，并采取侦察和非侦察相结合、直接来源和间接来源相结合的方法进行，广开信息来源，互为补充印证，保证搜集信息真实全面。例如，在2020年浙江省台州市沈海高速液化石油气槽罐车爆炸事故救援中，台州消防救援支队在出警途中通过电话询情、网络视频信息分析等方式，联合高速交警、交通运输等部门查询车辆信息，为救援行动提供了信息支撑；在实施救援过程中，针对失联人数确定难、人员深度埋压定位难的实际情况，会同公安、基层政府、企业负责人，全方位搜集受灾区域人口户籍、手机信号、人物特征、亲属关联等有效数据，确定被困群众人数和被埋压区域，为实现精准定位、精确搜救提供了有力支撑。

（三）搜集信息方法

获取灾害现场信息的方法通常有以下几种。

1. 利用侦察手段获取灾害现场信息

常见的灾害现场侦察手段包括外部观察、内部侦察和询问知情人等，这些手段相对比较简单，具体操作时间比较长，对信息搜集人员的经验、阅历、心理等方面因素依赖性比较强。但是，这些侦察手段可以获得灾害现场整个外部周边环境、内部火势当前状况、燃烧区域正在发展情况和燃烧区域内被困人员、物资等信息。这种侦察手段要求信息搜集人员必须深入灾害现场内部，危险性大，需要的人员多，完成任务非常艰难。

2. 利用监控设施获取灾害现场信息

除火灾自动报警系统外，不少单位、厂区均安装有视频监控系统，加之卫星、天眼、无人机监控体系的不断完善，侦察人员可以借助监控设施获取灾害现场情况。

3. 利用仪器检测获取灾害现场信息

在有可燃气体、放射性物质、浓烟等特殊火灾现场，可以使用可燃气体探测仪、有毒气体检测仪、辐射侦查仪、防爆侦检机器人等进行检测，获取信息。此外，在联合行动中，住建、地质等部门可以利用全站仪、水准仪等检测建筑状况，及时预测是否发生坍塌，以便指挥员适时下达撤退命令。

4. 通过联动部门获取灾害现场信息

对人员定位、建筑安全、环境质量等相关专业信息可提请公安局、住房和城乡建设局、生态环境局等相关政府职能部门，对信息发展变化情况进行实时追踪，将新的或有价值的信息互相反馈。

5.利用平战结合掌握参战力量信息

对参战力量情况的掌握要注重平时积累，作战中通过指挥部向下查询和下级报告相结合的形式，切实掌握各参战力量的作战特点、作战能力，以便扬长避短。

三、情况研判分析

情况研判分析是对来自多方面原始杂乱的灾害现场信息进行加工整理，变成可利用信息的活动。它是在搜集灾害现场信息的基础上进行的，是灭火救援指挥活动的重要环节。灾害现场信息的效能，在很大程度上取决于分析处理的质量。在实际的灭火救援指挥活动中，可供指挥者使用的不是原始杂乱的灾害现场信息，而是经过综合判断、科学分析的真实而有重要价值的灾害现场信息。因此，情况研判分析对实施正确的灭火救援指挥，特别是重特大灾害事故处置具有重要的意义。

（一）分类整理

对搜集信息的分类整理是提高灾害现场信息利用率的重要方法。对灾害现场信息的分类整理，实质上是一个归纳、排序和梳理的过程。经过分类处理后的灾害现场信息必须清晰、简练、易懂，具有条理性和时序性，便于使用。

分类整理的具体方法包括：①按照灾害现场信息所反映的内容进行分类，如灾害情况、参战力量、现场环境等，见表4-1；②按照灾害现场信息本身的时序进行分类，如历史情况、目前情况、火情及其他灾害情况等；③按照灾害现场信息的重要程度进行分类，如分为重要情况、一般情况、参考情况等。上述情况，也可综合使用。

表4-1　信息分类整理示例

灾 害 情 况	参 战 力 量	现 场 环 境
救援对象情况	参战队伍性质	天气情况
火灾燃烧情况	参战人员数量	地理环境
作战条件情况	灭火救援装备	防护条件
周边道路情况	现场可用物资	气象水文
消防水源情况	战勤保障能力	社会舆情
……	……	……

（二）信息研判

信息研判，即对现场搜集信息进行鉴别提炼的过程，其目的在于及时识别错误的信息，剔除含糊不清、模棱两可的信息，修正有欠完成性的信息，提高信息的可信度。在开展信息研判时，指挥者要注意以下3点：①鉴别信息的真实性，即对信息来源渠道、获取手段、提供人员等进行分析，鉴别可信度；②鉴别信息的准确性，即对信息中的人员、时间、地点、来源等各要素进行识别，进一步查证核实；③鉴别信息的可用性，即鉴别情况对灭火救援行动有何作用、是否重要、是否过时、是否是当前救援急需等。

开展信息研判时，指挥者要分析信息来源、所涉及的对象、所涉及的区域、所涉及的时间、反映的情况，把需要鉴别的信息和已经掌握的情况对比、联系有关知识对比、联系现有作战力量情况对比、联系当时的灾害现场形势对比、联系重大救援行动对比。通过分析对比，切实把握情况的重要性、真实性，整理出对当前灭火救援行动有用的信息，为指挥情况分析、决策制定提供依据。

（三）情况分析

情况分析是根据灭火救援行动需要，从零碎片段、真伪混杂甚至互相矛盾的信息资料中揭示事物本质，得出符合客观实际的正确结论，并整理编写出情况信息文件的活动。情况分析的实质是对情况资料由现象到本质的认识过程，是指挥者掌握情况的关键环节。重要、紧急的情况，指挥员要亲自参加分析。此外，情况分析要善于对不同来源的信息进行相互印证，不害怕和不拒绝互相矛盾的信息，并能从看似一致或者相互矛盾的信息中发现问题。既要运用定量研究方法，采用先进的信息处理技术，又要善于客观定性分析问题，避免先入为主，固执己见。

情况分析通常包括定量分析和定性分析两种方法，定量分析与定性分析同等重要。

（1）定量分析是定性分析的基础，只有经过严谨的定量分析，才有可能避免定性分析的主观随意性。所谓定量分析，就是运用数学方法从"量"的方面分析事物之间的相互联系和相互作用，从而揭示各种事物间的本质联系。定量分析的最大特点是具有严密性和可靠性。灾害现场上可进行定量分析的灾害情况主要包括：①作战能力计算，如灾害现场主要方面作战队伍、主战车辆、器材装备特别是高新技术器材的种类与数量，战斗保障和后勤保障力量等；②力量使用计算，如依据燃烧面积大小、燃烧时间、燃烧物质性质、作战原则及当前火势情形和气象状况等，计算一次进攻行动、一个阶段作战行动将要投入的人力和物力，以及其可能形成的实际作战效能；③时间计算，即通过灾害现场信息所反映的火势发展变化实际，从中测算出火势发展蔓延扩大的情况；④空间计算，如火势向立体方向发展蔓延速度以及战斗展开时间内发展蔓延最大状况；⑤消耗与补给能力计算，如各主战力量的损耗数量，各主战车辆、器材、灭火剂的消耗数量，补充替换人员、器材、装备、灭火剂及生活物资的种类与数量，战斗力水平下降与可能恢复的程度等。

（2）定性分析，就是通过逻辑推理、哲学思辨、历史求证、法规判断等思维方式，着重从质的方面分析和研究某一事物的属性。由于灾害现场上衡量战斗力水平的因素既有确定的，又有不确定的，有些可以用数量反映，有些无法用数量反映。因此，对灾害现场情况进行定量分析的同时，还必须运用定性分析的方法进一步揭示"量"所反映的事物本质。具体而言，就是指挥者依据经验积累和判断能力，采取一些有效的组织形式，根据所掌握的灭火救援现场信息，开展情况分析。

（3）定量分析与定性分析相结合，是快速、准确、严密、科学地认识事物本质的有效途径。需要注意的是，情况分析要注重辩证性和相对性。在对灾害对象和参战力量进行强弱、优劣、利弊对比时，要看到强中有弱、弱中有强，优中有劣、劣中有优，利中有弊、弊中有利的互动与动态转换关系，防止教条化和绝对化。

（四）信息管理

信息管理是将整理的情况提供使用和存储、检索的工作过程。信息的价值在于使用，只有在使用之后才能产生价值。信息管理主要由指挥机关组织完成，对事关全局和灭火救援急需的报告、通报，指挥员要亲自催办。信息管理的方式主要包括两方面：①情况报告。即分为灾害信息报告、评估报告、战况报告和专项事务工作报告等，见表4-2。同时可以进行情况通报、公布，即向下级和协同力量提供情况。②信息储存。即将情况进行分类归档以便查询、提取。

表4-2 灾情评估报告记录示例——高层建筑火灾安全风险评估

	建筑结构	钢结构□ 钢筋混凝土结构□ 其他□
	建筑类型	在建工地□ 居民住宅□ 民用商业建筑□ 工业建筑□
	燃烧时间	起火时间___时___分 截至目前燃烧时间___小时___分钟
建筑局部坍塌风险	局部坍塌征兆	1. 承重墙出现贯通线纵向裂缝： 是□否□ 2. 承重梁混凝土保护层出现裂缝、钢筋外露、挠度增大： 是□否□ 3. 承重柱混凝土保护层开裂、钢筋屈服向外凸出、扭曲变形： 是□否□ 4. 建筑物门框变形，导致屋门无法闭合或打开： 是□否□ 5. 楼板发生挠曲、弯曲塌陷或出现呈"锅底"形下沉： 是□否□ 6. 墙体、整体结构倾斜，发出异常声响： 是□否□
	坍塌风险评估	极高□ 高□ 中□ 低□
火场烟气风险	烟气量	少□ 中□ 多□
	烟气流速	1. 速度： 慢□ 中□ 快□ 2. 流动状态：稳定流动□ 紊流状流动□
	烟气浓度	淡□ 中□ 浓□
	烟气颜色	黑□ 灰□ 白□ 其他□
	通风情况	通风良好□ 通风受限□
	风向	着火点位于迎风面□ 着火点位于背风面□
	风力	大□ 中□ 小□
	轰燃风险	高□ 中□ 低□
	回燃风险	高□ 中□ 低□
	风驱火危险	高□ 中□ 低□
	烟气风险	极高□ 高□ 中□ 低□

表 4 - 2（续）

环境风险	触电危险	1. 有高压电线、裸露电线：是□ 否□ 2. 切断电源：是□ 否□		
	爆炸危险	1. 可燃气体泄漏：	是□	否□
		2. 存在可燃粉尘：	是□	否□
		3. 存在压力容器、装置，是否处在热辐射或火焰烘烤范围内：	是□	否□
		4. 存在锂电池或储能装置，是否处在热辐射或火焰烘烤范围内：	是□	否□
	中毒危险	现场存有危险化学品，是否发生泄漏或燃烧：	是□	否□
	砸伤危害	存在物体坠落、倒塌或高空坠落物的可能：	是□	否□
	坠落危害	门、窗、电梯井、楼梯等部位处于完好状态，有警示标志和防护措施：	是□	否□
	举高作业风险	1. 登高作业面是否满足停靠要求：	是□	否□
		2. 举高车举升作业是否存在障碍物：	是□	否□
	环境风险	极高□ 高□ 中□ 低□		
被困人员幸存率		1. 存在被困人员：是□ 否□ 2. 被困人员幸存率：低□ 中□ 高□		
综合风险评估		极高□ 高□ 中□ 低□		
现场安全员			存档时间	年 月 日 时 分

第三节 作 战 筹 划

作战筹划，是指挥者在掌握情况的基础上，通过任务分析和目标分析，确定灭火救援行动中心，明确作战任务，并通过协调参战力量，推演并生成作战方案，定下决心，最终确定作战方案的过程。

一、形成作战意图

指挥者对灭火救援行动的准确把握，是实现正确作战筹划的重要前提。只有准确认识和理解灭火救援任务，作战筹划才能具有针对性。理解灭火救援行动任务的主要内容包括：党委、政府、上级部门或作战指挥中心作战意图，参战力量在灭火救援行动中的地位、分工和作用，调派的其他作战力量及其任务、隶属，指挥、协同和保障关系等。

（一）理解全局意图

理解灭火救援任务与领会意图是紧密结合在一起的。意图体现了全局根本利益的需要，制约和规定着灭火救援行动的走向，作战行动必须服从全局的需要。正确领会意图的目的是能够了解和掌握全局情况，更好地把握联合行动的基本要求，从而达到灭火救援目的。现场指挥员为完整、准确地理解意图，要具有很强的全局意识，能够站在全局的高度思考问题，从整个全局以及客观实际去理解和把握救援意图的基本着力点，并确定如何通过行动实施为达成全局优势创造条件。

（二）分析判断情况

分析判断情况，即灾情综合评估，是灭火救援行动作战筹划的基础。分析判断情况是指挥者对所搜集的灾害对象、参战力量等相关信息以及取得灭火救援成功所需的其他方面的信息等进行的综合分析，判断并得出结论的过程。

分析判断情况主要包括灾害对象、参战力量、现场环境3个方面：①灾害对象主要包括灾害的类型、灾害的规模、灾情发展主要方向和重点目标、可能采取的各种救援行动方式和手段、可能造成的危害、影响程度等；②参战力量主要包括灭火救援行动的各种参战力量的作战能力和主要优点、长处，参战力量数量、质量，救援准备所需时间，战勤保障能力，完成救援任务的有利条件与不利因素，救援可能的持续时间，政府总指挥部掌握的作战力量行动对消防前沿指挥部采取行动的影响等；③现场环境方面主要包括灾害区域的作战环境、天气情况、舆情影响、可供利用的物资、信息资源、技术条件等。在分析判断情况的过程中，要重点判明灾情发展以及灭火救援行动开展过程中有关的各种情况的有利、不利因素及其对行动的影响程度。分析判断情况的结论，能够为形成灭火救援行动初步设想甚至最终确定行动方案奠定坚实的基础，其准确性对最终定下正确的灭火救援行动决心有至关重要的作用。

分析判断情况可分为指挥员判断情况和指挥机关判断情况两个方面，但两者分析判断情况的目的是一致的。指挥机关判断情况是为指挥员判断情况服务的，指挥机关应当在规定的时限内，尽早地拿出准确的情况判断结论，为指挥员判断情况提供建议。同时，指挥机关要随时为指挥员分析判断情况提供最新的、准确的情况和相关分析判断。指挥员分析判断情况是在指挥机关辅助下，根据完成战斗行动任务的需要，通过对所掌握的各方面的情况，包括对指挥机关提出的各种情况判断结论建议进行全面分析、思考，最后得出情况判断结论。分析判断情况应注重把握以下3点。

（1）指挥者分析判断情况，要从灭火救援战斗任务实际出发，围绕党委、政府、政府总指挥部和上级部门、指挥中心指令意图，着眼于各方面情况的可能变化，坚持定量分析与定性分析相结合，深入分析各种因素的内在联系、具体作用与影响，力求全面、深入和具体，不忽视任何情况的合理性、可能性，做到谨慎、准确，避免轻率。

（2）指挥者分析判断情况，要把判明灭火救援作战行动主要方面作为最重要的内容。因为，对灭火救援作战行动主要方面的错误分析将导致严重的后果，甚至损失和消耗大量的作战资源和时间，造成难以挽回的局面。

（3）指挥者分析判断情况，要准确把握灾情侦察中的关键信息，对于较大的灾害事故要注意搜集信息的研判分析、比对认证，避免因错情贻误战机。例如，在2020年上海市浦东国际机场"7·22"波音777货机火灾扑救中，机场在前期处置询情中，由于与机组存在语言障碍，导致对主要燃烧物质的信息搜集存在失误，误将机组反馈的"锂电池起火"认为主要燃烧物为锂电池，消防救援力量到场后过于相信机场提供信息，主观接受了锂电池燃烧的结论，未能根据锂电池空运限制等常识辅助判断，在一段时间内影响灭火决策。

（三）提出作战意图

作战意图，是将灭火救援行动作战目的、方法和手段结合起来，用概括的语言表述作战行动的大致意图，是指挥者对灭火救援行动的原始设计。现场总指挥员适时提出作战意图十分重要，有助于及早听取各级指挥员的意见，统一各参战力量指挥员对灭火救援行动设想中有关重要问题的认识。指挥员在作战筹划的初期把自己对可能采取的作战行动初步设想告知指挥机关，也便于指挥机关清楚理解现场总指挥员意图，围绕灭火救援作战行动设想进一步做好相关的辅助决策活动。

提出作战意图，首先应当明确作战行动的目的，为统一各参战力量的意志和行动提供了依据。只有明确作战目的，各级指挥者才能进一步确认什么样的行动发展顺序可以达到此目的，参战力量在依次实施这些行动时可能会付出何种代价或者将冒何种风险，如何运用各参战力量的优势来依次完成这些行动等。此外，指挥者必须针对不同救援方式的不同特点，对作战行动中的其他重要问题提出自己的意图。

二、确定行动目标

确定行动目标，是作战筹划的重要内容，通常依据作战意图、救援任务和参战力量实际情况制订。行动目标合理与否，直接影响灭火救援成败。

行动目标主要是指达成具体的目标，反映作战意图的具体要求，是衡量灭火救援任务完成程度的标志。对某次灭火救援行动来说，作战意图只有一个，而反映这个行动目的的具体目标可能有许多个：①可以是消灭某个区域火灾、开展人员搜救或实施现场堵漏等传统意义上的作战目标；②可以是提供装备、开展现场侦检、对某个区域进行消杀或排水等多样性的遂行任务；③包括所属力量、增援力量、协同力量等具体任务，组织灭火救援战斗协同动作和各种保障等。

确定行动目标时，指挥者应深刻领会上级意图，从实际出发，将定性分析与定量分析相结合，分析行动目标实现的可行性条件，以使行动目标与遂行任务的能力相适应，并符合全局性利益的需要。①要把能为灭火救援后续作战行动创造有利条件的目标作为首战目标。②要注意主客观条件相适应，不能超过各作战力量的作战能力。行动目标的选择，既要符合实现作战意图的要求，又要符合实际作战能力，目标的数量多少、目标的类型和性质的确定，都应当与灭火救援力量的实际能力相适应。③行动目标要具有准确的含义，以便下级指挥员准确把握。如果目标含糊不清，就会增加执行的难度，甚至偏离既定目标。

三、定下战斗决心

定下战斗决心是指挥者在搜集处理灾害现场信息的基础上，对本级如何完成作战任务进行筹划和作出决定的活动。定下战斗决心是对作战目的和行动作出的决定，是组织灭火救援战斗的依据，是作战筹划的核心内容，是灭火救援指挥过程的核心环节。战斗决心通常依据作战意图、行动目标、灾害对象、参战力量等具体情况确定，其正确与否，直接关系着灭火救援战斗行动的成败。通常，指挥者定下战斗决心的基本程序包括制订备选作战预案、评估比较备选作战方案、选择最佳作战方案。对于消防救援站初战指挥环节，现场指挥员可在灾情评估的基础上，同站长助理、战斗班长等相关人员进行战前会商，定下战斗决心。

（一）制订备选作战方案

作战预案是对达成行动目标的途径的总体设计。作战预案的内容与战斗决心的主要内容大体一致，是战斗决心基本内容的雏形。指挥者的谋略与创造性集中体现在作战预案之中。有了高质量的作战预案，才能保证灭火救援行动决策的正确性。行动目标确定后，指挥机关应当依据搜集信息和情况判断结论，以及指挥员对制订备选作战预案的有关指示，及时具体制订备选作战方案。制订备选作战方案通常采取以下两种方法进行。①修改已有作战预案。接受作战任务后，当灾害现场情况与平时预想的出入不大时，指挥机关在理解任务、判断情况后，可以从平时制订的作战预案中选择适合当前情况的作战预案，依照指挥员的行动初步设想加以补充修改形成新的备选作战方案。②当平时的作战预案不适用于现场的情况和任务时，根据情况判断和行动初步设想制订新的作战方案以供评估比较。指挥机关应当根据作战意图、行动目标和进一步的情况判断结论，按照目的性强、效益性好、风险性小、应变性活的要求，制订所有可行的作战方案，以满足指挥员评估选优并做出决断。

（二）评估比较备选作战方案

指挥机关应当视情况运用计算机模拟或者沙盘、图上推演等方法，围绕可行性、风险性和效益性等指标，对制订的各种备选作战方案的有利因素和不利因素进行逐项分析，科学预测各种备选作战方案的作战效益、作战代价和作战风险，评估其优缺点，从中比较各种作战方案的优劣。评估比较备选作战方案，必须着眼于灾害对象和参战力量双方相互制约这一与其他性质比较有所不同的特殊性，着重针对灾害各种可能性，评估每种作战方案。在此基础上，比较与筛选出与作战任务和灾害现场实际较为接近的 2~3 种作战方案作为供指挥员决策参考的备选方案。评估时间充裕时，指挥机关还应当充分吸收有关专家的意见和建议，对决策备选的作战预案在模拟试验中暴露出的问题进行必要的优化完善。指挥机关向指挥员建议推荐备选作战方案时，所建议的方案应是经过进一步优化完善的作战方案。指挥机关应当对每种作战方案的依据、优长、不足、实施后的可能效果及其对全局的影响做出清晰明确的说明，不能有漏项和含糊不清，并对备选作战方案的优先顺序提出建议，以便指挥员做出可靠的决断。对倾向性作战方案应做出重点说明。

（三）决断最佳作战方案

决断最佳作战方案是作战筹划过程中最核心、关键的一步，是关系灭火救援行动全局、影响救援成败的工作。一般来讲，既符合行动目标，又有较高效益，且风险较低，能适应多种情况的方案是最佳方案。因此，在决断最佳方案过程中必须综合权衡，有所取舍，突出主要指标，放弃次要指标，扬长避短，趋利避害。

决断最佳作战方案是在对备选方案评估的基础上，经过综合分析对比，确定最佳执行方案的过程。最好方案的选优决断，要注重以下几个方面。①要善于抓住作战的主要矛盾，确定选择最佳方案的评定指标。定下决心，实际上是解决战斗主要矛盾的过程，只有抓住和解决主要矛盾，才能带动其他矛盾的解决。因此，在决断过程中，指挥员要围绕解决主要矛盾进行决断，在指挥部提供的 2～3 种备选方案中选择最佳方案。②要充分听取其他参与者的意见和建议，发挥集体智慧。当情况紧急不能开会研究时，也可由主要指挥员以个别征求意见的方式作出决断。③要坚持定性分析与定量分析相结合，提高决断的科学性。

（四）定下决心要求

确定灭火救援战斗决心绝不是简单的拍板定案，而是一个艰苦的脑力劳动的工作过程。指挥者在定下战斗决心时，应注意以下 4 点。

1. 正确把握依据

灾害对象、参战力量和作战环境情况是确定灭火救援战斗决心的基本依据。正确的灭火救援战斗决心必须符合灾害现场情况、灭火救援力量情况和灭火救援环境等客观情况。正确地分析、判断和把握客观情况是确定灭火救援战斗决心的基本要求，在确定灭火救援战斗决心时，必须充分研究分析对灭火救援战斗有影响的各种因素，力求把灭火救援战斗决心建立在科学而又可行的基础之上。

2. 科学运筹谋划

科学运筹谋划是确定正确的灭火救援战斗决心的重要途径和保证。科学运筹谋划，既要依据灾害的实际发展状况和灭火救援过程中所利用的灭火救援预案、采取的战术原则、到场力量的部署、灾害现场主要方面的控制等，又要充分分析灾害现场包括环境条件在内的各种其他因素，还要有预见性，充分估计可能出现的各种情况，科学预测灾害现场态势的发展变化，制订多种方案。这就要求指挥者要具有丰富的灭火救援理论知识、聪明的才智和过人的胆略，深入了解掌握灾害现场情况，预见性地判断灭火救援过程中的各种发展变化及其对灭火救援成功的影响，全面细致地筹划每个战斗细节。优秀的灭火救援战斗决心总是在若干种有价值的方案中进行优选和综合的结果。灭火救援实践证明，确定灭火救援战斗决心的过程就是进行科学合理地选择。最优的灭火救援战斗决心会产生出最佳的灭火救援效果，因此，对多种作战方案必须进行优化选择。特别是在情况复杂的灾害救援现场，指挥者确定灭火救援战斗决心更要有高超的谋略性，要充分依据灾害现场情况及可能变化进行全面筹划，制订多种作战方案，以权衡利弊，择优决策。同时，谋划还应体现在创造性上。确定灭火救援战斗决心是指挥者根据上级任务、火势变化特点和自己部属的实际去预想完成作战任务的一次创造性思维活动。火势是发展变化的，灭火救援决策不是简单地重复，尤其是决策的许多内容不能完全用数学的方法去量化完成，需要依靠指挥者的主观能动性进行创造性思维，以提高决策的科学性。

提高定下灭火救援战斗决心的质量和速度，必须借助于先进的指挥手段。从确定灭火救援战斗决心角度看，指挥手段的先进与否直接影响着决心的质量和定下决心的速率。众所周知，决心来自对各种灾害现场信息资料的获取与处理。拥有先进指挥手段的队伍，可以凭借其锐利的"眼睛"（信息收集系统）、灵活的"大脑"（指挥决策系统）、健全的"神经"（通信传输系统），进行手工作业无法比拟的加工制作，从而使定下决心过程科学化、决心精确化，对瞬息万变的灾害现场情况具有快速反应能力和强大的控制能力。可以说，先进的指挥手段也是战斗力，而且是队伍战斗力的"倍增器"。

3. 及时果断决策

及时就是不失时机，果断就是当机立断。及时果断是确定灭火救援战斗决心的重要要求。针对灾害现场情况复杂多变，灭火救援指挥周期缩短，特别是大面积立体性的气体火灾、液体火灾、危险化学品火灾、高层、地下建筑火灾等，要求指挥者不仅要以极快的速度进行判断，还要及时果断地定下灭火救援战斗决心，在情况变化急剧的灾害现场环境中，抓住稍纵即逝的时机，赢得灭火救援的主动权。灭火救援实践也证明，在艰苦复杂的灭火救援过程中，任何的优柔寡断和过时的反应，不仅会使灭火救援指挥丧失良机，而且还会导致作战行动遭受无法弥补的损失。因此，定下决心必须要及时果断。例如，在2020 年广西壮族自治区钦州市"8·4"中匀 7 号油轮石脑油泄漏燃爆事故救援中，消防救援部门及时协调现场指挥部决策同意提前介入作业，预设阵地，为后续实施注氮惰化抑爆作业、消除险情争取到时间。

4. 周密计划部署

周密计划部署是依据指挥员决心，对灭火救援目标，灭火救援资源，作战行动步骤、方法，协同和保障，指挥自动化系统等进行的筹划安排，并制订出具体的预案。周密计划是使灭火救援战斗决心方案具有可行性、操作性和指导性的基本保证。

周密计划的要求：①要准确科学。当前灾害事故特别是危险化学物品以及气体、液体火灾发展变化迅速，恶性发展的可能性很大，所以，在实施火势控制时要求周密到位，在制订进攻计划时，要求各方面进攻力量密切协调，默契协同，实施进攻动作不能有阴差阳错的差异，必须准确科学。②要详细具体。对于一般灾害事故，指挥者要明确行动安全、搜救人员、保护物资、堵截火势、消灭灾情等具体方法和注意事项，特别是对于大型救援现场，多队伍、跨区域联合作战，各参战力量的任务分工必须详细具体，否则就容易形成一盘散沙，使战斗力大大削减。③要力求简明。指挥者在依据战术排兵布阵时，必须力求简洁，以获得较高的效率。简明扼要是组织计划工作的重要要求。简明的计划和明确简洁的命令把误解和混乱降到最低限度。只有简明扼要，组织计划工作才能把握节奏，突出重点，才能提高时效性。为此，组织计划活动，在作业程序上，要依据具体任务合理取舍，尽量简化程序；在作业形式上，强调同时开展、平行作业；在作业内容上，要突出灭火救援行动的重点。

第四节　计　划　组　织

计划组织是对战斗决心加以具体化的过程，主要包括制订作战计划、发布作战指令、指导作战准备、组织协同动作和组织作战保障等活动。

一、制订作战计划

制订作战计划，必须根据灭火救援战斗决心、参战力量、救援对象和灾害现场环境等客观实际，科学、严谨、周密、细致地进行。

（一）作战计划的定义

作战计划是参战力量为达成灭火救援任务而制订的救援部署、基本战术、各项保障等基本文书，是参战力量作战行动的基本依据。

（二）作战计划的分类

作战计划主要包括作战行动计划和作战保障计划两类。其中，作战行动计划包括总体计划、分支计划和协同计划。

1. 作战行动总体计划

作战行动总体计划是对整个作战行动所进行的总体设计与筹划，主要包括：情况判断结论，上级作战意图和本单位任务，各参战力量的编成、配置和任务，作战阶段划分，各阶段情况预想及其处置方案，保障措施、指挥的组织，完成作战准备的时限等。

2. 作战行动分支计划

作战分支计划是对作战行动中某个作战样式所做的具体设计与筹划，通常包括侦察计划、信息收集计划、舆情引导计划等。

3. 作战行动协同计划

协同计划是指为实现参战力量在作战行动上的协调配合而预先拟制的计划，是各种力量协同作战的依据，主要包括作战阶段划分，各参战力量的任务、行动程序和方法，协同关系、协同内容和要求，保障协同的手段和措施等。协同计划可以单独拟制，也可以与作战行动总体计划合并拟制。

4. 作战行动保障计划

作战行动保障计划是为了保障作战行动顺利实施而对各种保障进行的设计与安排，既包括侦察信息、数据收集、信息核对、通信联络等保障计划，还包括后勤、装备等专项保障计划和政治工作计划等。

（三）制订作战计划的程序

一般情况下，作战计划通常由现场作战指挥部的作战指挥组牵头，相关部门参加共同拟制；对于各分支计划或保障计划由各负责部门拟制。拟制救援计划的程序，应当根据组织准备救援的时间长短而定。通常首先拟制救援行动计划，而后拟制其他计划。拟制作战计划的程序通常包括以下几个方面。

（1）现场灾害和参战力量情况。①受领任务后，应当根据各种情况，及时分析判断灾情；②正确领会上级意图、任务和首长决心；③研究影响救援进程的重大因素；④做好制订救援行动计划的各项准备工作。

（2）拟制计划草稿。指挥者在熟知各方面的情况后，应当迅速拟制救援计划草稿。

（3）修改完善。作战计划草拟完毕后，应当根据情况，采取图上、沙盘作业或者现地侦察反复研究修改。如有条件，也可运用指挥信息系统进行模拟检验，以使计划更加符合客观实际。

（4）呈报审核。对于涉及多种力量联合行动的计划，应当及时呈报政府总指挥部批准。

（四）制订作战计划的要求

制订作战计划时，应注意以下5点：

（1）指挥员应把关注的重心放在作战行动总体计划的制订上。

（2）制订过程中，应依据灾害对象、参战力量和作战环境，贯彻上级意图和本级指挥员的决心，听取参战队伍的意见，科学安排力量、时间和资源，预设最困难和最复杂的情况，设计具有可行性的作战方案。

（3）围绕作战重心，关照主要方向、参战力量、作战行动和不同阶段之间的关系。

（4）当前作战行动应当详细计划，后续作战行动可以概略计划。

（5）充分利用作战预案，发挥指挥信息系统的作用，采取平行作业、联合作业和顺序作业等方法，提高计划的时效性。

二、发布作战指令

作战计划确定后，指挥者应根据其迅速制订作战指令，及时准确地将指令发送至各作战单位。作战指令是实施动态指挥的关键，可以理解为具体明确某一作战单元在某一作战时节的具体作战或保障行动，例如指挥部命令支队3个作战单元，使用泡沫射流从3个方向对罐体着火点进行夹击。从一定意义上讲，作战指令就是将传统意义上的作战计划分散在作战准备与实施阶段进行，以应对快速变化的灾害情况。

三、指导作战准备

作战准备，是指在灭火救援行动展开前进行的各项准备工作的统称，包括先期准备和临战准备。指导作战准备，是指挥者的一项重要组织工作。检查指导作战准备，对于各参战力量贯彻落实各项计划、命令、指令，快速、高质量地完成行动准备，并最终取得战斗胜利具有重大影响。

（一）检查指导的内容

指挥者应当在战斗准备过程中或战斗准备基本完成后，适时检查指导各参战力量的灭火救援准备情况。检查指导的主要内容包括：①各作战力量对上级意图和对本级任务的理解，对其当前险情的判断，对决心、命令、指令的理解程度；下级指挥员的决心、部署和作战计划是否符合现场总指挥员的作战意图和本级指挥员的意图；②各作战力量对协同动作计划的熟悉程度；③作战保障和后勤、装备技术保障是否符合作战任务的要求；④人员补充和装备器材、物资的储备及供应是否充足、到位；⑤重要装备、物资器材的准备情况等。对于灭火现场，还应着重检查前方力量分布和后方供灭火剂的协调配合情况、通信联络情况、实施内攻人员的个人防护情况等。

（二）检查指导的方法

检查指导战斗准备，指挥者应积极做到：①分析准备情况，明确检查内容，确定检查方式和人员分工，规定检查目的、方法、时限以及报告检查结果的时间和方法；②抓住重点，对担负灾害现场主要方面作战任务的参战力量和实施攻坚准备的重点内容进行有针对性的检查；③及时发现问题、解决问题，检查的着重点要从发现问题出发，同时要采取积极有效的措施解决问题，使发现的问题得到及时有效的解决。

四、组织协同动作

协同动作是消防救援队伍及其他参战力量之间，为执行共同的作战任务，按照任务、目标、时间和空间进行协调一致的行动。组织协同动作旨在明确各参战力量在时间、空间上的行动次序、位置或方向，规定限制性要求，目的是达成整体行动的协调一致。

（一）下达协同指示

协同指示是对消防救援及其他参战力量所作的关于协同动作的指示。协同动作计划制订后，指挥者应当及时召集各参战力量指挥员及其指挥机关有关人员组织协同动作。协同动作通常由现场总指挥员委托专人组织，必要时亲自组织。组织救援协同动作，通常在图上、沙盘或者利用指挥信息系统进行。当情况需要又有可能时，对某一阶段或者某一救援方向的协同也可在现地组织。当时间紧迫时，可在下达灭火救援作战命令的同时，规定有关协同事项。组织协同动作时，应及时向所属队伍下达协同指示，以便为所属队伍组织协同提供依据。

（二）建立和派遣协调组

协调组是消防救援及其他参战力量派出的专门负责协同的组织，目的是在有协同关系的作战力量之间建立起直接联系，加强相互了解和协作，便于相互通报情况和转达受援申请或者支援要求，提高协同的及时性和有效性。组织协同动作后，指挥者应当及时指导有协同关系的作战力量根据实际需要建立和派遣协调组。协调组的组成应当与所担负的协调任务相适应，通常担负次要任务的作战力量向担负主要任务的作战力量派遣，需要时也可相互派遣。各作战力量指挥机构应当加强对协调组的领导和保障。例如，在 2019 年山西省乡宁县"3·15"山体滑坡处置中，指挥部派出消防救援人员协助公安联合进行警戒，确保了消防增援力量顺利进返现场。

（三）组织协同演练

协同演练，是指消防救援及其他参战力量之间为提高作战中的协调配合能力而进行的演练。情况许可时，指挥者应当根据协同动作计划组织协同演练。组织协同演练形式包括：①结合联合行动进行，也可以单独进行；②可以对联合行动全过程的协同进行演练，也可以对重要救援阶段或者重要救援行动的协同进行演练；③可以在现地进行，也可以运用计算机模拟系统进行。通过演练，检验和完善协同动作计划，改进保障协同的手段和措施等。

（四）明确协同方法

协同的方法，主要包括区分任务、区分目标、区分时间和区分空间等方法。根据灾害现场实际情况，可以分别运用，也可以多种方法综合运用。

1. 区分任务法

区分任务法，是指通过区分消防救援及其他参战力量的任务，协调各作战力量之间行动的方法。在组织联合行动中各作战力量之间、各行动阶段之间、各灾害现场之间、各种作战样式之间，以及灭火救援行动之间的协同时均可使用。首先，指挥者依据联合行动总任务，科学区分各作战力量的具体任务，使各作战力量能够在时间、空间上相互配合、相互支援。其次，指挥者要围绕担负主要任务的作战力量组织协同，明确各作战力量的协同关系和要求，组织和督导各作战力量的救援协同。

2. 区分目标法

区分目标法，是指通过区分消防救援及其他参战力量的作战目标，协调作战力量之间行动的方法。区分目标组织联合行动协同，通常是在组织各作战力量对不同目标救援的协同时采用。①指挥者要根据各作战力量的作战能力，以及目标的性质、位置、数量、重要程度和防护程度等情况，合理分配目标，明确各作战力量的行动目标、力量投入、行动顺序、完成时限等。②要围绕主要目标组织协同。各作战力量担负的作战目标有距离远近和重要程度之分，指挥者要组织其他作战力量围绕担负行动主要目标的作战力量进行协同，确保救援行动的协调一致。

3. 区分时间法

区分时间法，是指通过划分救援阶段、规定消防救援及其他参战力量作战行动的起止时间，协调各作战力量之间行动的方法。通常在组织各救援阶段之间的协同、各种救援行动之间的协同以及各作战力量在同一空间遂行任务协同时采用。按区分时间法组织协同，应当着重把握以下要点：①要着眼于联合任务的完成，科学计算完成任务所需要的总时间；②要根据参战力量编成、作战能力、灾害现场环境等情况，合理区分各救援阶段的时间和各作战力量的行动顺序、起止时间；③要督促各作战力量严格按规定的时间实施协同，防止出现混乱，以免导致救援效率降低。

4. 区分空间法

区分空间法，是指通过区分消防救援及其他参战力量的行动空间范围，协调各作战力量之间行动的方法。通常是在组织各作战力量、各灾害现场、各种作战样式与其他灭火救援行动在同一时间实施作战行动的协同，或在组织各作战力量、各种作战样式在同一空间实施作战行动协同时采用。首先，指挥者应当对整个作战空间进行总体规划，对各作战力量在各作战空间作战行动的时间、空间、任务进行严格的规定，防止发生混乱。其次，要围绕主要作战力量、主要灾害现场、主要作战样式，使参战力量在救援全方位、多层次、多领域协调一致地行动。

五、组织作战保障

作战保障，是参战力量为顺利遂行任务而采取的各项保障性措施及进行的相应行动的统筹。信息化条件下，参战力量对各种保障的依赖性增强，可靠、高效、稳定的作战保障，对于生成和提高参战力量的作战能力、保障灭火救援行动的顺利实施并达成灭火救援目的至关重要。应按照整体筹划、突出重点、多措并举的要求，组织战斗保障、后勤保障、装备保障等。

（一）战斗保障

战斗保障，是指挥机关为顺利进行灭火救援行动而采取的各项保证性措施及进行相应活动的统称，是影响作战能力的重要因素，对取得战斗胜利起着重要的作用。其基本任务是保障现场指挥员及时定下救援战斗决心和实施不间断的指挥，保障灭火救援行动安全、顺利地进行战斗准备和遂行任务，主要内容包括侦察信息、数据搜集、目标、通信和指挥信息系统、天气情况、灾害现场管制等保障。战斗保障的组织分为共同的作战保障的组织和各参战力量特有的作战保障的组织。共同的作战保障通常由指挥机关统一组织；各参战力量特有的作战保障由各作战力量分别组织。

战斗保障的主要工作包括：①制订战斗保障计划，明确保障需求，区分保障任务，明确遂行任务的方法和措施以及完成保障的时限；②组织实施战斗保障，围绕保障重心协调参战力量等各方面的保障力量，及时解决存在的问题。

（二）后勤保障

后勤保障，是指参战力量筹划和运用人力、物力、财力，从经费、物资、运输等方面，保障战斗准备与实施的活动。组织后勤保障，是取得灭火救援胜利必不可少的重要条件，其组织的成效将直接影响到救援任务的进程和结局。其基本任务是在后勤力量的支援下，统一计划使用编成内的后勤力量，实施经费、物资和运输等保障，保持和提高参战力量的作战能力，保障战斗胜利，主要内容包括经费保障、物资保障、运输保障和食宿保障等。

后勤保障的组织分为通用后勤保障的组织和专用后勤保障的组织。通用后勤保障通常由现场作战指挥部统一组织。专用后勤保障通常由各作战力量分别组织，现场作战指挥部负责指导协调。指挥者在组织后勤保障时的主要工作包括：①根据灭火救援任务和保障力量、资源情况，制订科学的保障方案和保障计划，着重明确保障任务需求、后勤部署，物资保障措施、储备与消耗限额，遂行任务的措施，保障重点，指挥与协同事项、完成任务时限等；②及时对保障情况进行检查指导，协助解决有关困难。

（三）装备保障

装备保障，是为形成、保持和恢复参战力量救援装备的规模和良好技术状态而采取的保障性措施和进行的相应活动，是确保灭火救援行动顺利进行的物质技术基础，是决定救援效率的重要因素。其基本任务是在装备保障力量的支援下，统一计划使用编成内的装备保障力量，实施装备补充、装备修理和装备使用管理，保持和提高参战力量的作战能力，保障战斗胜利，主要内容包括装备补充保障、装备技术保障、装备经费保障和组织灾害现场装备修理等。

装备保障的组织通常分为通用装备保障的组织和各作战力量专用装备保障的组织。通用装备保障通常由现场作战指挥部统一组织；各作战力量专用装备保障通常由各参战力量分别组织，现场作战指挥部负责指导协调。指挥者在组织装备保障时的主要工作包括：①从灭火救援的实际情况出发，科学制订保障方案和保障计划，通常明确保障任务需求，各种保障力量的编组、配置与任务区分，保障的重点和方法，装备器材的补充方法，对损坏装备的抢修措施，地方支援技术力量的使用，指挥与协同事项，完成任务时限等；②及时检查各种保障情况，协助解决有关困难。

第五节　协调控制

协调控制是灭火救援指挥的重要环节，是将作战决心和作战计划付诸实践的关键，是达成作战目的的基本途径。在灭火救援行动中，指挥者依据灾害现场双方各方面的情况，通过指令、反馈、分析、修正、调控等一系列措施，进一步掌控队伍，驾驭全局，使各参战力量适应灾害现场情况的发展变化，保持协调一致的行动，最终圆满完成战斗任务。协调控制的过程，也就是对作战力量实施不间断指挥的过程。

一、确定调控内容

协调控制的实质，是指挥者通过对作战力量实施一系列的协调控制活动，使各种救援行动保持协调一致、有序发展。协调控制的内容是多方面的，指挥者应依据灾害现场实际，着重控制协调以下几方面的内容。

（一）督导灭火救援行动

督导参战力量灭火救援行动，是根据灭火救援战斗决心和计划监督指导参战力量按规定的时间、路线、地点和方式、方法完成灭火救援任务的活动。

督导参战力量严格执行命令、有关指示和有关规定，是协调控制的基本内容之一。从灭火救援行动命令、指示下达起，指挥者就应不间断地采取多种方法、通过多种渠道，督促、指导各参战力量贯彻执行命令、指示。其重点是按照规定的时限和路线，有秩序地实施快速行动，准时到达指定位置，并迅速、准确、安全地做好灭火救援行动的各项准备，按照预订计划开展灭火救援行动，完成规定的各项灭火救援和保障任务。

督导灭火救援行动，通常应当适时下达各种指令，进一步明确执行事项和行动的条件及要求；检查队伍对指令的理解程度和贯彻执行的效果，指出并帮助纠正偏差；及时了解并帮助队伍解决进攻行动中遇到的困难和问题。必要时，派出联络小组或联络参谋，深入灾害现场前沿直接进行督促和指导。

(二) 协调灭火救援行动

协调队伍灭火救援行动，是指指挥者对参战力量的灭火救援行动所进行的协调活动。在灭火救援过程中，指挥者应当针对灾害情况变化、本级行动状况、下级战斗计划的调整等情况对队伍行动的影响等，适时、周密地协调各参战力量的行动。其重点内容包括：①协调灾害现场各战斗段之间或灾害现场主要方面与次要方面之间、前方与后方的行动，保持灭火救援的重心稳定；②协调各参战力量之间的行动，保持整体作战威力；③协调执行当前任务的作战力量与后续增援力量之间的行动，保持作战行动锐势和持续作战能力。

协调灭火救援行动，通常采取计划协调和随机协调两种方法。协调灭火救援行动时，应适时向有关作战力量下达协调指令，明确各参战力量的灭火救援任务，完成任务的时间、地点、方法与要求等。

(三) 调整力量部署

调整力量部署，是依据灾害现场情况重大变化，重新修订灭火救援战斗决心，调整灭火救援力量部署的活动。当灾害现场情况发生重大变化，特别是灾情发生突变，预定灭火救援战斗决心已不符合当前情况时，指挥者应及时修正灭火救援战斗决心，并依据修正的灭火救援战斗决心，调整灭火救援力量部署。

灭火救援战斗决心，是建立在一定的灾害现场情况侦察判断基础之上的，和灾害现场实际发展变化不可能完全吻合。这就要求指挥者要根据灾害现场实际情况的发展变化，不断地修改完善灭火救援战斗决心。灭火救援过程中，当灾害现场发生爆炸、倒塌、毒气突然泄漏等重大变化，预定灭火救援战斗决心已有部分不符合当前情况时，应及时地修正完善，调整部署。其重点内容包括：①确定新的灭火救援关键节点；②调整各参战力量的任务与行动方法；③重新进行力量编成、组织进攻协同；④调整增援保障力量；⑤调整指挥关系及指挥方式等。例如，在2021年吉林省长春市"7·24"李氏婚纱梦想城火灾扑救过程中，灾害现场出现烟气流速加快并伴有大量黄黑色有毒浓烟冒出等即将"轰燃"现象，现场指挥部果断命令撤出全部内攻人员，利用高喷车、车载炮、移动水炮等大流量水炮在外部实施冷却灭火、堵截火势蔓延，确保灭火行动顺利和参战人员安全。

（四）组织战斗结束

指挥者必须保持理智、清醒的头脑，要像对待初战那样对待终战，要采取有力措施，严密、稳妥地结束战斗，做到慎终如始。首先，要认真分析灾害现场趋势，对整个灾害现场做出正确的估计。而后依据客观实际，定下结束战斗的决心，应指示指挥机关周密计划，切实组织好各种保障，确保稳妥地结束战斗。同时，必须考虑到在不利的情况下，结束战斗的措施与办法，制订相应的对策。指挥者要认真进行灭火救援总结，在总结胜利的原因、经验的同时更要反省指挥不当或失利的教训。对于指挥者来说，必须实事求是地总结经验和教训，切实探索救援指导规律，真正做到打一仗进一步。

二、选择调控方法

指挥者必须依据灾害现场态势的发展情况，依据作战决心，恰当选择协调控制方法，以实现最佳的协调控制效果。

（一）目标调控法

目标调控法，是以作战意图、任务为指标进行的协调控制，是对作战结果的控制。其特点是一种目标状态引导作战行动，并最终消除现实状态与目标状态之间的差距，从而实现预定目标。按目标协调控制，首先要分解目标，把整个作战行动所要达到的目标分解成若干个指向性十分明确的具体目标，然后按目标的分配制订协调控制的计划，再根据灾害现场实际和战斗进程，下达调控指令，对所控对象进行纠偏调控。

（二）计划调控法

计划调控法，是按预定的灭火救援作战预案，督导协调队伍的灭火救援行动，使之按照规定的路线、阵地、战术和力量部署的调控方法。计划调控法是协调控制灭火救援行动最基本的方法。

灭火救援作战预案大都比较详细地规定了灭火救援的目标和阶段，确定了行动措施，区分了参战的单位及任务，明确了行动的方式方法、战术和各种保障措施以及注意事项，使组织指挥战斗有充分的根据。一般情况下可以按此进行计划调控，即使有特殊情况出现，对灭火救援行动也不用做大的调整，可以使各参战力量有条不紊地进行灭火救援。

（三）随机调控法

随机调控法，是依据变化了的灾害现场情况和当前队伍灭火救援行动的状况，随机督导、调控参战力量灭火救援行动的方法。这种方法是在灾害现场实际情况和灭火救援预案设计不相一致或者火势发生突然变化，出现了意料之外情况，依据灭火救援预案无法进行调控时而采用的一种紧急调控方法。因此，要求指挥者应具有快速的反应能力、果断的决策能力和灵活的组织指挥能力。

（四）调控方法运用

指挥者在作战实施中，对于以上几种调控方法通常是综合运用的。正确地选择和运用协调控制方法，对于实现协调控制目的具有事半功倍的作用。选择协调控制方法，应着眼于实现指挥者的协调控制决心，着眼于具体协调控制的问题，着眼于协调控制机构的协调控制能力，着眼于受控对象的实际能力和救援现场客观状况。

为保证各参战力量行动的协调一致，应强调按照灭火救援预案协调控制队伍的灭火救援行动，这是协调控制队伍灭火救援行动的基本方法。没有平时科学、符合客观实际情况而制订的灭火救援预案，特别是跨区域、多力量灭火救援预案，实现有效的组织指挥和协调控制灭火救援行动是非常困难的。特别对于某些灾害现场情况复杂多变，预料之外的情况随时都有可能发生，仅靠计划调控难以实现对灾害现场和队伍灭火救援行动的有效控制，而必须以目标调控、随机调控给予辅助。

三、实施调控行动

（一）掌握灾害现场变化情况

掌握灾害现场情况，主要是掌握灾害现场态势、火势蔓延方向、力量部署、战术、各参战力量的位置和主要灭火救援行动的进展情况、灾害现场环境的变化等。掌握灾害现场变化情况是协调控制灭火救援行动的前提和基础。

掌握灾害现场变化情况，是协调控制的首要环节。指挥者应当以反复侦察和队伍及时汇报为基础，综合使用侦检、现场观测、现地核查、口头或书面查询等手段，充分发挥各种监视系统和技术装备、器材的作用，大范围、不间断地密切监视整个灾害现场，随时掌握灭火救援进展的实际情况。例如，在2021年黑龙江省齐齐哈尔市"9·25"CNG运输槽车事故处置中，侦察组架设两部布控球，组织多架无人机，对火场全貌及重点部位进行实时侦察图传，监视现场变化，为指挥员指挥决策调整提供依据。

掌握灾害现场变化情况，指挥者需要做到：①通观全局，围绕各个阶段、各个环节的灭火救援重心和关键行动，全面而有重点地进行，特别注意观测对作战力量构成主要威胁的动态和突然变化，随时掌握作战力量的进展情况或行动艰难的处境和需求；②灵活采取多种方法，确保信息渠道的灵敏、可靠、高效；③按照上级意图和本级既定决心、计划，随时对灭火救援进展的实际情况进行分析评估，并将结果适时报告现场总指挥，以便为修订和完善救援决策提供依据。

（二）评估作战效果

指挥者应根据作战进展情况，适时预测和评估作战效果。预测和评估作战效果，主要是对作战目的实现程度、灾害现场发展情况、作战人员装备力量消耗程度、作战能力等进行评估。依据评估结论，合理确定后续作战意图、力量使用和行动方法等，辅助指挥者科学决策。例如，在2021年黑龙江省哈尔滨市"8·31"地下车库火灾扑救中，现场作战指挥部根据内部侦察和地面温度检测数据，结合医疗、建筑等专家意见，评估判定整个A区仓库已经全部过火，失联人员在长时间高温、浓烟环境下已无生还可能，为调整战斗部署节约了时间。预测和评估作战效果，应当综合运用各种侦察手段，及时搜集队伍作战行动反馈信息，全面、准确获取作战效果的客观、真实数据，进行科学预测和评估，力求评估结论准确可靠。

（三）作出应对策略

当灾害现场情况发生重大变化，预定的战斗决心和计划已不适应灾害现场实际时，特别是当灾害现场情况突变、作战方法发生重大改变时，战斗协同失调或救援行动发展特别顺利、可以加快作战速率和节奏等时，都需要适时定下新的战斗决心，及时调整或者变更作战计划。据此，指挥者应当迅速查明情况，结合预测和评估作战效果，及时作出应对策略。

在作出应对策略时应注意以下几点：①作出应对策略时，应根据灭火救援进程中灾害现场情况的重大发展变化，因势利导，把握战机，果断实施；②充分利用预备方案，简化计划组织工作的程序，减少指挥层次，尽快地完成组织准备工作；③按照执行主要任务的力量、执行辅助任务的力量、预备力量、支援保障力量的顺序，按步骤稳妥地实施；④加强防护等保障措施，严格控制队伍的行动，防止发生混乱。

（四）调整队伍行动

调整队伍行动是指挥者根据新的战斗决心对灭火救援行动出现的偏差进行协调控制，它是协调控制灭火救援行动的关键。指挥者在作出应对策略后，应立即下达队伍贯彻执行，保证队伍实施正确的灭火救援行动。

（五）调控实施要求

在实施调整行动中，应注意以下4个方面：

1. 必须确立高效率协调控制的意识

现代灾害事故特别是危险化学物品火灾、气体和液体火灾发展迅速，变化突然，燃烧异常猛烈，灭火救援进程快速，灾害现场情况变化急剧，对协调控制提出了更高的要求。因此，指挥者要具有高效率协调控制的意识，在随时掌握灾害现场各方向情况的基础上，科学预测火情及其他灾害情况发展趋势并正确估算当前行动所产生的效果，全面督导各参战力量行动，牢牢把握灭火救援重心和关键，及时修正偏差，积极、主动、不间断地协调参战力量行动，使各参战力量始终保持较大的整体合力，协调一致地行动，以最小的代价取得灭火救援的成功。

2. 必须完善协调控制的机制

要实施有效的协调控制，必须建立高效率的协调控制机制。而协调控制机制的产生，是通过科学编组指挥机构来实现的。按照结构学的观点，有什么样的系统组织结构，就有什么样的系统功能。通常情况下，一个系统组织结构合理、分工科学、关系顺畅，其功能效率就高，反之亦然。协调控制的组织机构是以指挥层次为基本形式的，指挥层次编组要科学合理，要设置专门负责协调控制的职能部门，明确其任务与职责，规范其工作程序、内容、方法，理顺其与相关部门的关系，以保障协调控制活动的有效运作。

3. 必须灵活运用协调控制的方法

目标调控、计划调控与随机调控是协调控制作战行动的基本方法。灭火救援进程的不同阶段、灾害现场变化的不同情况，应采取不同的协调控制方法，而单独采用任何一种方法都不可能适应整个灭火救援战斗的全过程。因此，在对参战力量的灭火救援行动实施协调控制时，必须依据灾害现场的实际情况，灵活运用多种调控方法、实现不同方法的有机结合，以达到对作战行动的有效控制。

4. 必须着眼全局，把握重心，全程不间断

当前，灭火救援作战指挥的连续性、合成性和信息的密集性，均对协调控制灭火救援行动提出了更高要求。因此，指挥者必须站在全局的高度上，统筹作战全局，把握作战重心，协调控制参战力量的作战行动。既要考虑到上级部门和政府指挥部的决策意图，又要考虑到每个指挥环节，把握灾害现场主要灭火救援方面、主要作战环节、主要作战行动，以协调控制好整个灾害现场。同时，现代条件下的灭火救援行动是一个激烈对抗和急剧发展变化的过程，从灭火救援战斗的开始到结束充满着危险，任何一个控制环节的失调，都可能导致整个灭火救援行动的功亏一篑。因此，指挥者必须把协调控制活动贯穿于整个灭火救援指挥行动的始终，以牢牢掌握灭火救援的主动权。

📖 习题

1. 灭火救援指挥活动包括哪几个主要环节？
2. 灭火救援指挥活动的特点有哪些？
3. 灭火救援指挥程序是什么？
4. 搜集信息的方法有哪几种？如何才能快速地获得灾害现场信息？
5. 定下战斗决心过程中主要考虑的内容有哪些？
6. 调控队伍战斗的方法有哪些？各自有什么特点？
7. 组织协同动作包含哪些内容？
8. 检查指导战斗展开准备的内容有哪些？

第五章 灭火救援指挥决策

指挥决策是指挥者在指挥所属队伍遂行灭火救援行动的过程中，为了确定所属队伍行动目标和方法而进行的一系列筹划、优选和决断活动。指挥者只有深刻理解指挥决策的含义，把握其特点规律，掌握其程序和方法，才能科学、高效、有序地遂行指挥决策活动。

第一节 指挥决策的含义

决策的含义是选择决定策略，也就是对策略的决断。指挥决策是一种特殊的决策活动，是一种在特殊环境下的决策，它既有一般决策概念的内涵，又有受特殊情境条件制约而形成的特点和要求。

一、指挥决策的概念

决策，是人们为拟制和选择自己未来的行动目标和行动方法所进行的一系列思维活动和行为活动。灭火救援指挥决策就是灭火救援指挥活动中的决策，是对灭火救援行动进行策划和谋略决断的活动。具体而言，灭火救援指挥决策，是指指挥者为了达到预期战斗目的，在一定的条件下，对灭火救援行动进行运筹谋划、确定灭火救援行动方案的思维活动和工作过程。

灭火救援指挥决策是灭火救援指挥活动的一个组成部分，主要任务是定下决心和制订行动计划。其中，定下决心是最重要、最核心的环节，定下决心的实质是确定战斗目标和达到目标的行动以及所需要的作战力量、技术装备、时间等。制订行动计划是制订、优选能实现所定决心的行动方案，在这个环节必须同时确定多种行动方案以供选择，且这多种行动方案必须针对同一行动目标或行动目的，在此基础上运用一定的方法从这多种行动方案中优选出最佳方案。从某种意义上说，灭火救援指挥决策就是指挥者定下决心和制订行动计划的活动过程。确定指挥决策既是一个决策酝酿的过程，也是一个决策优选的过程。

二、指挥决策的实质

灭火救援指挥决策，从形式上看表现为定下决心和制订行动计划的活动过程，即灭火救援指挥决策主体为确定战斗行动目标和行动方法，在一定条件下所进行的一系列思维活动和行为活动。从实质上看，灭火救援指挥决策是灭火救援指挥决策主体（指挥者）应对灭火救援现场实际的主观意志和主观能力，它体现了灭火救援指挥决策主体的主观指导对于灭火救援现场客观实际的认识，以及对未来灭火救援行动的驾驭能力。

（一）指挥决策是主观意愿与客观条件矛盾运动的结果

在灭火救援实践中，指挥者的主观意愿与实现的客观条件构成了一对矛盾。一方面，指挥者的主观意愿决定了需要采取何种灭火救援行动，决定了必须作出关于实战行动的何种决策；另一方面，指挥者所拥有和面对的客观能力（如参战力量、各种资源）、客观环境（灾害现场、社会舆情和时间）等，又制约着实现主观意愿的可能性和行动方式。因此，正确、灵活的灭火救援指挥决策应该是对于主观意愿与客观条件的一种最恰当的协调。

（二）指挥决策的效果体现了指挥者决策的主观能力

灭火救援指挥决策不仅是指挥者的主观意愿的体现，也是主观能力的体现。指挥者对主观愿望与客观条件之间存在的矛盾有什么样的认识，对灭火救援规律有什么样的认识，对灭火救援行动有什么样的驾驭能力，就会有什么样的决策活动。指挥者的认知能力越强，其主观能动性发挥的水平越高，就越能够充分地利用客观条件来最大限度地实现其主观意愿。总之，指挥者的主观认识能力及其主观能动性的发挥水平，将决定其决策制订的效率和质量，并在很大程度上决定决策方案最终的实施效果。

（三）指挥决策是指挥者将其主观需要转变为客观现实的一种必要手段

要取得灭火救援战斗的成功，就必须采取相应的实际行动；而要使实际行动能够最有效地完成，达成预期目的，就需要作出正确的指挥决策。因此，指挥决策活动，其实就是指挥者为解决其主观需要与客观可能之间的矛盾所进行的工作过程；指挥决策活动的成果（行动决心、行动计划或行动方案），则是指挥者所形成的克服其主观需要与客观可能之间的矛盾的解决办法。灭火救援指挥决策的正确与否，主要是通过灭火救援行动结果来检验的。

三、指挥决策的特点

准确把握指挥决策的基本特点，有助于深化对指挥决策活动的认识。

（一）实践性

决策是实践的先导，决策的意义在于指导实践。因此，灭火救援指挥决策具有很强的实践性。不仅决策的出发点是实践，而且决策的实际实施效果也是衡量和检验决策方案是否正确的最终标准。

（二）目的性

任何决策，总是为了达到一定的行动目标而制订的，灭火救援指挥决策也不例外。具有明确的目的性，是指挥决策的本质属性。指挥决策的目的性通常表现在以下两个方面：①明确目标是制订决策的前提，如果目标不明，就无从决策；②目标正确与否是衡量决策正确性的首要指标，如果把目标搞错了，那么决策就从根本上是错的。

（三）超前性

指挥决策是对即将开展灭火救援行动的指导和决定，其本质是面向未来的。在灭火救援行动中，即使指挥者作出新的决策，也只能用于指导即将开展的行动，无法改变已经发生或正在进行的实践。

（四）择优性

所谓决策就是选择，即选择是决策的一个基本特征，没有选择也就无所谓决策。选择的目的在于优化，即理论上要求达到相对最优。例如，在 2006 年安徽省安庆市液苯泄漏事故处置中，专家确定了 3 种方案：①利用泵进行抽取，但受装备性能限制；②利用活性炭进行吸附，但调度 24 t 的活性炭需要较长时间，而且气象部门通知短时间内会有降雨；③采取点燃的方法。指挥员综合考虑了装备性能和调度有效处置力量的时间等问题，最终选取了第 3 种方案，取得了较好的效果，也使灭火救援速度大大加快，这就是指挥决策择优性。

（五）时效性

灭火救援行动作为一项人类与灾害事故作斗争的实践活动，由于灾害事故的突发性、现场险情的不确定性和救援现场灾情瞬息万变，这就决定了灭火救援指挥决策具有高时效性。例如，1982 年山东青岛黄岛油库发生特大火灾，后方指挥员发现原油喷溅的前兆，于是下达全体撤退的命令，在命令下达的十几秒内，由于火场环境复杂、声音嘈杂、前线消防员未听到撤退命令，在指挥员派遣人员前去传达命令的同时，油库发生喷溅，以致造成多名消防人员牺牲，指挥部不得不立即重新部署战斗，减少人员伤亡。

（六）复杂性

灭火救援指挥决策所要处理的决策问题是复杂的，主要表现在：①决策条件的不确定性，即制约灭火救援行动的现实环境和客观条件；②决策因素的多样性及其关系的复杂性，即影响灭火救援行动的因素数量众多、关系复杂，如自身因素、社会因素、技术因素等都会对灭火救援决策产生影响；③衡量决策方案优劣标准具有综合性，即不仅需要衡量决策方案达成决策目标的程度和效果，而且需要衡量与此相关的代价和风险。例如，在 2021 年山东威海 "4·19" "中华富强" 轮火灾事故处置中，由于船舶结构复杂（共设有 11 层甲板，五甲舱及以下舱室密闭、排烟散热通道少）加之航次载运旅客 677 人，内部停放各类车辆 162 辆，使得船舶火灾同时兼具高层、地下、化工车辆和人员密集场所火灾特点，火灾荷载大，易燃物品多，作业面受限，进攻通道少，战斗展开难，内攻风险高，给灭火救援指挥决策提出了挑战，体现了其复杂性。

（七）高风险性

灭火救援指挥决策是一种风险性很高的决策活动。指挥决策的高风险性源自灭火救援行动的影响因素的多样性、复杂性，致使许多情况的发生和发展具有随机性和偶然性，容易导致灭火救援行动出现严重后果。例如，在 2010 年山东省聊城市新诚塑胶有限公司火灾扑救中，由于现场组织进行的火场侦察获得的内容不够准确细致，对建筑结构没有具体了解，导致墙体倒塌时人员躲闪不及，造成了人员伤亡。由此可见，侦察内容的准确性和完整性直接影响到指挥者的决策部署，其不完整性、不准确性会给指挥决策带来较大风险。

（八）非重复性

与人类社会活动不同，灭火救援行动是一种偶发的、非常规性的活动，即灭火救援行动是一种一次性活动，这就决定了灭火救援指挥具有非重复性的特点。"战胜不复，而应形于无穷"（《孙子兵法·虚实篇》）指的就是这个特点。指挥决策的非重复性反过来会进一步加剧其风险性，因为在多次重复进行的决策中，一次决策的失误有可能在以后的决策中加以弥补。而在非重复性决策中，由于决策失误所导致后果的无法弥补性，既凸显了决策的风险性，同时也对决策失误的正确性和把握性提出了更高的要求。

四、指挥决策的地位

从整个指挥活动过程看，无论是在战斗准备阶段还是在实施阶段，灭火救援指挥决策在灭火救援指挥中都处于核心地位，并发挥着关键性的作用。

（一）指挥决策是指挥活动的核心

指挥决策在灭火救援指挥活动中处于核心地位。灭火救援指挥活动的内容很多，如掌握情况、作战筹划、计划组织、协调控制等活动，但其中的核心是作战筹划活动，即指挥决策活动。掌握情况活动的意义在于为确定行动决心和拟订行动计划提供事实前提，计划组织活动、协调控制活动的意义在于保证决策方案顺利实施和圆满成功。

（二）指挥决策是指挥活动的基础和依据

灭火救援指挥决策的基本任务，是定下正确的战斗决心和制订切实可行的战斗计划。战斗决心是实施灭火救援指挥的基础，战斗计划是协调控制参战队伍灭火救援现场活动的依据。因此，灭火救援指挥决策是灭火救援指挥活动的基础和依据，决策正确与否将决定灭火救援行动的整体效果。

（三）指挥决策质量是提高指挥效能的保证

灭火救援指挥效能是灭火指挥系统功能和作用的发挥程度，是灭火救援指挥系统整体效应的体现。在实际的灭火救援指挥活动中，具体表现为指挥者对所属队伍在完成灭火救援战斗任务中，将潜在的战斗能力转化为实际灭火救援能力的程度。灭火救援指挥效能得以充分发挥的具体体现就是实施正确的灭火救援行动，而正确的灭火救援行动源自正确的灭火救援指挥决策。因此，灭火救援指挥决策的质量是提高灭火救援指挥效能的重要保证。

第二节　指挥决策的基础

在灭火救援实践中，指挥者要想从理论与实践的结合上真正把握决策制订的基本流程及其中所蕴含的奥秘，须熟练掌握指挥决策的规律、类型和思维。

一、指挥决策的规律

指挥决策的基本规律，指的是指挥决策活动基本要素的本质及其相互之间内在的、必然的、整体的、本质的联系。

（一）指挥决策效能取决于决策系统的组成要素及其组合方式

指挥决策活动的效能（速度和质量的有机统一），取决于决策系统的组成要素及其组合方式。指挥决策活动，是指挥员在其指挥机关的辅助和指挥信息系统的保障下决策灭火救援行动的活动过程。在这个过程中，决策系统的三要素（指挥员、指挥机关和指挥信息系统）形成了既分工明确又浑然一体的组合形式。

指挥员不仅是决策系统的一个组成部分——决策者，而且也是指挥决策活动的组织领导者。指挥机关的决策辅助人员，在决策系统中起着非常重要的承上启下的链接作用，它是将决策系统三要素结为一体的黏结剂。指挥信息系统作为决策工具，对于保障决策主体遂行指挥决策活动是不可缺少的。没有指挥信息系统完成大量的信息传递和处理工作，决策系统的运行效能将会大大降低。

根据决策主体的组成，决策模式可以分为单一式和分离式两种形式。在单一式的决策模式下，只有一类决策人员，即指挥员。指挥员负责完成全部决策工作，此种决策模式只能适用于处理简单的决策问题，适用于初期的灭火救援现场。在分离式的决策模式下，决策人员分为指挥员和决策辅助人员两类。在决策中，指挥员负责主导决策活动，作出最后决断，并对决策的后果负全部责任；决策辅助人员则负责保障决策者进行决策，承担准备决策材料、提供决策咨询、辅助决策筹划、提出决策建议等工作。这种决策模式既可以发挥各专业部门（组）的技术专长，对决策问题进行比较充分的研究论证，又可以在决策中融入指挥员的经验、直觉和决策艺术。

随着科学技术的进步，指挥决策工具已经由手工工具、机械工具发展到电子工具阶段。由于决策工具的电子化、计算机化、网络化和智能化，现代决策工具——指挥信息系统已经能够为决策主体完成越来越多的决策工作。在这种情况下，决策工具已经越来越深地渗入到指挥决策活动之中，成为决策体制中一个有机的组成部分。随着机器智能的逐步提高，传统的决策方式已经发生质的变化，指挥决策活动已经不再仅仅是一种"人—人互动"的工作过程，而是已经进入"人—机—灾情互动"的新阶段。

（二）指挥决策活动从本质上看是一种信息活动

信息，是指挥决策全部工作的对象和落脚点。指挥决策活动从本质上说是一种信息活动过程。指挥决策活动的本质，其实就是决策系统根据主观目的（任务）信息和客观情况（条件）信息，生产出指导灭火救援行动的指令信息的处理过程。指挥决策作为一种广义的信息处理活动并不是孤立的，而是作为整个灭火救援指挥活动的一个核心部分而存在。即从掌握情况活动（信息获取）到决策活动（信息处理和信息利用），再到控制活动的信息活动过程，其中消防通信（信息传递）是沟通上述各个环节的纽带。决策活动是将灾害对象、参战力量、现场环境和上级作战意图转变为本级行动指令信息的转折点，在整个指挥活动中处于核心地位。

指挥决策活动大体上包括理解任务、研判情况、定下决心、制订计划、发布命令等工作。从信息流的角度看，可以将全部指挥决策活动分为两个阶段：①将情况信息加工处理成态势信息的过程；②指令形成流程，即基于态势信息和任务信息产生决策指令信息的过程。两个过程的结合，就构成了一个完整的指挥决策信息活动过程，即一个指挥决策周期。

指挥决策活动的效能既受制于指挥决策的客观环境，也受限于决策者的素质和能力。从客观方面说，错误的或不可靠的信息、情况的不确实性、态势演变的难以预测性、行动方案效果的不确定性，对指挥员决策提出挑战。从主观方面说，指挥员的认识能力是有限的，对于灾害对象的理解，对于灾情发展态势的推断以及对行动的策划，都有一定的局限性，从而导致在决心和计划中不可避免地存在着一些偏差与失误。上述主、客观两方面的因素，都对指挥决策活动效能的提高设置了障碍。

（三）指挥决策活动中的基本矛盾

决策的正确性与决策的时效性，反映了指挥决策活动效能的两个不同侧面，同时也是指挥决策活动中的一对基本矛盾。决策的时效性，具体表现为灭火救援指挥决策系统输出指令、命令信息流的速度。决策的正确性，则具体表现为所输出的指令、命令信息流的质量。

（1）决策的正确性与决策的时效性两者相互制约。在一般情况下，指挥者搜集、补充情况信息的时间越长，思考越充分、决策时间越充足，越有利于提高指挥决策的质量，并越有利于做出正确的指挥决策；反之，时间越紧迫，或在仓促的情况下，在很短的时间内做出决策，其决策的质量是很难得以保证的，即作出高质量的决策有时是非常困难的。

（2）决策的正确性与决策的时效性又相互依赖。在指挥决策中，决策时间并非越长就越能获得高质量的决策及行动效果。随着时间的延长、流逝，各种现场情况、行动条件会不断发生变化，指挥决策活动所依据的情况信息会在时间的流逝中逐渐降低其决策价值，甚至完全过时，原来存在的灭火救援行动机会也可能会因时间的流逝而完全丧失。在这种情况下，适用于原来情况的正确决策也有可能变得不正确，在原来情况下可能是高质量的决策，现在也可能成为低质量甚至是不正确的决策。由此可见，在这对矛盾中，过于强调决策的正确性以致影响了决策的时效性，反而会降低决策的正确性。反之，如果过于强调决策的时效性以致影响了决策的正确性，那么时效性本身也会失去其意义。

二、指挥决策的类型

根据不同的标准，灭火救援指挥决策有着不同的分类。

（一）按照决策内容划分

根据决策的内容，灭火救援指挥决策可分为信息决策、行动决策和组织决策。在灭火救援指挥决策中，一般都需要解决 3 个问题：掌握情况，确定灭火救援行动的方法和建立实施灭火救援行动的组织系统。而信息决策、行动决策和组织决策所要解决的正是上述 3 方面的问题。虽然明确战斗条件、确定战斗方法以及建立战斗的组织体系都是灭火救援指挥决策不可分割的组成部分，但三者所涉及的决策问题却具有相对的独立性。这 3 个决策问题所决策的内容是迥然不同的。信息决策必须对什么是事实真相作出尽可能客观的判定，行动决策必须对完成战斗任务的最佳行动方法作出选择，组织决策则必须对灭火救援力量的编成形式和控制参战力量的组织系统进行最佳的设计。

1. 信息决策

信息决策就是对搜集获得的灾情信息进行整理，分析判断得出灾情真相。以建筑火灾为例，灾害信息应包括着火单位的总平面图布置、建筑平面、结构特点、火灾危险性类别、消防设施、周围环境、水源、道路等单位基本情况；起火原因、起火时间、着火部位、火势发展蔓延情况，对人员、物资、设备、建（构）筑物造成的威胁、破坏程度等灭火救援现场情况。

2. 行动决策

行动决策，是指为了达到灭火救援行动目的，确定消防救援队伍及各种灭火救援力量所要采取的各种战斗及其保障活动的决策。行动决策包括与参战队伍战斗活动有关的各种决策工作：①确定灭火救援行动的目标，明确灭火救援现场主要方向；②作战力量的部署和使用；③确定所属力量、增援力量、协同力量等的具体任务；④组织灭火救援行动协同动作；⑤组织各种保障等。灭火救援行动决策是灭火救援现场指挥活动中最重要也是最复杂的决策。

3. 组织决策

组织决策就是为了达到预定的灭火救援行动目的，对人员、装备器材、固定设施等进行科学编组使之发挥最好作用的决策。例如，战斗编成、力量部署等，就是决策的主要内容。组织决策可在灭火救援行动之前进行，也可在灭火救援行动过程中进行，有时也可能到灭火救援行动结束才全部完成。组织决策可以是长久的，也可以是临时的。组织决策要以信息决策为前提。

（二）按照掌握信息量划分

按照掌握信息量的不同，灭火救援指挥决策可分为确定型决策、不确定型决策和随机型决策。确定型决策，是指决策者完全掌握了将要出现的客观情况，从多种备选战斗方案中选择一种最有利的方案。不确定型决策，是指决策者对未来情况虽有一定程度的了解，但又无法确定各种情况可能出现的概率而需要作出的决策。随机型决策，是指决策者不完全掌握客观情况出现的规律，但掌握了它们的概率分布，从而根据各种可能结果的客观概率作出的决策。

在实际问题中，完全了解情况和完全不了解情况是两个极端的情形，而绝大多数的情形是决策者知道一些客观情况发生概率的信息，即所谓的"主观概率"。所以，随机型决策是灭火救援指挥决策中最常遇到的一种决策类型。正确的灭火救援指挥决策过程，就在于如何充分利用提供的信息，使"主观概率"不断得到修正，使之不断接近客观实际情况，从而实施正确的决策。

（三）按照决策目标数量划分

按照决策目标数量，灭火救援指挥决策可分为单目标决策和多目标决策。灭火救援行动方案的选择取决于多个目标的满足程度，这类决策问题称为多目标决策，或称为多目标相对最优化。反之，灭火救援行动方案的选择若仅取决于单个目标，则称这类决策问题为单目标决策，或称为单目标相对最优化。

由于灭火救援指挥者在希望其所制订的决策方案能够最大限度地实现既定决策目标的同时，还往往希望为此所付出的代价以及所冒的风险尽可能地小，因此，在一般情况下，灭火救援指挥决策都是一种多目标决策。

三、指挥决策的思维

从灭火组织指挥决策思维实践来看，指挥决策的思维主要有经验思维、公理思维、辩证思维和数学辅助决策等。

（一）经验思维

经验思维是指指挥者运用以往灭火救援指挥的实践经验进行决策的思维。指挥者通过不断地积累灭火救援成功的经验和吸取失败的教训，归纳总结形成了一定的系统化的理性认识，并以这种系统化的理性认识去观察、分析、解决灭火救援的问题。

经验思维方法可用于解决和处理一些简单的问题或不太复杂的情况，尤其适用于解决经常遇到的问题。运用经验思维方法，可以极大地缩短决策的时间，从而提高决策的时效性。

经验思维方法也有一定的局限性，因经验不具有普遍性，有时容易导致指挥者犯主观主义和经验主义的错误。因此，在运用经验思维方法时，要将经验与实际情况相结合，注重发挥群体作用，使个人经验与群体智慧相结合，提高决策的质量。

（二）公理思维

公理思维指的是指挥者运用灭火救援指挥理论，对灾害现场灭火救援情况进行推理和判断，作出决策的思维。在灭火救援实践中，大量的灭火救援指挥的理论和原则不断地被认识和总结，它们可以用于指导新的灭火救援实践。指挥者在决策活动中依据这些理论和原则，对灾害现场情况进行分析判断，得出结论，做出决策。

公理思维也有其局限性，因为一定时期内总结出来的灭火救援指挥理论和原则随着灭火救援的不断发展，可能滞后于灭火救援实践的需要。因此，指挥者在决策活动中也不能机械地套用公理，必须依据实际情况，运用新知识和新经验进行决策，避免犯教条主义的错误。

（三）辩证思维

辩证思维是指挥者运用辩证唯物主义方法论观察、分析和解决问题，进行决策的思维。辩证思维的实质是在对立统一的矛盾中进行思维，其本质是揭露和解决事物的基本矛盾。指挥者在灾害现场决策活动中要运用辩证思维方法，防止主观性、片面性。要联系和发展地看灾害现场的情况变化，防止孤立和静止地仅关注一点一时的情况，注重灾害现场情况的量变与质变的统一，将量变与质变统一起来，作出正确的决策。

在灭火救援的实际决策活动中，辩证思维有不同的形式，如预测思维、创新思维、联想思维、系统思维、求疑思维等。其中，预测思维和创新思维是指挥者运用最多的辩证思维方法。

1. 预测思维

预测思维是指运用发展的、变化的观点看待灾害情况，依据灾害发展的客观规律，科学地预测灾害可能变化，并制订相应对策的辩证思维方法。从一定意义上讲，灭火救援组织指挥的整个决策活动就是灾害现场指挥者对灭火救援行动的预测活动。灭火救援是与火灾及其他灾害作激烈对抗的活动，灾害情况的发展和灭火救援情况的变化存在着许多不确定因素，但灾害和灭火救援行动作为一种运动的事物，总有其一定的规律，有其可预测性。预测思维是灾害现场指挥者在熟知灾害现场各方面的情况，把握灾害和灭火救援行动发展规律的基础上的科学预测，并不是指挥者主观的想象、臆断或猜测。因此，要求灾害现场指挥者根据已掌握的灾害现场上各方面情况，灾害和灭火救援行动发展变化的一般规律，对各种可能的险情和可能的发展变化进行科学的预测，寻找出相应的对策。例如，在2020年福建省龙岩市"7·12"卓越新能源股份有限公司爆炸事故处置中，指挥部面对"池火＋罐火"猛烈燃烧、罐体爆燃频发的情况，准确评估和预判灾情形势，及时提出掌握关键生产要素、调集适用主战车辆装备、核查危险化学品存储、关闭雨排、筑堤设防、控制燃烧等10余条对策措施，对科学安全处置起到关键作用。

2. 创新思维

创新思维是指打破思维的一般方式、方法、模式，善于从新的高度和新的角度观察、分析、解决灭火救援中的问题的辩证思维方法。灭火救援行动是按照一定的方式、方法和模式进行的。但由于灾害事故没有两次是完全相同的，灾害发生发展的客观条件也不以人的意志为转移，因此，灭火救援组织指挥和灭火救援行动是需要有创新的人类实践活动。创新思维要求灾害现场指挥者在决策活动中不能总是按照原有的方式、方法和模式去思考问题，进行决策。墨守成规，没有创新，就很难应对现场上遇到的新情况或特殊险情，最终导致灭火救援行动的失败。因此，指挥员只有在决策活动中运用创新思维方法，才能创造出新的灭火救援的组织指挥方式和新的灭火战法。例如，在2010年"4·13"上海东方明珠广播电视塔火灾事故处置中，位于460 m处的信号发射塔顶端玻璃钢罩及其内部信号发射器着火，面对作业面小、通道狭窄、战斗展开难、当时消防装备无法有效组织扑救的实际情况，指挥部运用人工接力将矿泉水运至进攻平台处，再由2名攻坚队员将矿泉水喷洒在残余火星处，逐一扑灭残火，创造了世界消防史上灭火奇迹，这就是创新思维的运用。

（四）数学辅助决策方法

数学辅助决策方法是指指挥者运用数学和运筹学方法，借助于计算机技术对灭火救援诸要素进行定量分析，从而辅助确定灭火救援战斗决心的方法。数学辅助决策方法主要有以下方式。

1. 计算法

计算法是对灾害现场燃烧面积、蔓延速度、建筑的耐火性及其他灾害情况、物资保障、所需灭火力量、灭火救援战斗时间等进行的统计和计算。它可以根据需要，将搜集的有关数据采用一定的数学公式对灭火救援因素的某些方面进行量化分析比较，对比计算，为决策提供服务。

2. 概率法

概率法是用某标志随机事件发生可能性大小的一个数量概念。例如，对某一事件在相同条件下进行大规模模拟试验和统计，可从中发现多数的数据稳定在某一个数值附近，当稳定在较大的数值时，表明这个事件出现的可能性较大，反之较小。这个可能性的标志数值，就是相应事件发生的概率。通过此种方法，可以获得规律性认识，尤其在多种方案选优时，概率是计算的主要因素。

第三节　指挥决策的程序

灭火救援指挥决策过程就是按照确定目标、拟制方案、评选方案、制订计划的顺序进行的，但在具体的指挥决策过程中，可能会因为已有备选方案不够理想而重复进行前面的部分决策工作，从而形成决策过程中的重复和循环。

一、确定目标

"目标"是指灭火救援行动的任务目标，确定目标就是搞清并确定灭火救援行动要实现的任务目标，是灭火救援指挥决策的起点。

（一）目标自由度

目标选择的自由度，即可供指挥者进行目标选择范围的大小。一般来说，当指挥者主动启动决策过程时，目标选择的自由度较大；而当指挥者被迫进入决策时，目标选择的自由度较小。指挥者被迫进入决策的原因一般是受领了上级下达的指令，或在灭火救援行动中遇到了突发情况。

当指挥者在上级的指导下制订决策时，目标选择自由度的大小与上级下达任务的具体程度有关：①当上级下达的任务明确而具体时，目标选择的自由度很小甚至完全没有，此时上级赋予的任务基本上可以直接作为本级的任务目标；②当上级下达的是概略任务，且内容不太明确和具体时，目标的选择将具有一定的自由度，此时应在考虑上级意图和客观条件的基础上将所受领的任务进一步具体化；③当上级只下达了行动意图而没有规定具体任务时，目标选择具有较大的自由度，此时应在研究上级意图和客观条件的基础上，自行确定任务目标。

在指挥者相对独立地制订决策时，目标选择一般具有较大的自由度，此时应根据灭火救援行动总体实际来确定任务目标。一般来说，高层指挥者更多地需要独立制订决策，而低层指挥者则更多地需要在上级的指导之下制订决策。

（二）方法步骤

为了使所确立的任务目标既具有针对性又具有可行性，应在综合考虑灭火救援行动目的和行动条件的基础之上确定任务目标。

1. 明确行动目的

在灭火救援指挥决策中，指挥者在许多情况下是在上级的指导下制订决策的。此时，行动的目的主要体现在上级下达的意图和任务之中。为了正确把握行动的目的，必须认真领会上级的意图和理解所受领的任务。

指挥者领会上级的意图和理解所受领的任务可以从以下几方面进行分析：①要适当了解行动的总任务和总意图。应跳出本单位的局限，对行动的总任务和总意图有所了解，至少要充分了解本单位上一级指挥者的意图及其所担负的任务。②要在此基础上充分理解本级任务在其中的地位和作用。③还要了解、分析共同参加行动的其他灭火救援力量的任务及与本单位的关系。

在指挥者独立制订决策时，灭火救援行动的直接目的一般是在确保安全的情况下以最快的速度营救被困人员、消除险情、结束战斗。

2. 明确行动条件

指挥者了解的情况一般包括灾害对象情况、参战力量情况、灾害现场情况等。指挥者对灭火行动的灾害对象的各种情况必须尽可能地进行全面而细致的掌握与了解，对参战力量的战斗编成、器材装备、战术素养、心理素质等也应进行了解和掌握，对作战环境的地形、天气等情况也应进行了解和掌握。需要注意的是，在了解情况的时候，应注重了解与当前行动有关的情况，注意所使用信息的有效期，并能着眼于信息的发展变化，不间断地跟踪了解相关信息。

3. 确定行动目标

综合考虑灭火救援行动目的和行动条件，恰当地确定任务目标。例如，当火场上有人受到火势严重威胁时，抢救人命是当前的行动目标；当火场上有贵重的仪器设备、技术资料、图书档案等受到火势严重威胁，有可能造成重大经济损失和严重政治影响时，保护和疏散贵重物资和重要资料是行动的重要目标。

（三）注意事项

在确定目标时，要注意以下几个问题：①任务目标的确定要有针对性，要能够体现灭火救援行动的总任务和上级指挥者的意图，明确本级指挥的任务，保证指挥系统内各种目标的一致性。②要把目标建立在需要与可能相结合的基础上，即目标要有实现的可能性。③要使目标明确、具体，尽可能量化，便于用来衡量指挥决策的实施效果。④要明确目标的约束条件。对那些与实现目标有联系的各种条件，都应该加以分析。

二、拟制方案

行动方案是指挥者按照确定的行动目标对各个行动阶段、主要作战方向、重点作战目标、行动手段、主要战法和各参战力量的协同配合等进行构想。虽然根据行动主体、任务目标、环境条件、行动类型的不同，方案的内容会各不相同，但归纳起来主要有以下几个方面。

（一）方案内容

1. 行动目的

主要是实现确定的行动目标，决定着灭火救援的规模、编成等，是战斗决心的核心内容。

2. 作战环境

主要指灭火救援行动在时间和空间上的考虑。正确地选择适当的行动时间和行动空间，对于有效地完成行动的目标很重要。一般来说，在筹划行动方案时，首先必须选择和确定行动对象、作战空间和时间，才能够进一步研究使用力量和行动方式等问题。

3. 使用力量

主要指拟用于灭火救援行动的人员和物资。关于行动使用力量的确定，一般涉及以下几方面的内容：①参战队伍的规模；②参战力量的种类，如水罐车作战单元、举高车作战单元、抢险救援车作战单元、远程供水单元、战勤保障单元等；③各种参战力量如何组合。其中，使用力量的规模主要决定于任务目标的高低，而使用力量的种类及其组合方式则主要与行动方法有关。需要注意的是，指挥者要根据行动目标需求，要通过合理的作战编组，使各种力量优势互补，充分发挥其作战效能，增强整体作战能力。既要考虑前期灭火救援行动的需要，又要考虑灭火救援行动推进的需要；既要考虑灭火救援行动发展顺利情况下的需要，又要考虑在不利条件下调整作战编组的可能；既要考虑速战速决的需要，又要考虑在对峙情况下较长时间较量的要求。

4. 阶段划分

主要指为了实现行动目标，灭火救援行动通常要区分几个相互联系的行动阶段，每个阶段都有明确的作战任务，并根据相应的任务分配力量使用。各个阶段要紧密衔接，以便于各阶段作战效果的利用。应当注意的是，行动阶段虽然往往体现为按先后顺序进行，但划分阶段是按作战行动性质而不是按时间区分的。各阶段内容可以存在某种程度的互相重叠。

5. 行动方式

主要指实施灭火救援行动的步骤和技战术措施，是拟制行动方案的关键。指挥者确定行动方式时，要结合阶段划分、参战力量和其他方面情况变化的特点来制订，要综合权衡各参战力量及其他协同力量的作战功能和战术特长，着力于各种战术的紧密衔接、各种战术功能优势的互补和各灾害现场的紧密配合。

6. 保障措施

主要指保证灭火救援行动顺利实施所需要采取的各种行动保障、技术保障、通信保障、装备保障和物资保障等，通常由指挥机关根据指挥员的指示要求，结合灭火救援行动实际进行具体筹划。

（二）拟制方法

一般来说，对于方案拟制有以下3项要求：①尽可能把有潜力的备选方案都找出来，以免漏掉最佳方案；②对于每种备选方案的描述应尽量具体，以便进行可行性论证和方案效果评估；③从方案拟制阶段进入方案评选阶段的备选方案的数量不能太多，以尽量减少评估和选择方案的复杂性。在拟制灭火救援行动备选方案的过程中，通常采用以下几种方法。

1. 经验法

经验法，是指挥者在指挥决策实践中普遍使用的方案搜寻方法。其主要特征是：①根据经验启发或随机发现的方法寻找能够达成任务目标的方案；②一旦获得了可以达成目标的一种或数种方案后将不再继续寻找更多的方案；③主要根据主观预测、判断和简单的计算来设计方案。经验法具有效率高、难度小的优点，但在全面寻找备选方案以及力争方案具有最佳效果方面存在着很大的不足。

2. 系统法

系统法，是理想化、理性化的方案搜寻方法。其主要特征是全面系统地寻找所有可能达成任务目标的方案；通过严密的逻辑分析以及大量的定量计算来设计方案。系统法，从理论上说，只要时间不受限制，就能够保证无遗漏地找出包括最佳方案在内的所有可行方案。然而，在决策实践中，无论从时间上还是指挥者的精力上都难以保证系统法的完全实现。因此，在指挥决策实践中，搜寻备选方案的方法既不可能是完全系统化的，也不应该是完全经验式的，而是应该根据情况的不同，灵活地组合运用上述两种方法。

3. 借鉴预案法

近年来，我国各级消防救援队伍为了应对各种灾害事故制订了大量预案。如果这些预案与当前的任务或情况有关，为了节约时间和充分利用已有的研究成果，通过借鉴预案来加快行动方案拟制是十分必要的。根据预案与当前任务和情况的差异程度，具体的借鉴方式有下列两种。

（1）修改预案。指挥者在明确了任务与情况后，如果当前任务和情况与过去制订的某类预案近似，就可以其为基础，加以补充和修改，形成新的行动方案。

（2）吸收以往预案中的有用成分。就一般情况而言，当前的任务和情况很难与平时预案的任务和情况完全吻合，但同类预案中往往存在着许多可以借鉴甚至可以直接利用的有用成分。因此，在拟制方案时，可以积极吸收以往预案中的有用成分，充分利用以往积累的宝贵思维成果，以利于提高拟制方案的质量。采用此种方式时，一般以新的行动构想为框架，并综合平时预案中的合理因素，形成新的行动方案。

（三）注意事项

为了保证行动方案的质量，拟制行动方案时应注意以下几个方面：①要做好信息搜集和整理工作，分析和研究任务目标实现的外部条件和内部条件、积极因素和消极因素。②要在此基础上，分析灾害未来的发展态势和发展状况，并结合内部和外部环境的不利因素和有利因素，拟制出实现目标的方案。针对所要解决的问题，应拟制多套备选行动方案，以应对各种变化，迅速做出决策。③要将这些备选行动方案同任务目标要求进行粗略的分析对比，权衡利弊，从中选择出若干种利多弊少的可行方案，供进一步评估和选择。

三、评选方案

拟制备选方案以后，要对备选方案进行评选，评选的标准是看哪种方案最有利于达成任务目标。在方案评选中，指挥者将在逐一分析评估各备选方案实施效果的基础上，择优确定灭火救援行动方案。

（一）方案评选指标

进行方案评选，首先必须确定评判方案优劣的准则或标准，即评选指标，也称为优化目标。一般来说，衡量一种行动方案的优劣，不仅需要衡量其达成任务目标的效果，还要从所需付出的代价以及需要承担的风险等多个方面对方案进行考察和评价。大量的实践证明，在许多情况下，导致方案评选失误的原因往往在于所采用的评选指标不当。因此，要科学地进行方案评选，首先必须确定相应的评选指标。对于灭火救援行动方案来说，衡量方案优劣的评选指标主要应涉及以下几个方面。

1. 目的性

指挥决策意图的达成程度在实战中主要体现为任务目标的确定与实现。因此，决策方案的目的性主要体现在灾害现场主要矛盾是否解决、阶段目标是否完成，是否可有效地完成任务目标。

2. 可行性

可行性体现待选方案在利用现有人员、装备、技战术手段和现场客观条件下达成决策目标的可操作或实施的程度。可行性的评价标准是：现场主要情况判断是否准确，基本措施是否到位，现场条件和力量是否可以实施该方案。

3. 时效性

时效性包括灭火救援行动时间性和准确性，它表示各种待选方案完成灭火救援行动对时间的要求，能体现出消防救援队伍的战斗力和处置事故的能力。一般来说，完成灭火救援时间越短，准确性越强，则方案越好。在评判一种方案优劣时，战斗时效性也是一个非常重要的指标。时效性的评价标准是：方案实施需要的准备时间长短，方案所采用的技战术方法是否简捷有效，方案实施所需投入的人力、物力和财力情况。

4. 安全性

安全性是指在实施过程中施救人员和被困人员可能受到生命威胁的程度，或因施救可能导致次生危害的程度。安全性的评价标准是：方案中是否考虑可能危害的防范措施，现场具备的安全防护器材是否充足，施救人员是否具有处置同类险情的经验。

（二）方案评选原则

要科学地进行方案评选，不仅需要了解衡量一种方案的优劣有哪些指标，还要能够根据情况的不同，灵活地选用不同的指标和不同的方法来评选方案。一般情况下，指挥者在评选方案中应注意掌握以下几个原则。

1. 全面考虑评价方案质量的各种指标

所谓方案质量，是相对于达成任务目标的效能而言的。一个方案的质量，既与方案达成任务目标的效果有关，也与为此必须付出的代价和所承受风险的大小有关。简而言之，能够以较小的代价和风险有效地达成任务目标的方案，才是质量较好的方案。

2. 重点考虑影响方案质量的关键指标

全面考虑评价方案质量的各种指标，并不等于不分主次。"全面考虑"的精神实质是不能遗漏本来应该考虑的重要指标。一般来说，灭火救援行动所涉及的指标很多，那么其中哪些指标对评价方案的质量起主要的作用，哪些指标在评选方案时应该优先予以考虑。一般情况下，衡量方案质量优劣的关键指标总是少数，所以在评估的时候要重点考虑关键指标，这样既提高了方案评选的效率，也能够保证评选的科学性。

3. 注意确定各项指标的临界水平

从理论上说，评选方案总是希望达成任务目标的把握性越大越好，代价和风险越小越好。然而，在灭火救援指挥决策实践中很难碰到这样理想的状态。一般来说，如果一种方案达不到某个重要指标的最低可接受水平，就应当予以淘汰；反之，对于在某个指标上已经达到满意水平以上的所有方案，就没有必要耗费过多的精力纠缠于各方案在该指标上的细微差异，而应该转从其他指标方面来进一步比较它们的优劣。

4. 着眼于方案间的差异来评选方案

导致方案优劣不一的不是它们的相同点，而是它们的不同点。因此，方案评选时应把注意力集中于方案间的差异上。如果各方案在某一指标上效果相同，那么不论该指标多么重要，它对于方案评选也起不了多大作用，对于这样的指标就没有必要再考虑，而应将评选方案的注意力转而集中于造成各方案最大区别的指标上。例如，当两种备选方案都有把握足以完成任务时，就可重点考虑代价和风险两方面的指标。

5. 采取由粗到细的评选程序和方法

在备选方案较多的情况下，采取由粗到细的评选程序和方法，将有利于显著提高方案评选的效率。具体而言，对于大量的备选方案，可先用较粗略的方法进行初评，淘汰掉一批方案，剩下的再用较细致的方法复评，再淘汰掉一些，最后对剩下的少数几种方案进行终评，最终确定最佳方案，这样可以加快方案评选的速度，节省大量的时间和精力。

6. 注意定量分析、定性分析的结合和人机的结合

灭火救援行动方案的评选，一般采取定量分析与定性分析相结合、人脑判断与计算机辅助分析相结合的方法进行。通常情况下，指挥机关、指挥辅助人员将在指挥决策系统的支持下，结合使用定性分析和定量分析方法来对备选方案进行评估和筛选。而指挥者则将在指挥机关的辅助下，主要以定性分析方法在综合考虑各种因素的基础上对方案评选作出决断。

（三）方案评估方法

进行方案评估时所采取的方法有以下几种：

1. 经验判断法

经验判断法，是指挥者依据个人的经验和直觉，对方案的各项指标直接作出估计和判断的方案评估方法。经验判断法的优点是时效性好，因此在时间紧迫的情况下，就不得不依赖经验判断法来评估方案。经验判断法的不足是其评估结论容易因人而异、因时而异，容易带有主观性，容易受思维定式的束缚。因此，除非在紧急情况下，一般不应单独采用此方法进行方案评估。

2. 图上推演法

图上推演法，是通过在地图上标绘模拟和研究方案的实施过程，从而检验和了解方案的优缺点，进而对方案的各项指标作出评定的方案评估方法。通过图上推演，能够在动态过程中暴露方案的问题，验证方案的长处。因此，采用图上推演法，不仅能够对方案各方面的情况进行比较客观准确的评估，而且还非常有助于对方案进行修改和完善。只要条件允许，应尽可能采用此方法进行方案评估。

3. 计算机仿真法

计算机仿真法，是通过计算机仿真技术来模拟方案实施过程及其结果，从而对灭火救援行动方案的各项指标作出评定的方案评估方法。由于计算机仿真法能够在短时间内多次重复模拟方案的实施过程，因此比图上推演法更能清楚地了解方案实施情况的统计规律。例如，通过多次重复模拟方案的实施过程，就能够比较准确地计算出完成任务的概率以及付出不同代价的概率，这是计算机仿真法的突出优点。但是计算机仿真法也有缺点：①准备工作比较复杂，消耗时间长，必须首先建立模型才能运行；②有许多因素难以量化，从而给建模和编制软件造成不小的困难。因此，计算机仿真法常常用于平时的对抗行动预案评估，而很少用于实战行动的方案评估。

4. 实兵检验法

实兵检验法，是通过实兵演习的形式对方案进行预演，以对方案作出评估的方法。实兵检验法的最大优点是接近于灭火救援实战，能够最大限度地从实战要求出发全面检验方案的可行性、合理性以及优缺点，因此能够对方案作出更接近实际、更准确的评估。而且，经过实兵演习的检验，还能有效地发现方案存在的问题，为方案的进一步完善和改进

提供重要的参考依据。但是，实兵检验法的局限性在于需要消耗大量的人力、物力和时间，因此，一般难以对多种方案都运用此法进行评估，除非时间和资源条件允许。实兵检验法一般用于灭火救援预案中的主要方案评估。

（四）方案选择的方法

在根据既定指标对各备选方案都进行了比较客观的评估之后，就为最终正确地选择方案奠定了基础。在方案选择时，应坚持定性分析与定量分析相结合的方法。

四、制订计划

在确定了行动决心之后，还必须将行动方案进一步细化为行动计划。制订计划活动的实质，是根据灭火救援行动的客观环境和条件，对落实战斗决心的具体措施和步骤进行筹划。

（一）制订原则

制订灭火救援行动计划应本着以下原则进行。

1. 创造性地体现作战意图

在制订计划时，必须依据决心的基本意图，创造性地解决落实决心的具体方式方法。指挥机关及指挥辅助人员在制订计划中有发挥能动性的很大余地，在不违背决心基本意图的前提下，要充分发挥聪明才智，把粗线条的决心变成具体可行的行动计划。

2. 制订计划要周密细致

行动计划是参战力量行动的依据，涉及所有参战力量以及灭火救援行动的方方面面和全过程，稍有疏漏就会埋下隐患。因此，在制订计划过程中，需要周密思考、精心设计、精确计算，力争计划周密、考虑周到，各种文书、图表、数据准确无误。

3. 制订计划要富有弹性

灭火救援行动的不确定性，要求计划必须具有一定的弹性。在制订计划时必须留有调整的余地，从而增加计划对于情况变化的适应性和实现任务目标的稳定性。通常，缺乏弹性的计划在任何情况下都不是一个好的计划。

4. 制订计划要注意时效

由于灭火救援行动的对抗性，争取时间和把握时机对于灭火救援行动的成功非常关键。因此，设想再高明、筹划再周密的计划，一旦失去实施的时机或落后于形势的发展，就将失去其价值。为此，应该尽可能使用先进的技术手段，改进工作方法，以提高效率、压缩时间、保证计划的时效性。

5. 制订计划应尽量简洁

根据系统原理，越是复杂的计划，出问题的可能性就越大。虽然严密组织、密切配合的复杂计划能够在某种想定条件下最大限度地提高灭火救援行动的效益，但一旦由于各种主观原因和客观情况的变化而出现问题，其效果就会大打折扣。灭火救援行动是一种不确定性的对抗活动，因此，复杂的计划往往很难保证得到圆满的执行。此外，计划越复杂，制订计划需要的时间越长，越容易失去时效性。所以，在制订计划时应尽量简洁、通俗易懂。

（二）基本方法

行动计划是对行动方案的细化，其基本步骤包括以下 3 个方面。

1. 任务分解

任务分解，就是要将整个行动的实施作为一项总任务分解为一系列子任务的行动。要实现行动方案的决心构想，需要完成一系列的灭火救援行动，而这一系列的行动则需要由各个不同规模、不同类型的救援队伍去实施。因此，要细化行动方案的实施过程，应从实施时间和实施主体两个方面对整个行动过程进行分解。

（1）实施时间。应根据行动方案的构想，在预测灭火救援行动进程和情况发展变化的基础上，把整个行动过程分解为前后接续的若干个阶段，这样就将一项总的行动任务分解成了若干项阶段性的子行动任务。对于阶段的划分，应符合灭火救援行动的客观规律，应使前一阶段行动为下一阶段行动实施创造有利条件，并最终促成总体任务目标的实现。

（2）实施主体。应把整个行动过程分解为各个单位能够担负的比较具体的行动过程。分解时要注意分解的完整性，以保证全部灭火救援行动都能逐一落实到具体的单位，同时要防止重复和遗漏；要充分考虑各项行动之间的相容性和协调性，以避免将来承担任务的各单位、各部门在遂行各项行动的过程中发生矛盾并能够相互配合。

2. 任务分配

任务分配，就是将分解后的各项行动分配给各个单位或各个部门。任务分配中应重点处理好以下 3 个问题：

（1）应根据行动的性质选择最佳执行者。任务分配的首要问题是选择最适当的执行者来分别承担各项具体的行动任务。选择的基本原则：①有能力实施相应的灭火救援行动；②效能好，能用较小的投入保证行动的圆满成功。为此，必须根据任务分解与现有条件的排列组合对任务分配进行整体优化。应选择主要参战力量去实施整个行动过程中最重要的任务，并运用系统的方法对全部力量的使用进行统筹。例如，可以根据遂行特定任务的需要，临时编组"消防 + 专家/社会救援力量/医疗/武警/解放军"编成。

（2）分工必须授权。为了保证各项行动的顺利实施，必须赋予各单位、各部门相应的权力。正确、恰当的授权有助于提高执行者的主动性、积极性和创造性。授权应注意：①在不影响全局控制的前提下向执行者授权，并尽可能合乎执行者的愿望；②赋予的权力要与执行者的能力相符。

（3）分工还必须明责。为了明确执行者的责任：①要对每项行动任务分配都提出明确的完成标准和要求；②要做到责、权匹配；③要尽可能避免两个以上的执行者在其所负职责上有重叠，如果存在这种情况则应指定其中一方为主。

3. 整体筹划

整体筹划，就是为了把所有可资利用的力量、资源都充分利用起来，进行最佳结合，以发挥出最大整体效能所进行的运筹谋划工作。进行整体筹划的意义，就是通过对有限的人员、器材、装备和物资在时间和空间上进行优化组合，使其形成具有最大战斗力的系统。为了提高整体筹划的水平，应当在整体筹划中积极运用系统科学和运筹学的观点和方法，对整个灭火救援行动进行深入全面的分析和综合。进行整体筹划应当做好以下3个方面。

（1）要对各个行动过程进行整体筹划。应根据灭火救援行动规律，将该项行动过程分解成若干步骤，并确定实施每个步骤所需的时间和资源，并在此基础上通过对现有资源的统筹安排，拟定实施该项行动的程序和方法。

（2）要在不同行动过程之间进行整体筹划。应根据系统原理，把握主次，确定对于整个行动成功最为关键的主要方面。以主要方面为基准，从时间和空间上对各项行动进行协调，同时对资源的使用进行统筹，以主要行动为重点，集中使用资源，优先保障关键行动的需要。

（3）要在不同阶段的行动之间进行整体筹划。应积极借鉴运筹学中多步决策（动态规划）的原理和方法，对在时间上顺序进行的各阶段行动进行统筹的考虑和安排，以使其最后的综合效果达到最优。

（三）工作方式

制订计划的工作方式主要有顺序作业、平行作业和联合作业3种。

1. 顺序作业

顺序作业，是按照制订计划中各项工作的相互依赖关系而依次开展的计划制订工作方式。通常情况下，其作业顺序是：①作训部门或指挥机关辅助人员完成总体行动计划和协同计划后，各业务部门或参战队伍再开展分支计划和各项保障计划作业；②上级部门完成计划工作后，下级单位再开展计划作业。这种方法的主要优点是程序清楚，有关情况和指令比较完备，便于指挥机构按步骤有条不紊地进行作业；其主要缺点是所用的时间长，往往是后一步等前一步。因此，顺序作业方式多在时间较为宽裕的条件下采用。

2. 平行作业

平行作业，即指挥员与指挥机关的各部门以及上下级指挥员、指挥机关在一定时间内同步开展作业的计划制订工作方式。其可能的表现形式包括：①在指挥员进行判断和作出构想的同时，指挥机关根据指挥员的指示和战斗意图同步开展计划的拟制工作；②在作训部门或指挥辅助人员拟制总体计划或协同计划的同时，各有关参战单位或部门同步开展分支计划或保障计划的拟制工作；③在上级机关拟制计划的同时，下级单位同步开展计划的制订工作。

采用平行作业法的关键在于需要在上、下级和各部门、单位之间进行更多的情况共享和思想沟通，只有在此基础上才能在平行作业中实现整体的协作与配合。平行作业法的好处是能够显著缩短作业时间。在时间较为短促的情况下采用平行作业法能够有效提高计划制订工作的效率。随着指挥信息系统的广泛应用，以及信息互通条件的大大改善，平行作业正在逐渐成为计划制订的首选工作形式。

3. 联合作业

联合作业，即共同遂行任务的各参战力量或各职能部门共同进行作业的计划制订方式。联合作业便于各参战力量以及各部门之间达成更高程度的默契和协调，并有利于加快作业速度。现代条件下多队伍联合行动已成为灭火救援行动的常见形式，其计划的制订牵涉面广，关系复杂，各参战力量的行动联系紧密。因此，采用联合作业方式能够更好地适应制订联合行动计划的需要。

4. 方式选择

制订计划工作方式的选择主要取决于以下 3 个方面。

（1）可用于制订计划的时间。如果时间充裕，可以采用顺序作业法，反之就要采用平行作业法或联合作业法。

（2）计划的内容和性质。对于那些在逻辑上必须按先后顺序进行的工作，或者出于某种特殊的考虑，则采用顺序作业方式为宜；为了便于各参战力量之间进行协调，也可以采用联合作业方式。

（3）人力、物力的数量和质量。平行作业需要较多的人力和物力，如果人力、物力明显不足，那么采用顺序作业方式为宜。

习题

1. 灭火救援指挥决策的实质是什么？

2. 灭火救援指挥决策的复杂性体现在哪里？

3. 灭火救援指挥决策活动的基本要素有哪些？

4. 什么是指挥决策思维？

5. 灭火救援指挥决策活动包括哪些环节？

6. 拟制行动方案的常见方法有哪些？各有何特点？

7. 制订作战计划的工作方式有哪些？各有何特点？

第六章 灭火救援指挥效能评估

灭火救援指挥效能评估（简称"效能评估"）是灭火救援指挥的有机组成部分，它是运用定性分析与定量分析相结合的方法，对灭火救援指挥系统在指挥过程中发挥作用的有效程度的考核或评价，是对决心方案、实施计划的预测与评价，是对指挥功能、指挥质量和指挥效果的全面评析和估量。指挥者只有深刻理解效能评估的含义，掌握评估指标建立、评估组织实施的程序和方法，才能科学、高效、有序地开展效能评估。

第一节 效能评估的含义

效能评估是一种基础性科学研究，对于灭火救援指挥活动来讲，无论是在灭火救援行动中，还是在行动结束后，都要进行必要的效能评估，旨在发现问题，改进完善。

一、效能评估概念

效能评估就是对某一事物在一定条件下发挥作用的价值判断活动，灭火救援指挥效能是灭火指挥系统功能和作用的发挥程度。在实际的灭火救援指挥活动中，具体表现为指挥者对所属队伍在完成灭火作战任务中，将潜在灭火作战能力转化为实际灭火实战能力的影响程度，灭火救援指挥效能评估就是对这种影响程度的评估。具体讲，灭火救援效能评估是对灭火救援指挥的功能、质量和效果进行全面评价的活动。

灭火救援效能估包括两层含义：①"评"，即评价和鉴定，是指对一次灭火战斗的指挥结果作出评定结论，对指挥员和指挥机构的组织指挥作出评价；②"估"，即估计和预测，是指挥前对作战决心的可行性和预期结果进行论证和预测。

二、效能评估目的

灭火救援指挥效能评估的根本目的是通过对灭火救援指挥实践作出客观的、具有指导性的评价和预测，检验和优化指挥效能发挥的程度，总结经验教训，以便科学地规范作战指挥实践活动，提高灭火救援指挥效能。

（一）有利于提高指挥者的指挥能力

指挥员的灭火救援指挥能力可以通过灭火战斗实践来提高，也可以通过平时训练来增长。但无论是平时还是灭火战斗时，借助于灭火救援指挥效能评估提高指挥员的灭火救援指挥能力都是一条非常有效的途径。因为，评估依照灭火救援指挥效能评价指标体系，对指挥者的灭火救援指挥活动和表现出来的灭火救援指挥能力进行评估，可以发现其优点和缺点，从而明确努力的方向。通过评估，恰如其分地肯定指挥者的优点，会产生鼓舞作用，使其在以后的灭火救援指挥活动中继续保持和发扬。准确地指出其缺点，可以使其吸取教训，并采取更具有针对性的改进措施，使灭火救援指挥活动更加科学、合理、规范和高效。

（二）有利于提高指挥者的决策质量

决策是灭火救援指挥活动的核心内容，决策质量是灭火救援指挥质量的核心部分，决策的正确与否直接关系着灭火救援战斗的成败。在决策尚未付诸实施之前，对其利弊进行评估，可以为优化决策提供依据，从而提高决策质量。因此，在具体的灭火救援指挥实践活动中，只要时间允许，就应该对所定下的战斗决心、制订的灭火作战方案和预案等进行评估和预测，找出其中的薄弱环节和问题，排除不合理的、非科学的成分，并加以修正和完善，以确保其正确性。

（三）有利于完善灭火救援指挥运作机制

灭火救援指挥活动是由搜集掌握火场情况、确定总体灭火决策和行动方案、下达作战命令，并根据火情变化，随机指挥等环节组成的有序的、循环往复的运作过程。根据系统论的整体性原则，高效能的灭火救援指挥取决于灭火救援指挥运作机制的正常、高效地运转，而指挥运作机制的任何一个环节出现问题都会直接影响指挥效能。由于灭火救援指挥效能评估是参照一整套明确的指标体系来进行的，各项评估指标又分门别类地对应于灭火救援指挥的各个环节，基本着眼点是检验其运作机制是否科学、合理。运用评估手段对灭火救援指挥的每个环节加以检验，可以发现灭火救援指挥运作机制存在的问题及其原因，有利于改进和完善灭火救援指挥运作机制。

三、效能评估特点

评估是以一定的目标、需要为准绳的价值判断过程。它反映的是指挥主体及其活动接近指挥目标的现实性和可能性。灭火救援指挥效能评估具有以下特点。

（一）整体性

（1）灭火救援指挥效能评估的整体性，是由系统效能的度量属性决定的。系统在开始执行任务和执行任务过程中的状态及最后完成给定任务的程度，共同构成了系统的效能。由于从开始执行任务到最后完成给定任务的过程是完整的和连续的，因此，评估活动必须围绕该过程的每个环节进行总体把握，这就是评估的整体性。

（2）灭火救援指挥效能评估的整体性，是由指挥系统的整体性决定的。灭火救援指挥系统的基本要素以实现同一目的而存在于系统中，只有每个要素都充分发挥作用和功能，该系统才能产生最大的整体效能，任何组成部分或某个方面偏离统一的目的，都会影响该系统整体最佳效能的发挥。因此，灭火救援指挥效能评估是对指挥系统有序运行结果的评估，是对指挥系统内部要素与指挥环境相互联系、相互作用结果的评估。把握灭火救援指挥效能评估的整体性，才能在确定灭火救援指挥效能评估指标时从整体性出发，制订出符合要求的评估标准体系。

（二）全程性

（1）灭火救援指挥效能评估的全程性，是由指挥活动的连续性决定的。例如，当评估指挥效能时，考察的是具体指挥活动的效能，评估的是灭火救援指挥全过程中指挥对象潜力的实现程度。灭火救援指挥活动的各个环节影响着灭火救援指挥效能的发挥，只有通过指挥活动各个环节工作状态所产生的潜力的积累，将其全部或部分地转化为现实力量的那部分潜力，才对灭火救援指挥进程和结局产生直接影响，生成灭火救援指挥效能。因此，要从指挥活动的全过程研究灭火救援指挥效能，必须对灭火救援指挥效能全程跟踪评估。

（2）灭火救援指挥效能评估的全程性，是由指挥系统行为结果的往复性决定的。指挥系统的行为结果并不是一次性所能证实的，往往具有周期性、往复性，或经过多次反复模拟试验才能采集到数据。因此，要克服评价中的片面性，进行全程系统分析，以获得真实的评估结果。

（3）灭火救援指挥效能评估的全程性，还是由认知过程的主观性决定的。效能作为达标程度，不仅反映静态结果，而且反映系统参与者的主观认知过程。面对复杂的环境和影响因素，这种认知过程不是一次可以完成的，而是要经过实践和认知的多次往复，以减少由于人的知识和认识能力所限而产生的不确定性。因此，必须对灭火救援指挥效能的评估进行全程跟踪。

（三）可比性

（1）灭火救援指挥效能评估的可比性，是由指标体系标准的统一性决定的。灭火救援指挥效能评估是对灭火救援指挥的某些对象（如指挥员、指挥机关）、某个方面（如决心方案、实施计划）、指挥要素（指挥者、指挥对象、指挥手段、指挥信息）间的有机协调过程中一个局部的实现程度的预测与评价。这种预测与评价的方法，主要是根据一定的评价指标，对不同的"对象"进行相互比较，找出各自的优缺点，并进行排序。因此，评估结果要具有可比性。

（2）灭火救援指挥效能评估是在规范的指标体系、统一的评估指标和统一尺度下进行的度量。评估结果既能纵向比较其自身的发展和变化，又能横向对比不同指挥对象的不平衡状况，还能比较不同评估对象之间的差异，依据评估结果进行排序。

（3）灭火救援指挥效能评估的可比性，是由评估方法的统一性决定的。指挥效能评估是通过统一的标准、统一的测量单位和统一的测量方法对评估对象进行鉴别、比较。尽管有多种评估方法存在，但就同一项内容对不同对象进行评估时，采用的是通用的名称、概念与统一的计算方法。这就是灭火救援指挥效能评估的可比性。

（四）相对性

（1）灭火救援指挥效能评估的相对性，是由测量标准的相对性决定的。由于评估本质上是对评估客体的状态、功能等能否满足和在多大程度上满足评估主体需要而作出的判断，因而评估具有明显的主观性。首先，评估的主体是人或以人为核心的组织，指挥系统功能的价值是从指挥系统分析中主观抽象出来的。其次，尽管某些指标本身是客观的，评估标准却是由人确立的。因此，灭火救援指挥效能评估是在统一评估指标体系下对若干个被评估"对象"的相对评估。这就使得评估对象间的比较是相对意义上的评估、排序，而不是绝对意义上的评估、排序。比如，进行灭火救援指挥效能评估时，效能本身是一种软属性，它不仅反映在评估对象的达标程度和结果上，还反映在系统参与者的主观认知过程中，这种认知过程不可避免地包含有尺度的多重性和主观性，因此，反映出的结果只能是相对客观的。

（2）灭火救援指挥效能评估的相对性，是由静态评估的相对性决定的。一般地，灭火救援指挥效能评估主要是侧重于系统结构与功能，属于静态评估。另外，灭火救援指挥效能评估是对指挥者及指挥系统在实施指挥活动中发挥作用的有效程度的考核或评价。评价是在统一标准下对能够量化的因素作为评价指标，而没有对指挥活动进行动态跟踪，这就忽略了指挥系统对灾害现场情况的反应能力，以及指挥过程动态变化中存在着的大量的不确定性因素，这也决定了灭火救援指挥效能评估的相对性。

（五）模糊性

（1）灭火救援指挥效能评估的模糊性，是由评估因素描述的不确定性决定的。灭火救援指挥效能评估包含的内容很多，影响灭火救援指挥的不确定性因素也很多，有可物化的和不可物化的，可定量描述的和难以定量化的，有的甚至连定性分析都比较困难。站在不同的角度，对评估指标的确定可能迥然不同，构成的评估指标体系也会不同。此外，因素描述的不确定性可能对指挥的成效产生难以估计的影响。因此，在灭火救援指挥效能评估时，要采用多种组合方法对评估因素进行描述和测量。

（2）灭火救援指挥效能评估的模糊性，是由评估数据采集过程的不确定性决定的。在灭火救援指挥效能评估的评价指标中，有许多是定性指标，在定性向定量转化的过程中，对其指标的测量算法存在着多样性，使得评估结论的信息具有模糊性。有些是定量指标，由于制度或体制的制约，要采集到准确的数据是不现实的。比如进行灭火救援指挥效能评估时，效能本身是一种软属性，具有随机性、信息和结构的不完整性等特征。因此，对指标的数据测量过程必然存在不确定性。但是，这种模糊性并不影响评估结果，因为它是在统一的评估标准下对不同"对象"进行的相对评估，评估的相对性就决定了评估的可行性。

第二节 效能评估的类型及内容

灭火救援指挥效能评估应紧紧围绕指挥者的指挥活动来进行，依据评估目的的不同，有全面评估，也有单项评估。这里主要是对评估类型及内容进行介绍。

一、评估类型

灭火救援指挥效能评估总体可以区分为综合效能评估和单项效能评估两大类，而综合效能评估和单项效能评估又可以分为若干类型。

（一）综合效能评估

所谓综合效能评估，指的是对某一灭火救援指挥实践活动整体效能发挥程度的评估。按灭火救援指挥效能评估的目的、作用来划分，综合效能评估又可分为总结性评估、形成性评估和预测性评估3类。

1. 总结性评估

总结性评估，又称最终评估，指的是对灭火救援指挥效能的最终结果进行的评估。总结性评估通常在灭火救援指挥活动完成后进行，目的是对灭火救援指挥的结果进行评价和鉴定，总结经验教训。总结性评估的主要内容：①灭火救援指挥机构构建的及时、合理和完善程度，运行机制的畅通和可靠程度；②指挥员的决策和主导作用发挥程度；③指挥机构辅助作用发挥的程度；④灭火救援指挥手段、指挥方式运用的针对性、灵活性、综合性；⑤灭火救援指挥职能的发挥程度。

2. 形成性评估

形成性评估，又叫阶段性评估，指的是对灭火救援指挥效能的阶段性结果进行的评估。形成性评估通常在灭火救援指挥活动过程中进行，目的是对灭火救援指挥的阶段性结果进行评价和鉴定，验证灭火救援指挥活动的正确性，研究存在的问题，寻求解决存在问题的措施和对策。形成性评估的主要内容应该依据评估的具体目的和具体对象来确定。

3. 预测性评估

预测性评估，又叫可能性评估，指的是对灭火救援指挥效能的可能性结果进行的评估。预测性评估通常是在战斗决心、方案、预案（包括协同预案和各种保障预案）尚未实施前进行，目的是验证战斗决心、方案、预案的可行性，修订、充实、完善战斗决心、方案、预案。预测性评估的主要内容：①贯彻体现上级灭火救援作战意图的程度；②符合灾害对象情况、参战力量情况、灾害现场情况的程度；③对全局、主要方向、主要战斗阶段、关键性灭火战斗行动的把握程度；④制订战斗决心、方案、预案的程序、内容、方法的合理性、规范性、适用性。

（二）单项效能评估

单项效能评估，指的是救援指挥活动的某一要素或某一职能等效能发挥程度的评估。

1. 按灭火救援指挥活动划分

按灭火救援指挥活动，可划分为掌握情况评估、运筹决策评估、计划组织评估和协调控制评估等。

（1）掌握情况评估。掌握情况评估，是指在灭火救援过程中对灭火救援现场情况进行侦察职能发挥程度的评估。掌握情况评估的主要内容：①信息获取，主要考察指挥者在获取情况信息过程中是否目标明确，能否综合利用各种方法和手段及时准确地获取情况信息。②信息处理，主要考察的是指挥者面对众多的指挥信息，能否运用信息处理手段对情况信息进行加工处理，能否鉴别提炼出可靠、准确、有用的信息。③信息传递，主要考察的是指挥者运用各种技术器材传递信息、发布作战命令等。

（2）运筹决策评估。运筹决策评估，是指对灭火救援指挥决策职能发挥程度的评估。运筹决策评估的主要内容：①战斗意图，主要考察的是指挥者在定下战斗决心的过程中战斗目的是否突出，使用力量是否合理，主要方面把握如何，采取战术方法是否合适。②行动目标，主要考察的是指挥者在定下决心的过程中所确定的行动目标能否明确地反映战斗意图，是否符合客观条件。③决心方案，主要考察的是指挥者所制订的方案是否合理、周密，能否体现主要战斗方向、主要战术、协同动作和各种保障。

（3）计划组织评估。计划组织评估，是指对灭火救援指挥组织职能发挥程度的评估。计划组织评估的主要内容：①拟制下达灭火救援行动指令，主要考察指挥者是否通过指令把作战意图表达出来，并被指挥对象理解。②组织协同动作和各种保障，主要考察指挥者组织协同和相关保障的能力。③检查指导灭火救援战斗展开准备，主要考察指挥者下达完作战任务后能否及时地对灭火救援战斗准备情况进行检查，能否及时发现问题并解决问题。

（4）协调控制评估。协调控制评估，是指对灭火救援指挥协调控制职能发挥程度的评估。协调控制评估的主要内容：①掌握行动情况，主要考察指挥者在指挥战斗行动过程中能否利用各种方法及时、准确地了解、掌握火灾现场的情况。②作出应对策略，主要考察的是指挥者在掌握行动情况的基础上，能否针对当前的灭火救援行动实际情况，实时地作出切实可行的应对策略，以指导实施正确的应对策略行动。③调整灭火行动，主要考察指挥者下达调整命令是否及时，协调动作是否快速有力。

2. 按灭火救援指挥要素划分

按灭火救援指挥要素，可划分为指挥者效能评估、指挥对象效能评估、指挥信息效能评估、指挥手段效能评估。

（1）指挥者效能评估。指挥者效能评估，是指对指挥者在灭火救援指挥活动中履行职责和发挥作用程度的评估。指挥者效能评估的主要内容：①指挥者职责的履行程度；②积极性和创造性的发挥程度；③指挥程序、内容、方法和手段的掌握和运用程度；④协调配合、群体作用的发挥程度。

（2）指挥对象效能评估。指挥对象效能评估，是指对指挥对象的职能和作用发挥程度的评估。指挥对象效能评估的主要内容：①指挥对象履行职责和发挥作用的程度；②主动性、积极性、创造性的发挥程度；③对命令理解、贯彻执行的程度；④对灭火救援现场情况、灭火救援行动进行情况和反馈情况的掌握程度；⑤战斗决心的实现程度。

（3）指挥信息效能评估。指挥信息效能评估，是指对指挥信息的功能和作用发挥程度的评估。指挥信息效能评估的主要内容：①指挥信息全面性、正确性的程度；②有效指挥信息、重点指挥信息的把握和准确程度；③提供和传输指挥信息的及时性和方式、方法的有效性程度。

（4）指挥手段效能评估。指挥手段效能评估，是指对灭火救援指挥手段的功能和作用发挥程度的评估。指挥手段效能评估的主要内容：①灭火救援指挥手段运用的针对性、及时性、实效性；②各种手段的互补性、协调性、整体性。

二、主要内容

灭火救援指挥效能评估应紧紧围绕指挥者的指挥活动进行，其内容是十分明确的。根据不同的评估目的，可将灭火救援指挥效能评估的内容大致分为以下5个方面。

（一）指挥人员评估

指挥者主要包括指挥员、指挥机构的参谋人员等。作为遂行指挥任务的主要承担者，指挥者的素质将直接关系到指挥效能的优劣。能力是素质的集中体现，考察指挥者的素质可以从其洞察、思维、筹划、决策和协调等方面着手，结合具体的灭火救援指挥活动实践，综合分析，得出一个较为科学的评估结论。虽然在指挥活动的质量和效率评估中离不开对人员的素质评估，但实践表明，单独评估指挥者状态，对于提高灭火救援指挥效能也是十分必要的。

开展指挥者评估，必须将能对指挥活动产生较大影响的因素概括和整理出来，保证评估指标的"广度"和"精度"，通常包括知识、能力、素质3个方面。其中，知识是基础，能力是关键，素质是前提条件。根据指挥者的职责，对知识、能力、素质涉及的主要因素加以细化，形成共性的评估指标。

1. 知识结构

指挥者的知识结构，即个人掌握或储备的知识在量和质上的分布及其彼此间的配置状态，主要包括指挥者的文化知识结构和专业知识结构。

2. 能力结构

指挥者的能力，是指在其本职工作岗位上，凭自己的知识和技能，按质、按量、按时完成规定的工作任务，充分发挥其职能作用的基本能力。对指挥者能力方面的要求是：具有一定的政治鉴别力和自我约束能力，较高的统筹全局能力，较强的组织训练能力、学习创新能力、心理调控能力、管理部队能力、快速反应能力、谋划决策和计划控制能力。

3. 素质结构

指挥者的基本素质，主要包括政治素质、业务素质、身心素质和任职经历。政治素质是指指挥者从事政治活动和指挥实践活动所必需的基本条件和基本品质。业务素质是指指挥者从事指挥实践活动所必需的科技素养、战术意识、创新精神和学习品质。身心素质是指指挥者在不同的环境和条件下完成工作任务所必备的精神素质和基本品质。任职经历是界定指挥员合理任职资格和工作经验的必要条件。

（二）指挥机构评估

指挥机构评估涉及指挥机构的组织结构、人员组成、器材性能和指挥机构所处的灭火救援现场环境。在影响指挥机构效能的因素中，指挥机构的组织结构效能又制约着指挥信息的有效传递和整体效能的发挥。

1. 指挥机构的组织结构

指挥机构的组织结构是由机构设置形式、相互关系等方面决定的。组织结构的效能与形成组织结构的拓扑结构相关。为了反映指挥机构的组织结构的综合效能，可以将指挥关系抽象为交流信息、使用信息的一种信息流的运动关系，将指挥机构的组织结构看作是物质的，并将指挥机构的组织结构图抽象为拓扑结构图。然后，从指挥机构的组织结构对应的拓扑结构出发，研究其时效性和准确性，讨论信息流在组织结构中流通的有序度，以反映组织结构的连通性、稳定性和指挥机构的组织结构效能。

2. 指挥机关工作效能

指挥机关的基本职能有两项，即辅助指挥员定下决心和实现指挥员所定决心。指挥机关评估应围绕职能发挥的效能确定，从以下4个方面进行评估。

（1）指挥机关工作效率。包括指挥机关人员构成的合理性、指挥机关编组的优化度、指挥机关功能的完善度和指挥器材性能的保证度。精干有序、高效运转的指挥机关，其人员成分的专业结构、知识结构、年龄结构必须是合理的，必须针对不同的救援任务合理编组、优化配置，必须具有决策功能、组织功能、监控功能、反馈功能，指挥器材性能必须能满足指挥需求。评估中，要围绕以上内容制订评估指标。

（2）指挥机关综合判断力。包括综合判断的准确性、及时性和可靠性。灭火救援现场情况瞬息万变，计划要紧跟变化的情况，以变应变，为指挥员的决策提供有价值的建议。综合判断的准确性、及时性和可靠性应贯穿于灭火救援指挥的始终。应围绕指挥机关对情况把握的准确度、掌握情况的及时度和建议的可靠度等方面，制订评估指标。

（3）指挥机关控制协调力。包括对指挥员意图领会的准确性、贯彻指挥员决心的创造性、协调参战力量战斗行动的科学性和完成任务的效率。

（4）指挥作业自动化率。指挥作业自动化率即能够通过指挥信息系统处理的指挥作业种类数量占所有指挥作业种类数量的比例。指挥作业的主要任务是生成各类灭火救援现场文书。指挥作业的自动化程度对缩短指挥控制周期，增强指挥决策的系统性、连续性，提高队伍战斗效能具有重要意义。

（三）指挥效率评估

效率是质与量的综合，效率不等同于速率。指挥效率，是指指挥系统在规定时间内完成任务的有效程度或指挥资源（指挥者和指挥工具）在规定时间内进行指挥活动的效果。指挥效率评估的是指挥系统进行指挥活动的有效性或对情况变化迅速做出反应的能力以及对战斗进程施加影响的效用。

1. 指挥组织管理的有效性评估

指挥组织管理的有效性是指由于管理措施得当、落实有力带来的管理收益率。它是衡量指挥者指挥实践有效性的指标。指挥者进行指挥实践活动的目的是取得一定的指挥效果，而指挥效果应为整个战斗行动带来好处，能够使参战力量战斗力得到充分发挥。所以，指挥活动本质上所追求的不仅是指挥活动的指挥效能，还有指挥活动的结果给战斗行动带来的益处。指挥组织管理的有效性，是指在规定的指挥周期内，指挥职能发挥带来的收益与按照规定（指令性、额定的）能获得的最大收益之比。

2. 指挥工具功能发挥的有效性评估

指挥工具功能发挥的有效性评估是指挥者在使用指挥工具过程中，由指挥工具功能的发挥带来的收益率，是衡量指挥工具功能有效性的指标。在指挥工具功能发挥过程中，有大量的不确定性因素，在此情况下，指挥工具功能发挥的最大化是保证整个指挥活动实现的关键条件之一。指挥工具功能发挥的有效性，是指在规定的时间内，指挥工具持续发挥功能对指挥结果带来的收益与按照规定（指令性、额定的）发挥最大功能时的收益之比。

3. 指挥活动目标确定的有效性评估

指挥活动目标确定的有效性是指在指挥活动的目标方向正确的情况下对指挥活动结果产生的收益率。它是检验指挥活动效用的重要指标。只有在目标正确的前提下，指挥效率才有意义。如果某种指挥活动没有效用，就谈不上指挥效率。指挥活动目标成果的有效性应根据对指挥活动目标的具体分析，给出针对性的标准。

（四）指挥决策评估

指挥决策是指挥者分析判断、权衡利弊、评估优劣等一系列认识过程的体现。在指挥决策中，要求指挥者要有很强的分析能力，掌握科学决策的理论、方法和手段。指挥决策评估，主要是评估指挥者情况判断是否符合实际情况，决策目标能否达成预期的结果，行动方案是否合理，能否较好地实现战斗目的，计划组织是否周密。指挥决策评估主要包括决策目标评估、灭火救援现场态势评估、决心方案评估。指挥效率评估是从指挥时效性的角度看指挥效能的发挥，而指挥决策评估是从指挥准确性的角度看指挥效能的发挥。提高指挥决策质量的4条标准是：决策的效益高、决策的选择性大、决策的应变力强、决策的易理解性好。

1. 决策目标评估

决策目标评估主要考核决策目标的正确性。决策目标是评价决策优劣的宏观标准。指挥者应根据战斗目标、灭火救援现场主要方面和灭火救援现场态势的情况确定决策目标。一个决策问题往往有多个目标，而且各目标之间存在矛盾，如果处理不好，就可能顾此失彼，什么目标也达不到。为此，必须通盘考虑，协调分析，选择重要性程度高的目标作为决策目标。

2. 灭火救援现场态势评估

评估灭火救援现场态势是准确把握行动决心的基础。灭火救援现场态势评估主要考核情况态势判断的准确性。它针对熟悉预想态势、掌握现实态势、比较评估偏差和预测态势发展4项主要内容的实现程度进行指标细化，采用定量分析、定性分析相结合的方法进行评判预测。态势判断的过程是对掌握信息再加工、再提炼的过程，指挥者要对态势做出准确的预测评估，必须充分了解任务，掌握上级为本级规定的行动目的，在充分掌握情况信息的基础上得出判断结论。

3. 决心方案评估

对决心方案的评估主要是评价决心方案是否合理，能否较好地实现战斗目的。战斗决心是指挥者的创造性劳动成果，最终的战斗方案和决心仍然需要指挥者依靠经验、智慧和责任感来选择。指挥者应根据情况预想，制订多套备选决策方案，以便应对各种变化。决心方案的内容应能反映战斗目的，包含战斗目标、灭火救援现场主要方面、灭火救援现场态势、战斗任务区分、主要战术方法及主要战勤保障等。

（五）指挥信息系统效能评估

指挥信息系统作为指挥系统的神经中枢，它把指挥者、指挥对象和灭火救援指挥各要素等组合成一个有机的体系。开展指挥信息系统效能评估，可精确地反映出指挥信息系统的这种间接转化成战斗力的能力。

1. 设计开发期

系统效能评估可用于总体方案论证、技术指标论证，是决定系统设计开发的依据。通过对指挥信息系统的各种指标进行效能分析，找出利用现有条件能够满足任务需要的最优方案，以此能够找到使指挥信息系统各子系统的各个层次能够获得最佳使用效能的性能指标。

2. 测试和试运行期

指挥信息系统效能评估可用于系统建设的跟踪评价与建设步骤优化，可作为鉴定验收的依据。如，对系统方案的某些细节进行调整所带来的系统效能变化。

3. 系统运行和维护期

指挥信息系统效能评估是决定系统可否继续使用，或应进行适应性维护或增强性维护，或是对系统进行彻底更新换代的依据。在系统投入使用后，系统的维护和管理问题就摆在了面前。在一定的时间、经费约束下，如何改进已建系统、找出瓶颈问题，使指挥系统不断更新升级，解决这些问题同样需要有效的效能分析手段。

此外，指挥信息系统效能评估的任务还要针对通信指挥业务、信息支撑、基础通信网络和计算机通信网络进行效能评估，分析此系统的构成要素，构建评估指标体系，建立评价模型，并针对指挥信息系统的效能进行评估，以促进系统的建设和使用，提升系统在灭火救援指挥中发挥的效能，使指挥者能及时高效地完成对灭火救援行动的指挥、调度和管理。

第三节　效能评估的指标

确定评估的指标体系是进行灭火救援指挥效能评估的基础。评估指标体系是联系评估专家与评估对象的纽带，也是联系评估方法与评估对象的桥梁。只有科学合理的评估指标体系，才有可能得出科学公正的评估结论。

一、构建指标的原则

正确地确定灭火救援指挥效能的各项指标是准确评估灭火救援指挥效能的前提和必要条件。评估指标的构建应遵循以下原则。

（一）针对性

面对不同类型的灾害事故，因其危害特点及需要处置的险情不同，指挥者对灭火救援指挥的内容和预期达到的目标也有所不同。例如，在指挥决策方面，针对建筑火灾，指挥者需要围绕如何疏散搜救被困人员、控制火势进一步蔓延扩大、防止着火建筑的坍塌等问题进行决策。而在石油化工火灾扑救中，指挥者则主要考虑如何防止连锁性爆炸、控制与消除危险源、防止泄漏的有毒物质对人员伤害和对环境污染等决策问题。

（二）区分度

根据系统理论，所谓指标，就是用于评估系统的参量。这些参数应能反映一个系统中各种主要影响因素的作用。当这个系统比较复杂时，各种影响因素需要进行相互关联，使之条理化和层次化，从而保证确定的评价指标之间以及评价结果具有良好的区分度。因此，在构建灭火救援指挥效能评估指标体系时，应在分析影响指挥效能发挥的关键因素基础上，根据各种因素之间的内在关系，有条理、分层次地确定评价指标。评价指标应能揭示影响决策效能的最根本和最重要的因素，对评价的目标有清晰的反映，能够有效区分决策效能的优劣程度。

（三）可操作性

评估指标的确定应围绕评估工作的目的，结合实际工作需要和可行性条件，注重评价指标的可操作性，尽量做到容易描述、容易量化、易于操作。

（四）全面性

评估标准体系的建立，必须是一个完整的标准体系，不能遗漏任何重要指标。设置时，应选择综合性强的指标，保证指标尽量少、覆盖面尽量大，这样既反映了指标体系的科学性和精准性，同时又兼顾到完整性的客观要求。此外，要考虑指标的认可度和接受度，确保指标易于测量或采集数据。

（五）科学性

科学性是指评估标准体系的建立必须是科学有价值的，能准确地按照指挥活动的规律和客观要求，真实有据地反映指挥水平，提高评估活动的工作效率。灭火救援指挥效能评估的内容很多，涉及的因素也很复杂，许多因素不能定量，因此，确定的指标必须既适应定量分析，又利于定性分解和综合量化，能够真实地反映评估问题。

二、指标体系的分类

不同的目标结构会带来不同的评估指标体系结构形式，常见的评估指标体系的结构形式有递阶层次型评估指标体系和网络型评估指标体系。

（一）递阶层次型评估指标体系

因为评估的目的与指标具有一致性，所以可以采用逐层分解目标的方法来建立指标体系结构，以总目标为基础，分列出一级指标，再根据每个指标的内涵逐项分列出二级指标，以此类推，逐层细化，直至最底层指标可以相对容易度量为止，如图 6-1 所示。

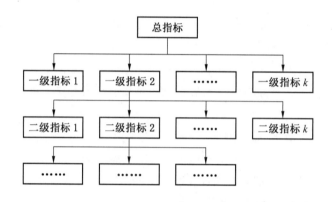

图 6-1　递阶层次型评估指标体系

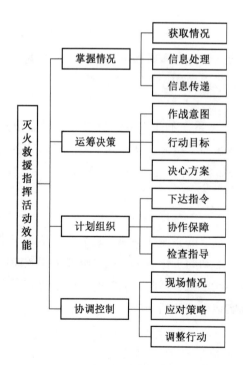

图 6-2　灭火救援指挥活动效能
评估指标体系

按层次分，可以将效能评估指标体系分为最高层、中间层和基本层 3 层评价指标。指标体系的最高层是系统效能评估的目标；中间层是系统功能指标，是系统某方面功能的概括描述；最底层是尺度参数，是系统固有属性、特征的具体描述。例如，灭火救援指挥活动效能评估指标体系如图 6-2 所示。

（二）网络型评估指标体系

在结构比较复杂的系统中，若出现评估指标难以分离或系统评估模型本身尚未确定的情况，应使用或部分使用网络状的评估指标体系。系统的某一层次可处于支配地位，又可处于被直接或间接地接受其他层次支配的地位，既存在层次结构，又存在支配结构。网络型结构内部描述由两大部分组成：①控制层，包括问题目标及决策准则；②网络层，由所有受控制层支配的元素组成，元素之间有相互作用，如图 6-3 所示。

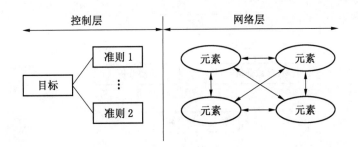

图6-3　网络型评估指标体系

三、指标建立的程序

为了将多层次、多因素、复杂的评估问题用科学的计量方法进行量化处理，首先必须针对评估对象构造一个科学的评估指标体系。这个指标体系必须将被评对象大量相互关联、相互制约的复杂因素之间的关系层次化、条理化，并能够区分它们各自对评估目标影响的重要程度，以及对那些只能定性评估的因素进行恰当、方便的量化处理。

灭火救援指挥效能评估指标体系的建立是一项很困难的工作。一般来说，指标范围越宽，指标数量越多，则方案之间的差异越明显，有利于判断和评估。同时，确定指标的内容和指标的重要程度越困难，处理和建模过程也越复杂，因而歪曲方案本质特性的可能性也越大。评估指标体系要全面地反映出所要灭火救援指挥效能评估的目标要求，尽可能做到科学、合理，且符合实际情况。为此，制订评估指标体系需在全面分析系统的基础上，首先拟定指标草案，经过广泛征求专家和有关部门的意见，反复交换信息，统计处理和综合归纳等，最后确定评估指标体系。灭火救援指挥效能评估指标体系的建立是一个反复深入的过程，其建立程序如图6-4所示。

（一）目标分析

目标分析是建立评估指标的前提，确定系统的目标层次结构是建立评估指标体系层次结构的基础。

（二）系统分析

系统分析就是采用系统的观点和方法，对评估对象进行分析，明确影响评估的因素，澄清各因素之间的关系。

（三）特征属性分析

特征属性分析就是对各组成要素的特点进行分析，建立与之相适应的指标，明确各指标的本质属性，为建立数学模型、获取评估数据奠定基础。

指标属性是指每个指标是定性的还是定量的。其中，定性指标是指不可用数量描述的指标，定量指标是指可以通过分析、计算得到具体数量描述的指标，静态指标是指不随时

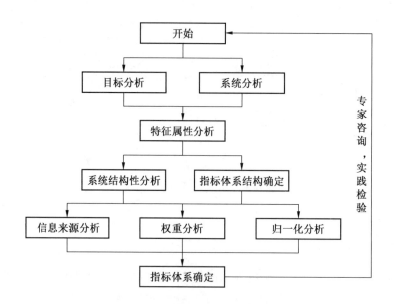

图6-4 评估指标体系建立程序

间、环境条件等因素变化而变化的指标，动态指标是指随时间、场合等条件变化而变化的指标。

（四）结构分析

不同的目标结构，会带来不同的评估指标体系结构形式，常见的评估指标体系的结构形式有以下两种。

1. 层次型评估指标体系

根据评估指标体系的目的需要，通过分析系统的功能层次、结构层次和逻辑层次建立相应的评估指标体系。

2. 网络型评估指标体系

在结构比较复杂的系统中，若出现评估指标难以分离或系统评估模型本身尚未确定的情况，应使用或部分使用网络状的评估指标体系。

（五）信息来源分析

指标信息的来源通常包括有关数据库（如消防指挥信息系统的有关数据库）、统计分析、专家咨询、主观估计。

（六）权重分析

权重是要素对目的（上层目标）的贡献程度的度量。通过权重分析，可以得到各个指标在综合评估中的地位和影响程度。

（七）归一化分析

归一化是指标间相互比较的基础，是进行综合评估的前提。

（八）形成初步的评估指标体系

上述各项工作完成后，便可以形成一个初步的、可供实际操作的评估指标体系。

（九）专家咨询，实践检验

形成初步的评估指标体系后，需要广泛征求专家、业务机关和有关人员的意见和建议，在实践中检验，以得到满意的综合评估指标体系。

需要注意的是，有些指标是相容的，有些指标是互斥的，所构建的指标体系本身应具有相容性，这就需要在筛选工作中对指标因素的关系进行研究。此外，设置评估指标的数量要适度，要在系统分析的基础上，做到科学合理、符合系统实际，并为行业专家和指挥者接受，通常采用德尔菲法，经过初步拟定、专家咨询、信息反馈、统计处理和综合归纳等环节，最后确定评估指标体系。

第四节　效能评估的程序

灭火救援指挥效能评估是一个定性分析与定量分析相结合的过程，在实施过程中，指挥者要按照评估程序，依据科学的处理方法进行评估。

一、评估基本流程

灭火救援指挥效能评估的基本思路是分解、综合、比较。①分解是指从效能的角度对系统进行分解，找出各组成部分的性能和彼此之间的联系，确定各部分的性能与整体效能的关系；②综合是指对影响灭火救援效能的各因素进行综合，简化系统模型，建立灭火救援系统效能的数学模型并进行计算；③比较是指评估比较系统各方案对给定任务的满足程度，提出改进设计的建议，选择最佳方案。灭火救援指挥效能评估程序具体包括以下几个方面。

（一）明确评估目标

确定评估目的和对象是进行灭火救援指挥效能评估的第一步。评估目标是评估活动要达到的预期结果，它是整个评估活动的出发点，也是整个评估活动的落脚点。评估对象作为评估的客体，是评估活动的基本要素，是制约整个评估工作的首要条件。明确评估对象实际上是明确评估什么。在实际的评估活动中，评估的目的不同，评估所涉及的问题和范围的复杂程度不同，即使是对同一评估对象进行评估，评估的内容、标准以及方式方法也会不同。因此，进行灭火救援指挥效能评估，明确评估目标是必须首先要解决的问题。

（二）确定评估指标

根据评估的目标，建立灭火救援指挥评估的标准体系，找出影响灭火救援指挥评估实现的主要因素、相关因素，制订评估指标相应的量化办法，建立评估指标标准化体系。在此基础上，确定指标标准体系中每层指标的权重。

（三）选择评估方法

评估方法根据评估对象的具体要求的不同而有所不同。一般而言，要按照评估目标与系统分析结果的测定方法以及灭火救援指挥评估内容等来选取。

（四）构建评估模型

数学建模是效能评估的核心部分，依据大系统的概念，可以把灭火救援指挥效能评估的数学模型看成是一个考虑到内外影响因素关系、描述灭火救援活动过程的系统模型。在具体描述过程中，所有规律都可以用数学公式、各种方程等解析形式来表达，而各种逻辑关系与条件则可以用不等式来表达。在灭火救援指挥过程中，影响其完成给定任务的因素有很多。因此，灭火救援指挥效能评估的模型是非常复杂的。这就要求开展灭火救援指挥效能评估时，首先应从大量影响因素中选出那些对于建立模型非常重要的因素，然后再进行模型的建立。

（五）效能评估计算

在灭火救援指挥效能评估数学模型建立以后，基于效能参数的具体算法和程序，可以利用计算机进行模拟运算，给出模拟运算结果。

（六）形成评估结论

对于运算所获得的结果，需要做进一步的加工处理，形成评估结论。

二、常见评估方法

在这里我们介绍经典的效能评估方法。

（一）层次分析法

层次分析法（Analytic Hierarchy Process，AHP）是美国匹兹堡大学运筹学专家T. L. saaty 于 20 世纪 70 年代提出的一种系统分析方法。1982 年，天津大学许树柏等将该方法引入我国，随后 AHP 的研究得到迅速发展，研究内容主要集中在判断矩阵、比例标度、一致性问题、可信度上。层次分析法是一种实用的多准则决策方法，该方法以其定性与定量相结合处理各种决策因素的特点，以及系统、灵活、简洁的优越性在我国得到了广泛的应用。

1. 基本思想

层次分析法主要思想是根据研究对象的性质将要求达到的目标分解为多个组成因素，并按因素间的隶属关系，将其层次化，组成一个层次结构模型，然后按层分析，最终获得最底层因素对于最高层（总目标）的重要性权值，或进行优劣性排序。AHP 法把一个复杂的无结构问题分解组合成若干部分或若干因素（统称为元素），例如目标、准则、子准则、方案等，并按照属性不同，把这些元素分组形成互不相交的层次。上一层次对相邻的下一层次的全部或某些元素起支配作用，这就形成了层次间自上而下的逐层支配关系，这是一种递阶层次关系。在 AHP 法中，递阶层次思想占据核心地位，通过分析建立一个有效合理的递阶层次结构，对于能否成功地解决问题具有决定性的意义。

2. 基本步骤

AHP 法大体可分为 4 个步骤。

（1）分析系统中各因素之间的关系，将研究的系统划分为不同层次，如目标层、准则层、指标层、方案层、措施层等。

（2）对同一层次中各因素相对于其上一层因素的重要性进行两两比较，构造权重判断矩阵。

（3）由判断矩阵计算得到各指标的权重，并进行一致性检验。

（4）计算各层元素对系统目标的合成权重，并进行排序。

3. 计算方法

假设研究目标对象的因素集合划分为 3 个层次，即目标层 A、准则层 C 与措施层 P。

1）确定指标权重标度

为了将各指标之间进行比较并得到量化的判断矩阵，首先选择标度系统，它是将人的主观判断转换为一个定量的判断矩阵的关键，其标度值的具体意义见表 6-1。

表 6-1　判断矩阵标度定义

标　　度	定　　义
1	因素 i 较因素 j 同等重要
3	因素 i 较因素 j 略微重要
5	因素 i 较因素 j 明显重要
7	因素 i 较因素 j 十分明显重要
9	因素 i 较因素 A_j 绝对重要
2，4，6，8	表示以上相邻判断的中间值
倒数	因素 i 对因素 j 重要性为 a_{ij}，则因素 j 对因素 i 重要性为 $1/a_{ij}$

2）构造层次模型的权重判断矩阵

对于三层指标结构，存在两种类型的判断矩阵：目标—准则判断矩阵与准则—措施判断矩阵。目标—准则判断矩阵主要用于计算准则层的各个指标的相对权重；准则—措施判断矩阵主要用于计算某准则下的各个措施层指标之间的相对权重。两类判断矩阵的形式相同，只是层次不同。具体形式如下：

$$A = \begin{bmatrix} a_{11} & a_{12} & \cdots & a_{1n} \\ a_{21} & a_{22} & \cdots & a_{2n} \\ \cdots & \cdots & & \cdots \\ a_{n1} & a_{n2} & \cdots & a_{nn} \end{bmatrix} \qquad (6-1)$$

式（6-1）中，a_{ij} 表示指标 a_i 相对于 a_j 指标的相对权重。

3）指标权重计算

层次分析法的指标权重计算问题，可归结为判断矩阵的特征向量和最大特征值的计算，主要方法有方根法、和积法等。

（1）方根法。将 A 的各个行向量进行几何平均，然后归一化，得到的行向量就是特征向量，公式如下：

$$W_i = \frac{\left(\prod_{j=1}^{n} a_{ij}\right)^{\frac{1}{n}}}{\sum_{i=1}^{n}\left(\prod_{j=1}^{n} a_{ij}\right)^{\frac{1}{n}}} \quad (i = 1,2,\cdots,n) \tag{6-2}$$

计算步骤如下：

① A 的元素按列相乘得一新向量；

② 将新向量的每个分量开 n 次方；

③ 将所得向量归一化后即为特征向量。

（2）和积法。将判断矩阵 A 的 n 个行向量归一化后的算术平均值，近似作为特征向量，公式如下：

$$W_i = \frac{1}{n}\sum_{j=1}^{n} \frac{a_{ij}}{\sum_{i=1}^{n} a_{ij}} \quad (i = 1,2,\cdots,n) \tag{6-3}$$

计算步骤如下：

① A 的元素按列归一化；

② 将归一化后的各行相加；

③ 将相加后的向量除以 n，即得到特征向量。

4）一致性检验

（1）计算判断矩阵的最大特征值：

$$\lambda_{\max} = \sum_{i=1}^{n} \frac{(AW)_i}{nW_i} \tag{6-4}$$

（2）计算一致性检验指标：

$$CI = \frac{\lambda_{\max} - n}{n - 1} \tag{6-5}$$

（3）查找一致性指标 RI，见表6-2。

表6-2　n 阶矩阵对应的 RI 值

n	1	2	3	4	5	6	7	8	9	10	11
RI	0	0	0.58	0.90	1.12	1.24	1.32	1.41	1.45	1.49	1.52

（4）计算一致性比例 CR：

$$CR = \frac{CI}{RI} \tag{6-6}$$

RI 为修正因子，针对不同维数。由于指标数小于 3 时，判断矩阵很容易做到完全一致，故不需要计算一致性指标。

当 *CR* 小于 0.10 时，满足一致性要求，否则对判断矩阵调整到能够接受为止。

5）计算组合权重

为了得到阶梯层次结构中每层的所有元素相对于总目标的权重，需要把前一步的计算结果进行适当组合，以计算出总排序的相对权重。设第 k 层所有元素为 A_1，A_2，$\cdots$，A_n，该层的单排序权重为 b_1，b_2，$\cdots$，b_n，则 $k+1$ 层组合权重为

$$a_i = \sum_{j=1}^{n} a_j b_{ij} \qquad (6-7)$$

4. AHP 法的特点

层次分析法是把一个复杂的问题表示为一个有序的层次结构，通过构造两两比较矩阵计算各子指标层的相对权重，从而得出系统的效能值。它的主要特点如下。

（1）将定性和定量分析相结合，是分析、评估多目标、多准则的复杂系统的有力工具。

（2）思路清晰、方法简便、适用范围广。

（3）提供了较好的权重计算方法，具有很强的推广应用价值。

（4）评估结果以指标得分与权重乘积的累加和体现。

（5）属于主观评估法，由专家打分的方式获得判断矩阵，所以评估结果具有较强的主观性。

（6）层次分析法最终的评估结果是通过指标评价值与权重乘积的累加得出。它没有从系统角度综合描述系统的性能，无法解释和体现指挥能力的整体特征。

（二）ADC 分析法

ADC 模型是由美国工业界武器系统效能咨询委员会（WSEIAC）提出的效能评估模型，被广泛应用于系统效能的评估。

1. 基本思想

该方法以系统的总体构成为对象，以所完成的任务为前提对效能进行评估。ADC 模型认为"系统效能是预期一个系统满足一组特定任务要求程度的量度，是系统可用性、可信性与固有能力的函数。"

可用度是在开始执行任务时系统状态的度量；可信性是在已知系统开始执行任务时所处状态的条件下，在执行任务过程中某个瞬间或多个瞬间的系统状态的度量；固有能力是在已知系统执行任务过程中所处状态条件下，系统达到任务目标的能力的度量。该模型的表达式是：

$$E = ADC \qquad (6-8)$$

式中　*E*——计算系统效能；

　　　A——可用度向量；

D——可信度矩阵。

2. 基本步骤

ADC 方法的一般评估步骤为：

（1）确定系统初始状态参数。

（2）根据系统特有属性计算可信度矩阵。

（3）系统能力向量的确定、能力向量的准确性是该评估方法的关键所在。

（4）计算系统效能。

3. 计算方法

1）可用度向量（A）

$A = \{a_1, a_2, \cdots, a_n\}$，$a_i$ 表示系统初始状态时，处于第 i 种状态的概率，且满足 $\sum\limits_{i=1}^{n} a_i = 1$。

2）可信度矩阵（D）

$$D = \begin{bmatrix} d_{11} & d_{12} & \cdots & d_{1n} \\ d_{21} & d_{22} & \cdots & d_{2n} \\ \cdots & \cdots & & \cdots \\ d_{n1} & d_{n2} & \cdots & d_{nn} \end{bmatrix} \tag{6-9}$$

式（6-9）中，d_{ij} 表示系统运行时，系统由第 i 状态跃变到第 j 状态的概率，且满足 $\sum\limits_{j=1}^{n} d_{ij} = 1$。

3）能量向量（C）

若仅对系统的某项效能进行评估，则 C 仅为一向量，若对该系统的若干（如 m）项能力进行评估，则 C 为一 $N \times M$ 矩阵。

$$C = \begin{bmatrix} c_{11} & c_{12} & \cdots & c_{1n} \\ c_{21} & c_{22} & \cdots & c_{2n} \\ \cdots & \cdots & & \cdots \\ c_{n1} & c_{n2} & \cdots & c_{nn} \end{bmatrix} \tag{6-10}$$

式（6-10）中，c_{ij} 表示系统第 j 项能力在第 i 种状态下完成任务的度量。c_{ij} 的计算可以通过自定义的度量方法或运算模型实现。

4）计算系统效能（E）

$$E = ADC = (e_1, e_1, \cdots, e_m) \tag{6-11}$$

最终得出的系统效能为向量。既可以直接用该向量作为评估结果，也可以给 m 个能力向量评分，按照每个能力向量的权重，得出最终的系统效能评估值。

4. ADC 分析法的特点

该方法的主要特点如下。

（1）把系统效能表示为可用度、可信度和固有能力的相关函数，即 $E = ADC$，强调了系统的整体性。

（2）该方法概念清晰，易于理解与表达，应用范围广，是在国内外得到相当广泛应用的效能评估方法之一。

（3）该评估模型提供了一个评估系统效能的基本框架，可以很容易地对 ADC 模型加以扩展使用，如添加环境、人为因素等影响因子向量。

（4）公式中能力矩阵的确定直接关系到评估结果的准确性，如何确定能力矩阵是该算法的关键点，也是难点。

（5）有研究人员认为该方法过于粗糙，不能很好地反映系统要素之间的复杂联系及其对系统效能的影响。

（三）模糊综合评估法

模糊综合评判作为模糊数学的一种具体应用方法，最早是由我国学者江培庄提出的，已在矿业等领域的评估中获得了广泛的应用。它主要运用模糊变换原理和最大隶属度原则，考虑与被评价事物相关的各个因素，对评估对象作综合评价。在系统效能评估过程中，存在许多定性评价的指标，对这些定性指标的评价均具有一定的模糊性，并非完全准确。模糊综合评判恰好能够考虑影响所评判事物的模糊因素，主要是依据模糊数学中模糊变换的概念进行评判的。

1. 基本思想

该评估方法的主要思想：首先定义一组评语（评价等级）集合，如优、良、中、一般、差等，然后通过多个专家打分，获取所有评价指标的评价矩阵，再将所有指标的评价值利用一组设定的隶属函数转化为隶属度、隶属度权重，最终生成相应隶属度权重矩阵，最后通过引入指标权重向量，经过模糊变换运算最终得到一个具体的评估结果。

2. 评估步骤

模糊综合评估方法的一般步骤如下。

（1）制订评分标准。

（2）制订评语集合。

（3）获取指标评价矩阵。

（4）生成隶属度权重矩阵。

（5）获取权重向量。

（6）将隶属度评价矩阵与权重向量经过模糊变换，得到评估结果向量。

（7）对评估结果向量进行处理，得到最终评估值。

3. 计算方法

（1）确定受评对象、评分标准、评价等级（类别）数量及其指标的权重。受评对象即为待选的多个系统或者方案集合。评分标准为定性指标的量化标准。权重的确定依赖于专家调查法或 AHP 法实现，设最终求得各指标的权重向量为 A_i。

（2）对每个受评对象，求取评价值矩阵 $\boldsymbol{D}^s$。其中，s 表示受评对象序号。d_{ij}^s 表示对于第 s 个评估对象，第 i 专家对指标 j 的评价分数。通常，仅考虑对一个评估对象的评估方法，不再考虑其他评估对象，即去掉 s 标记。

$$\boldsymbol{D} = \begin{bmatrix} d_{11} & d_{12} & \cdots & d_{1n} \\ d_{21} & d_{22} & \cdots & d_{2n} \\ \cdots & \cdots & & \cdots \\ d_{n1} & d_{n2} & \cdots & d_{nn} \end{bmatrix} \tag{6-12}$$

（3）将评价矩阵利用隶属函数转化为隶属度权重评价矩阵。

① 计算第 i 个指标属于第 e 类评价等级的隶属度 X_{ie}。设第 e 类评价等级的隶属度函数为 f_e，m 为专家总数。

$$X_{ie} = \sum_{j=0}^{m} f_e(d_{ij}) \tag{6-13}$$

② 计算第 i 个指标隶属于第 e 类评价等级的隶属度权重 R_{ie}：

$$R_{ie} = \frac{X_{ie}}{\sum\limits_{k=1}^{z} X_{ik}} \tag{6-14}$$

z 表示系统规定的评估等级数量。式（6-14）意思是求指标 i 属于第 e 类的相对权重。由此可求得指标 i 属于任何一个评价等级的隶属度权重。

③ 由 m 个指标的隶属度权重构成的隶属度权重评价矩阵 $\boldsymbol{R}$ 如下：

$$\boldsymbol{R} = \begin{bmatrix} r_{11} & r_{12} & \cdots & r_{1n} \\ r_{21} & r_{22} & \cdots & r_{2n} \\ \cdots & \cdots & & \cdots \\ r_{n1} & r_{n2} & \cdots & r_{nn} \end{bmatrix} \tag{6-15}$$

即矩阵 R 的行向量为 R_i、R_j 中的元素 R_{ij} 表示指标隶属于等级 j 的隶属度。

④ 求取评估结果向量：

$$\boldsymbol{E} = (A_1, A_2, \cdots, A_n)[R_1, R_2, \cdots, R_n]^T = (e_1, e_2, \cdots, e_n) \tag{6-16}$$

结果向量 E 的生成过程及综合评判过程常用的有五类运算模型，即 $M(\wedge, \vee)$ 模型、$M(\bullet, \vee)$ 模型、$M(\vee, \oplus)$ 模型、$M(\bullet, \oplus)$ 模型、$M(\bullet, +)$ 模型。这五类模型在 e_i 的生成表达式上有所不同。其中，$M(\bullet, +)$ 模型为较为普遍的生成模型，其运算方式与矩阵运算相一致，即

$$e_i = \sum_{j=1}^{m} A_i r_{ij} \tag{6-17}$$

该运算模型与其他几个模型相比，能够保存更多的评价内容，其运算结果具有评价总和越大，效能越优的特点。

⑤ 将结果向量影射为具体的评估值：

$$EA = (e_1 v_1, e_2 v_2, \cdots, e_z v_z) \tag{6-18}$$

v_i 表示第 i 类评价等级对应的评价分数，最终 EA 所得的结果为百分制的数字，该数字即代表该对象的评估结果。同时该分数位于哪个等级之中，则认为该评估对象的评价结果属于哪一个等级。

4. 模糊综合评估法的特点

该方法的主要特点如下。

（1）将模糊理论应用到效能评估中，较好地解决了系统效能评估存在的不确定性。

（2）该类评估结果既是对被评估系统的定量评估又是定性评估。

（3）数学模型简单，容易掌握，对多因素、多层次的复杂问题评判效果比较好。

（4）与 AHP 相同，其权重矩阵是人为给定的，具有主观性。

（5）计算指标隶属度的隶属函数定义将对评估结果产生重要影响。如何选择一个较好的隶属函数是一个必须解决的问题。

（6）由于模糊综合评估法与 AHP 的固有联系，故其适用范围与 AHP 法基本相同，较为适合大系统的多属性决策分析。

（四）灰色白化权函数聚类法

灰色理论是由中国学者邓聚龙于 1982 年创立的，理论以"部分信息已知，部分信息未知"的"小样本""贫信息"不确定系统为研究对象，主要通过对"部分"已知信息的生成、开发，提取有价值的信息，实现对系统运行行为、演化规律的正确描述和有效监控。

1. 基本思想

在灰色理论中，用"黑"表示信息未知，用"白"表示信息完全明确，用"灰"表示部分信息明确、部分信息不明确。相应地，信息完全明确的系统称为白色系统，信息未知的系统称为黑色系统，部分信息明确、部分信息不明确的系统称为灰色系统。目前，灰色理论已经得到了广泛的应用，包括灰色预测、灰色决策、灰色评估、灰色规划、灰色控制等。

对复杂的大系统进行效能评估时，会存在信息不完备、不全面、不充分的情况。而灰色理论的相关原理和方法正适用于信息不完全、不充分的问题，而且灰色理论的方法对样本量及样本分布规律都没有要求，因此，可以使用灰色白化权函数聚类法对复杂大系统的效能进行评估。所谓灰色白化权函数聚类法，就是根据灰数的白化权函数将一些观测指标或对象聚集成若干个可以定义的类别，将系统归入某灰类的过程，用于检测对象是否属于事先设定的不同类别，以便区别对待。

2. 基本步骤

灰色白化权函数聚类法的一般步骤如下。

（1）确定评估对象，以及评估对象的灰类数 s，选定评估指标 $x_j (j = 1, 2, \cdots, m)$。

（2）将指标 x_j 的取值相应地分为 s 个灰类，称为 j 指标子类。j 指标 $k (k = 1, 2 \cdots s)$

子类的白化权函数为 $f_j^k(\otimes)$。$f_j^k(\otimes)$ 一般要根据实际问题的背景确定。通常有以下 4 种情况。

① 典型白化权函数为

$$f_j^k(x)=\begin{cases} 0 & x\notin\left[x_j^k(1),x_j^k(4)\right] \\[2mm] \dfrac{x-x_j^k(1)}{x_j^k(2)-x_j^k(1)} & x\in\left[x_j^k(1),x_j^k(2)\right] \\[2mm] 1 & x\in\left[x_j^k(2),x_j^k(3)\right] \\[2mm] \dfrac{x_j^k(4)-x}{x_j^k(4)-x_j^k(3)} & x\in\left[x_j^k(3),x_j^k(4)\right] \end{cases} \qquad(6-19)$$

② 下限测度白化权函数为

$$f_j^k(x)=\begin{cases} 0 & x\notin\left[0,x_j^k(4)\right] \\[2mm] 1 & x\in\left[0,x_j^k(3)\right] \\[2mm] \dfrac{x_j^k(4)-x}{x_j^k(4)-x_j^k(3)} & x\in\left[x_j^k(3),x_j^k(4)\right] \end{cases} \qquad(6-20)$$

③ 适中测度白化权函数为

$$f_j^k(x)=\begin{cases} 0 & x\notin\left[x_j^k(1),x_j^k(4)\right] \\[2mm] \dfrac{x-x_j^k(1)}{x_j^k(2)-x_j^k(1)} & x\in\left[x_j^k(1),x_j^k(2)\right] \\[2mm] \dfrac{x_j^k(4)-x}{x_j^k(4)-x_j^k(2)} & x\in\left[x_j^k(2),x_j^k(4)\right] \end{cases} \qquad(6-21)$$

④ 上限测度白化权函数为

$$f_j^k(x)=\begin{cases} 0 & x<x_j^k(1) \\[2mm] \dfrac{x-x_j^k(1)}{x_j^k(2)-x_j^k(1)} & x\in\left[x_j^k(1),x_j^k(2)\right] \\[2mm] 1 & x\geqslant x_j^k(2) \end{cases} \qquad(6-22)$$

（3）求 j 指标 k 子类的权重 η_j^k。在确定权重时，有两种方法，即变权和定权。变权聚类适用于指标的意义、量纲不同，且在数量上悬殊较大的情形。定权聚类适用于指标的意义、量纲皆相同的情形。

在定权聚类中，j 指标 k 子类的权重 $\eta_j^k(j=1,2,\cdots,m;k=1,2,\cdots,s)$ 与 k 无关，即对任意的 $k_1,k_2\in\{1,2,\cdots,s\}$，总有 $\eta_j^{k1}=\eta_j^{k2}$，则可将 η_j^k 的上标 k 略去，记为 $\eta_j^k(j=1,2,\cdots,m)$，该值可以事先通过调查得出。

在变权聚类中，对于典型白化权函数，令 $\lambda_j^k=\dfrac{1}{2}\left[x_j^k(2)+x_j^k(3)\right]$；对于下限测度白化权函数，令 $\lambda_j^k=x_j^k(3)$；对于适中测度白化权函数和上限测度白化权函数，令 $\lambda_j^k=$

$x_j^k(2)$。则可得

$$\eta_j^k = \frac{\lambda_j^k}{\sum\limits_{j=1}^{n} \lambda_j^k} \tag{6-23}$$

（4）求聚类系数向量。

变权聚类时：

$$\sigma = (\sigma^1, \sigma^2, \cdots, \sigma^s) = \left[\sum_{j=1}^{m} f_j^1(x_j)\eta_j^1, \sum_{j=1}^{m} f_j^2(x_j)\eta_j^2, \cdots, \sum_{j=1}^{m} f_j^s(x_j)\eta_j^s \right] \tag{6-24}$$

定权聚类时：

$$\sigma = (\sigma^1, \sigma^2, \cdots, \sigma^s) = \left[\sum_{j=1}^{m} f_j^1(x_j)\eta_j, \sum_{j=1}^{m} f_j^2(x_j)\eta_j, \cdots, \sum_{j=1}^{m} f_j^s(x_j)\eta_j \right] \tag{6-25}$$

设 $\max\limits_{1\leqslant k\leqslant s} \{\sigma_i^k\} = \sigma_i^{k*}$，则称评估对象属于灰类 k^*。

3. 灰色白化权函数聚类法的特点

灰色白化权函数聚类法计算方法简单，综合能力较强，准确度较高，可决定对象所属的设定类别。其评价结果是一个向量，描述了聚类对象属于各个灰类的强度。根据向量对聚类结果进行再分析，提供比其他方法丰富的评判信息。对于评判等级领域属于灰类的问题都可以应用此方法，可用于多因素多指标的综合评价。此方法克服了传统单一值评价多指标多因素的弊病。

📖 习题

1. 开展灭火救援指挥效能评估的意义是什么？
2. 灭火救援指挥效能评估的内容有哪些？
3. 如何科学地建立评估指标？
4. 开展效能评估的基本程序是什么？
5. 效能评估的常见方法有哪些？各有什么特点？

第七章　灭火救援指挥训练

随着信息技术和灭火救援指挥理论的飞速发展，信息化、数字化成为消防救援队伍对标职业化、专业化发展建设的重要组成部分，建设高质量、高素质、高效率的灭火救援作战队伍是其现代化进程的必然选择，这些发展进步对灭火救援作战指挥者的能力素质提出了更高要求，消防救援队伍对符合当代管理模式和装备技术水平的、高效可行的灭火救援作战指挥训练的需求日益迫切。

第一节　指挥训练的含义

灭火救援作战指挥训练是消防救援队伍训练工作的重要组成部分，是提高指挥者组织指挥能力的基本途径。因此，将灭火救援作战指挥训练纳入灭火救援作战指挥理论体系并进行研究，对于培养和提高灭火救援指挥员素质和能力具有十分重要的意义。

一、指挥训练的概念

灭火救援作战指挥训练，是指消防救援队伍为了提高指挥者的指挥能力，使参训者运用所学的灭火救援指挥理论知识，围绕指挥要素进行的理解指挥程序、熟悉指挥方式、掌握指挥技能的一系列实践活动。

灭火救援作战指挥训练是对指挥程序、指挥方式和指挥技能的训练，既包含指挥者、指挥信息、指挥手段和指挥对象4个要素，也包含掌握情况、运筹决策、计划组织和协调控制4个环节。

指挥者是作战指挥活动的主体，指挥员和指挥机关参谋人员的素质和能力直接影响、制约、决定灭火救援作战指挥效能的发挥和作战指挥活动的成败。因此，要顺利实施灭火救援作战指挥并取得灭火救援作战的胜利，就必须把指挥员和指挥机关作为指挥训练的直接作用对象。

二、指挥训练的地位和作用

（一）对消防救援队伍的其他训练工作具有带动和牵引作用

灭火救援作战指挥训练是消防救援队伍训练工作的重要组成部分，无论从指挥训练对灭火技术训练和战术训练工作的直接影响上看，还是从指挥者自身能力素质对消防救援队伍灭火救援训练目的的达成上看，灭火救援作战指挥训练对消防救援队伍的其他训练工作具有带动和牵引作用。

（二）是提高灭火救援作战指挥能力的重要途径

灭火救援对象的多样性和复杂性，决定了灭火救援作战指挥手段的多样性和复杂性，也就必然对实施灭火救援作战指挥与管理的指挥者提出更高的要求。指挥者的能力素质不是与生俱来的，也不是自然形成的，而是通过灭火救援实践和有效的作战指挥训练得来的。作战指挥训练之所以成为提高指挥员素质和能力的重要途径，这是由作战指挥训练的目的和其所具有的功能与作用所决定的。

（三）是技术装备在灭火救援行动中得以发挥整体效能的重要保障

随着科学技术的不断发展，消防科技含量也不断提升，新技术、新方法不断用于灭火救援作战领域，灭火救援作战指挥手段、方法也随之改变。通过指挥训练能够实现技术装备之间、装备与人之间的有机结合，形成整体合力，使现有器材装备在灭火救援作战中发挥更大的作用。

三、指挥训练的方法和步骤

科学的灭火救援指挥训练方法，是保证训练效果的重要因素。由于灭火救援作战指挥训练内容的宽泛性，以及训练对象的多层次性，作战指挥训练的方法具有较大的灵活性。

灭火救援作战指挥训练通常按照理论学习、战例研究、想定作业、分段作业、连贯作业、网上模拟训练、实操训练等环节逐步开展，每一环节都可以按照分段作业后连贯作业的步骤进行。

（一）理论学习

理论学习是灭火救援作战指挥训练的最基本方法，目的是使参训者了解训练内容的理论知识，提高指挥者的理论素养，为后续应用训练打下良好的基础。指挥基础理论是指挥能力实现的基础，只有正确的理论，才能指导正确的实践。因此，灭火救援指挥训练的第一阶段就是要加强指挥的基本知识和基本理论的学习，明确灭火救援指挥的理论体系和学科体系，明确灭火救援指挥的研究对象、内容和目的，从学科的高度，正确理解灭火救援指挥的意义。

灭火救援指挥基础理论的学习既包括灭火救援指挥要素、指挥规律、指挥原则、指挥方式、指挥过程、指挥保障、指挥效能评估以及指挥预案制订、演练等的指挥基本内容的学习，也包括灭火救援方面的法规、条令、标准、指南的学习，如《中华人民共和国消防法》《消防救援队伍执勤战斗条令》《城市消防救援站建设标准》《高层建筑火灾扑救行动指南》等。

理论学习一般分为准备阶段和实施阶段。

1. 准备阶段

通常按照研究教学训练大纲、制订学习计划、编写理论辅导提纲和备课施教等步骤进行。

2. 实施阶段

一般采用教员讲解、理论辅导、个人自学、分组讨论研究、小结讲评等方法进行。

通过这一环节的训练，使参训者深入理解灭火救援指挥的含义及其理论体系，进而把握灭火救援指挥的基本规律、基本原则以及指挥的方式方法和基本活动环节，用指挥理论丰富学员的头脑，提高参训者的知识素养、理论素养，为后续的指挥实操实训奠定良好的理论基础。

（二）战例研究

战例研究是指通过对以往灭火救援指挥战例的分析研究，总结历史经验教训，学习作战指挥理论的方法。通过战例研究，可以使参训者领悟到以往作战的得失，以弥补作战行动和指挥经验的不足，既可在真实战例的启发下，培养参训者的创造性思维，又可以从战例中找出作战行动和指挥的发展变化规律，探讨未来灭火救援作战的新形势，研究新对策。

参训者在掌握了相关的指挥基本理论和基本知识的基础上，根据指挥训练的目的、内容和要求，在教员的精心策划和指导下，运用典型的灭火救援指挥战例，将参训者带入特定灭火救援事件的现场进行案例分析，通过参训者的独立思考或集体合作，进一步提高其分析判断、定下决心、运筹谋划等方面的能力。

战例研究通常采用战例介绍、战例剖析、战例作业等方法进行。

（三）想定作业

灭火救援想定作业就是创设一种火灾的场景，描述一场灭火救援作战的过程，让参训者在近似实战气氛的条件下，通过作业进行作战指挥训练的方法。具体而言，想定作业是结合实战的特点，预先在参训者的大脑中对实战进行预演，对可能遇到的情况和问题进行设想，反复推敲对策，提高参训者在实战中碰到问题时对解决问题的反应能力。

灭火救援指挥的实质是灭火救援指挥者定下决心、实现决策的过程。这一实质说明了思维、运筹在灭火救援指挥活动中的重要作用，也决定了灭火救援指挥训练必须突出思维、运筹活动的训练。想定作业从本质上说是凭借思维过程进行指挥训练的方法，因此，想定作业训练在培养和提高参训者的指挥能力方面有着独特的作用，它是在想定的情况下进行的训练，可以排除一切干扰，帮助参训者冷静面对战况，充分发挥人的想象力，深入细致地思考问题、寻找对策，在对想定情况的推演过程中，参训者的指挥能力得到充分的训练和提高。

灭火救援作战指挥想定作业既可以利用地图、沙盘和现地进行，也可以利用作战指挥训练模拟系统进行。指挥训练常采用集团作业和编组作业形式进行实施，一般按照作业准备、作业实施和作业总结的步骤开展。

在运用想定作业进行灭火救援指挥训练时，要根据灾害对象的特点和灾害发展的规律设置场景，在给出相应的可供调度的灭火救援力量和火场有利不利的环境条件下，让参训者独立地运用所学的灭火救援指挥基本理论，对各种情况信息进行分析、判断，从而对如何完成灭火救援任务进行筹划和定下灭火救援决心。定下的决心正确与否，需要教员（官）进行初步的判断并作适当讲解，如果判断其定下的决心正确或者基本正确，则另设置火情、火场环境和可供调度力量，再次进行新一轮的灭火救援指挥想定；如果判断其定下的决心有明显的错误，则返回让参训者重新分析信息、判断信息、定下作战决心，直到其定下的决心正确和基本正确，其基本训练流程如图7-1所示，从而增强参训者在灭火救援指挥活动中的应变能力、指挥能力。

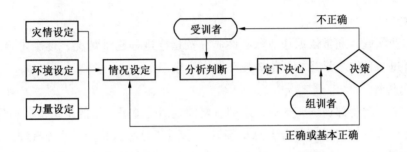

图7-1 灭火救援指挥想定作业基本训练流程

（四）分段作业

分段作业是灭火救援指挥训练的主要方法和重点。组织进行灭火救援指挥训练分段作业，通常按照理论提示、宣布情况、反复练习、小结讲评的步骤实施。

1. 理论提示

理论提示，是组训者围绕课题训练内容，依据条令、教材、作战预案，有重点地提示有关业务理论，使参训者进一步理解灭火救援指挥理论知识。理论提示时，必须围绕重点，做到简明扼要、形象直观。理论提示可采取直述、提问、归纳等方法。

2. 宣布情况

在开始训练之前，要明确课题训练设定情况及任务分工，为开展训练提供作业条件。宣布情况一般应以统一设定的情况为依据。宣布情况通常采取口述、通信、实物显示等方法进行。组训者应根据作业进程和训练的实际需要灵活采取，互相结合，为分段作业训练提供依据和条件。

3. 反复练习

在训练中对重点、难点的情况或内容进行多次重复训练，是灭火救援指挥分段作业实施的重要步骤。在反复练习中，重点突出指挥要素的规范性和准确性，及时纠正训练中存在的问题。

4. 小结讲评

当训练完成一个阶段或一个内容之后，应集合参训者结合训练的任务，对作业情况进行扼要小结。其主要内容是：重述课目、目的、内容、评估训练效果，表扬好的消防救援站、班（组）和个人，指出存在的问题和下一步训练时应特别注意的事项。

（五）连贯作业

连贯作业是在分段作业训练的基础上实施的，因此，组织训练比较简单，通常按照宣布提要、组织指挥、作业讲评的步骤组织实施。

1. 宣布提要

组训者应根据连贯作业的内容，按照作业实施的程序下达课题，包括课目、目的、内容、方法、要求等。

2. 组织指挥

连贯作业实施，通常依据作业课题性质，按指挥进程逐个情况、逐个内容组织实施，即从参训者进入预定场景开始到指挥战斗结束为止。

3. 作业讲评

连贯作业课题全部训练完毕后，组训者要围绕消防救援队伍的组织指挥和行动进行讲评。讲评要从理论与实践的结合上总结经验，达到"打一仗进一步"的目的。其方法可采取逐级讲评和集中讲评两种，内容包括：①重述连贯作业课目、目的、内容；②评估训练效果；③从组织指挥和战法上总结经验教训，表扬训练中好的消防救援站、班（组）和个人；④指出训练中存在的问题和不足，明确下一步训练努力的方向。

（六）网上模拟训练

灭火救援指挥网上仿真模拟演练，是利用计算机网络技术、图形技术和虚拟现实技术等技术平台，以灭火救援指挥基本理论为依据，以灭火救援现场为背景，以灭火救援作战模拟系统为支撑，按照灭火救援指挥训练课题和消防救援队伍的装备力量、灾害现场情况和灭火救援指挥理论等实际情况，建立灭火救援指挥模型，随机进行火情设置，为参训者提供逼真的灭火救援作战现场环境，以提高参训者对灭火救援工作的组织指挥能力的一种训练形式。

网上模拟训练是灭火救援指挥训练的一种形式，是对战法研究成果，指挥者分析判断、运筹谋划、组织指挥等能力的综合性检验。根据训练对象、训练课题以及训练目的的不同，网上模拟训练既可利用广域网，实施多种救援力量、多级别、大规模大范围的异地远程灭火救援指挥，也可利用局域网，实施单一单元、单一级别的小范围网上训练。灭火救援指挥网上模拟训练，能依据火情想定和灭火救援战术背景，模拟灾害现场的火情、灭火救援力量、技术装备及其性能、火灾发展蔓延态势、信息来源和指挥关系、作战环境等。在灭火救援指挥模型的运行中，不断生成灾害情况提供给参训者，参训者在分析、判断和处理火灾情况后，通过模拟系统的评估功能对情况处置进行评估。其最大的特点是：①虚拟火场形象逼真，能够与火情想定紧密融合，在不同的灭火救援样式和灭火救援作战阶段中随机生成火灾情况；②能够及时迅速反映火场动态变化，对参训者情况判断、处置进行评估；③能够记录显示复杂多变的火场态势，为事后评判演练结果提供客观依据，有利于提高训练质量。

通过网上模拟训练，不仅可以提高参训者利用计算机网络，实现网上作战文书拟制、传输、信息处理、图形标绘等技能，而且可以提高灭火救援指挥训练的科学性，全面提高参训者的调集力量、运用战术、协同配合、临机处置等实战组织指挥能力。

（七）实操训练

实操训练，是指通过理论讲解、示范演示、反复练习，学习掌握作战指挥技能的方法。灭火救援指挥实操训练包括实地训练和预案演练，是按照科目训练方案或演习方案提供的火场情况和灭火救援实际进程推演的训练活动。它是参训者学习灭火战术理论、作战指挥理论和技能训练之后，在近似火场实战条件下进行的一种作战指挥训练。在实操训练中，指挥过程中指挥者、指挥信息、指挥手段和指挥对象4个要素齐全并且具象化，能更好地检验和提高参训者组织指挥的综合能力。预案演练一般包括演习准备、演习实施和演习结束3个阶段。

（1）演习准备，是做好演习的首要环节。演习准备主要包括：①明确演习的课目、目的，确定演习阶段、训练问题和演习时间；②选定演习单位，确定参演队伍和人员；③提出遂行政治工作和装备保障工作的要求；④规定准备工作的其他事项及完成时间；⑤熟悉演习单位情况；⑥编写演习文书（包括演习想定、演习计划）；⑦情况显示和演习保障计划等。

（2）演习实施，是做好演习的关键环节。灭火救援演习的实施，从演习者领受任务或接到最初情况起，到演习完最后一个想定为止，是一个连贯的灭火救援全过程。演习实施之前，导演和其他人员应按各自分工迅速到位，并检查演习人员的准备情况。主要包括：①发给演习想定，宣布演习开始；②掌握好演习时间；③了解情况，指导演习；④把握演习中的关键问题等。

（3）演习结束。演习结束后的主要工作是对上级首长或导演进行综合性或专题性的总结讲评。总结时要突出重点，对成绩和问题要实事求是，以求发扬成绩，克服缺点，汲取经验教训，提高指挥能力。经过实战演习，进一步补充完善作战方案。

对演习的有关资料要整理归档。院校教学要对演习想定和有关教材进行充实和修订，使之进一步完善。

第二节　想定作业

想定作业是开展灭火救援指挥训练的一种比较实用的方法，对参训者熟悉灭火救援组织指挥程序和方法，提高灭火救援组织指挥能力和水平具有重要作用，在消防救援队伍各级指挥员训练和院校教学中被普遍采用。本节我们以一起灭火救援指挥想定作业实践为例，学习灭火救援指挥训练的主要内容及方式方法。

一、基本想定

某大厦位于某路50号，东邻幼儿园，南面紧邻好儿郎服装商厦，西临织里中路，北靠永佳路，位居镇中心繁华地带。

该大厦共5层，高度18 m，总建筑面积约2500 m²，钢筋混凝土框架结构。内部楼层主要分布情况：一、二层为童装面料商场，主要堆放织带、商标、花边、纽扣、牛筋、皮扣、饰品；三层为会议室和员工宿舍，局部堆放少量的布质商标；四层为员工宿舍和堆放大量织带的货架；五层为业主宿舍和办公室，其中堆放少量的纸质商标；楼顶平台为电梯机房和临时搭建的工棚。大厦内设有1部货运电梯，可达五层；东、南两侧各有1部敞开式疏散楼梯，东面楼梯直通楼顶平台，南面楼梯通至五层。南侧楼梯口每层设有1个连接市政管网、直径50 mm的墙式消火栓，共5个。大厦一层东、南两侧为砖墙，东面设有一扇向外开启的铁门。西、北两侧邻街，北、西北、西侧各有1扇向外开启的玻璃门。从外围观察，西、北面共有10个店铺，设有12扇金属卷闸门。二至四层窗户装有内嵌式铁栅栏，其中二、四层窗户的铁栅栏外加装铁丝网，五层窗户装有外挂式铁栅栏。大厦一层平面图如图7-2所示。

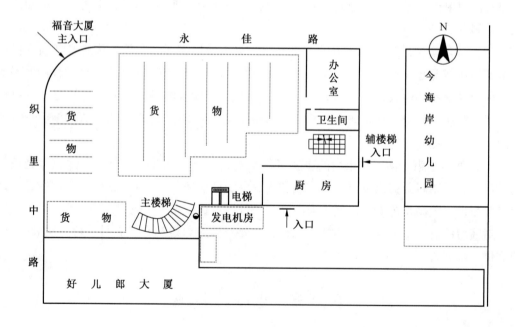

图7-2 大厦一层平面图

大厦周围500 m范围内有市政消火栓9个，管网为环状，管径200～600 mm，常压下压力为0.15～0.25 MPa，距火场北面150 m处有一天然水塘，消防车无法停靠，适于机动泵取水。

火灾发生当日阴天，气温 20 ℃ ~ 23 ℃，西北风 3 ~ 4 级。

9 月 14 日 4 时 29 分，该大厦发生火灾，着火部位在大厦内 1 层西侧吧台处。

消防救援支队作战指挥中心接警后共调集了 7 个消防救援站、1 个地方专职消防救援站共 18 辆消防车、100 余名指战员投入灭火战斗。

二、补充想定

（一）补充想定一

9 月 14 日 4 时 29 分，消防救援支队作战指挥中心接到火警后，迅速调派辖区消防救援站 3 辆消防车、14 名消防救援人员赶赴火场，同时调集市区特勤消防站、临近消防救援站、专职消防救援站共 5 辆车、34 名消防救援人员和 5 名专职消防员进行增援。

4 时 34 分，辖区消防救援站到达现场，此时整个建筑被翻卷的浓烟笼罩，已形成立体式燃烧，其中一、五层窗口已有明火喷出。不时有幕墙玻璃爆裂从空中坠落。同时，发现浓烟笼罩的顶楼平台有 2 名人员呼救。

1. 辖区消防救援站指挥员在出动途中要掌握的主要信息是什么？

提示：考察指挥员确定情况需求的能力。在出动途中主要是对救援对象情况和交通及道路情况的掌握；对起火点、起火原因、有无人员被困、天气等情况的掌握；对出动人员和车辆装备的数量、状态等战斗力情况的掌握。

2. 辖区消防救援站到场后要掌握的主要信息是什么？

提示：考察指挥员确定情况需求的能力。到场后主要是对火灾燃烧情况、发展趋势、人员被困、现场险情及作战条件和水源等情况的掌握；对到场力量及人员数量、种类、性质和隶属情况的掌握；现场可利用的灭火救援装备和物资、技术资源，灾害事故现场战勤保障能力等情况的掌握。

3. 请结合到场力量，以辖区消防救援站指挥员身份下达掌握情况的命令部署。

提示：考察指挥员组织搜集信息的能力。一般有通过实地勘察获取灾害现场信息、利用监控设施获取灾害现场信息、利用仪器检测获取灾害现场信息和利用平战结合的手段掌握参战力量信息 4 种方法。

4. 作为辖区消防救援站指挥员，在下达掌握情况的部署命令后，在等待信息反馈的同时应进行哪些战斗行动部署。

提示：考察指挥员初战指挥能力。全面掌握现场情况是一个持续的过程，往往需要较长过程和时间，初战指挥员在部署掌握情况的命令后，要适时做好准备开展或者预先开展，并且要在之后的行动中，根据不断反馈得到的结果动态实施作战部署指挥。

（二）补充想定二

4 时 44 分，特勤消防站 32 m 登高平台车和 15 t 重型水罐车到达现场，四层、五层浓烟翻滚，火光冲天，形成一道巨大的屏障，严重影响登高救援行动的开展。如强行救人，势必影响到人员和车辆的安全；如不救人，被困人员随时有被大火吞噬的危险。

1. 此时实行属地指挥，请以辖区消防救援站指挥员身份下达作战部署命令。

提示：考察初级指挥员初战指挥能力和指挥方式掌握情况。在同级力量到场而上级指挥员未到场时，一般实行属地指挥，站级指挥员应掌握属地指挥的方法和要求，及时对增援力量进行合理安排部署。

2. 作为辖区消防救援站指挥员，你对特勤站的作战部署依据是什么？

提示：考察指挥员对增援力量的指挥能力。增援力量的主要任务是：加强火势控制、向火场供水、疏散物资、确保后勤补给等。

（三）补充想定三

为及时营救被困人员，指挥员果断下令，特勤消防站操作登高平台车并实施救人。4时58分，2名被困人员成功获救。经及时询问被救者，得知大厦内还有10余人被困，且主要集中在四层和五层。

5时02分，支队全勤指挥部及增援力量到达现场。根据火场内部被困人员多、可燃物荷载大、一层和五层火势非常猛烈等情况，果断下达了作战命令，并及时向总队全勤指挥部进行了报告；同时又调派3个消防救援站共5辆消防车、30名消防救援人员前往增援。

1. 你作为初战消防救援站指挥员，向支队全勤指挥部汇报现场情况。

提示：考察指挥员组织情况处理的能力。一般包括分类整理、情况鉴别、情况分析和信息管理4个环节。

2. 你作为支队全勤指挥部指挥长，认为此时火场的主要方面是什么？

提示：考察指挥员形成作战意图的能力。一般包括理解全局意图、分析研判情况、提出作战意图3个环节。

3. 支队全勤指挥部有哪些行动目标？

提示：考察指挥员确定行动目标的能力。确定行动目标时，要注意以下3点：①要把能为灭火救援后续作战行动创造有利条件的目标作为首战目标；②要注意主客观条件相适应，不能超过各作战力量的作战能力；③行动目标要具有准确的含义，以便下级指挥员准确把握。

4. 代表支队全勤指挥部下达作战部署命令。

提示：考察指挥员定下战斗决心和计划组织的能力。定下战斗决心通常包括行动目的、作战方向、阶段划分、任务部署、战术行动和保障措施。计划组织作战主要包括制订作战计划、组织协同动作、组织作战保障和检查指导作战准备等活动。

（四）补充想定四

接到支队全勤指挥部命令后，辖区消防救援站和特勤消防站各组成2个内部搜救组。辖区消防救援站东风水罐车停靠在永佳路01号消火栓取水，于大厦南侧设立水枪阵地出3支水枪，1支水枪掩护内部搜救组沿东侧楼梯强行内攻搜救大厦内被困人员，另外2支水枪从南面楼梯间窗口打击火势，阻截火势向邻近的好儿郎大厦蔓延。特勤消防站15 t重型水罐车停靠在珠江中路 04 号消火栓，向停靠在大厦北面的 32 m 登高平台车供水，利用车载炮从四、五层窗口打击火势。辖区消防救援站中低压泡沫水罐车停靠在永佳西路 02 号消火栓吸水，向停靠在织里中路的临近消防救援站 12 t 重型水罐车供水，利用车载炮从大厦西面窗口打击三、四、五层火势，阻止火势向南侧毗邻的利丰皮毛商行蔓延；专职消防救援站停靠在富康路 08 号消火栓取水，向停靠在永佳路的辖区消防救援站中低压泡沫水罐车供水，出 3 支水枪从北侧门、窗口打击一、二层火势。

由于燃烧建筑为大空间结构，且内存大量服装辅料（织带、商标、纽扣等），内部温度高、烟雾浓，给 2 个强行内攻救人小组尽快救人带来极大困难。经过多次反复内攻，未能奏效。

特勤消防站云梯车、抢险救援车和增援消防救援站 3 辆消防车相继到场后，支队全勤指挥部根据火场内部火势燃烧猛烈、强行内攻搜救一时无法奏效的现状，决定调整火场力量部署。

1. 此次力量部署调整的具体措施及其依据是什么？

提示：考察指挥员调整队伍行动的能力。指挥员和指挥机关在做出应对策略后，应立即下达队伍贯彻执行，保证队伍实施正确的灭火救援行动。

2. 后续将采取哪些协调控制措施？

提示：考察指挥员协调控制的能力，其内容主要包括监视灾害现场情况、督导救援行动、调整救援部署、预测和评估作战效果、组织救援转换、修正决心和调整行动，以及组织救援结束等内容。

第三节　实操训练

灭火救援指挥实操训练的主要内容是对指挥者、指挥信息、指挥手段和指挥对象 4 个要素的单独或综合的训练。主要包括指挥者的决策、组织计划和协调控制的角色训练，指挥信息的情况信息、作战指令和反馈信息的组织处理训练，指挥手段的指挥器材的运用方式方法训练，以及针对不同指挥对象的指挥交互训练。一般按照讲解示范、个人练习、检查验收等步骤进行。

一、信息搜集与处理训练

（一）课目下达

参训者整队立正后，组训人员下达掌握情况训练的科目和相关内容，主要内容如下。

课目：信息搜集与处理训练。

目的：通过训练，使参训者基本掌握火场信息搜集与处理的基本方法与内容。

内容：主要训练消防队伍扑救一般建筑火灾初期到场时对火势蔓延情况、人员被困情况、消防水源、作战空间、固定消防设施等情况的搜集与处理。

方法：本训练实行携对讲机分组模拟角色原地练习，由组长对本组人员进行分工，组织训练教师进行辅导。

时间：50 min。

场地：消防技战术训练场、模拟训练中心。

要求：大家在训练中要严肃认真、语言规范，符合信息搜集与处理的简明高效的要求。

课目下达完毕。

（二）理论提示

信息搜集与处理是指挥者以侦察、检测、询问等各种方法和手段获取与灭火救援有关的现场情况，并对这些情况进行加工整理，从而达到掌握判断现场情况的要求。

灾害现场信息搜集主要包括人员被困情况、火灾发生与蔓延情况、消防水源情况、灭火救援空间情况以及固定消防设施情况等内容。

灾害现场信息搜集方法主要有以下 4 个方面：①通过外部观察、内部侦察、询问知情者等传统的侦察手段获取现场信息；②利用现场的固定设施获取现场信息；③利用可燃气体探测仪、有毒气体检测仪、红外火源探测器、侦察无人机、消防侦察机器人等专业仪器装备获取现场信息；④利用基于互联网、物联网、大数据的智慧消防手段，如 GIS 定位、消防云、指挥中心一键调度指挥平台、消防物联网等，快速查询现场信息。

灾害现场信息的处理方法包括分类整理、鉴别提炼、分析研究 3 个部分。对灾害现场信息的分类整理实质上是一个归纳、排队的梳理过程。经过分类处理后的灾害现场信息必须清晰、简练、易懂，具有条理性和时序性，便于使用；信息鉴别是情况处理的关键环节，要鉴别信息的真实性、准确性和可用性；信息分析通常包括定量分析和定性分析两种方法。

（三）灾情设定

灾情设定包括基本灾情和处置进展，基本灾情提前告知参训者，处置进展不提前告知参训者，锻炼和考察参训者掌握情况的指挥能力。

1. 基本灾情

某饰品广场东西长 60 m、南北宽 20 m，主体为钢筋混凝土框架结构，为一级耐火等级，地上 6 层，地下 1 层，建筑高度 20 m，占地面积 1200 m²，总建筑面积 7000 m²。该楼地下一层设泵房和水箱间，局部是仓库，一至三层经营女子饰品，四层经营童装，五层经营女子美容用品及家具，六层是华邦英语学校和办公室，商场内共有经营商户 77 家。

该饰品广场距辖区消防救援站 2 km，约 4 min 行程。该楼东侧 5.4 m 处为 1 栋 15 层高层住宅楼，南侧 4.7 m 处为一栋 3 个单元的 5 层砖混结构住宅楼，西侧 14.5 m 处为 1 栋 6 层综合写字楼，其中有宽 6.8 m 的消防通道被两侧临时商铺侵占，北面是城市主干道。

商厦内部中间设有自动扶梯 1 部，东西两侧各设疏散楼梯 1 部。室内设有火灾自动报警、自动喷淋灭火系统，每层各设墙壁式消火栓 8 个，每层楼梯间均设有甲级防火卷帘。饰品广场平面图如图 7 - 3 所示。

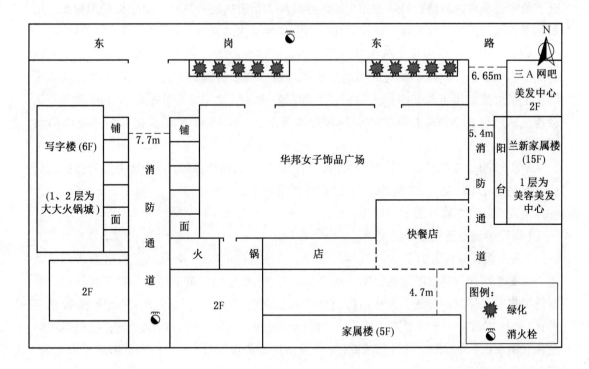

图7-3　饰品广场平面图

火灾当日气温为 -1℃，西北风 2~3 级。

3 月 10 日 4 时 05 分，紧靠商厦西北侧的一层商铺屋檐上冒出火苗后，没有及时报警。由于施救方法不当，导致火势迅速扩大蔓延至商厦二楼。

3 月 10 日 4 时 22 分，支队作战指挥中心接到该饰品广场发生火灾的报警后，迅速调集辖区消防救援站及临近消防救援站到场施救。当日支队值班首长随即带全勤指挥部赶往火灾现场指挥扑救。

呈现方式：多媒体展示，口述。

2. 处置进展

训练过程中，导调人员结合合理想定灾情及其发展情况，训练和考察参训者的实战指挥能力。

（1）4 时 29 分，辖区消防救援站 4 辆水罐车，临近消防救援站 2 辆水罐车共 52 人相继到达现场。

呈现方式：多媒体展示，口述。

（2）辖区消防救援站指挥员经过外部观察和询问有关知情人，确定商厦内无人员被困，根据一、二层全部和三层西半部分已呈大面积燃烧，并且火势已向三层东侧和四层蔓延，形成了猛烈燃烧的严峻态势，一方面立即向消防救援支队作战指挥中心汇报火场情况，请求调集增援力量；另一方面立即命令到场力量迅速展开战斗。由于火场烟雾大、辐射热强，强行内攻十分困难，灭火工作受阻，指挥员当即又对力量部署进行了调整。

4 时 31 分，消防救援支队作战指挥中心再次调集消防救援 A 站 2 辆水罐车，特勤消防站 2 辆水罐车、1 辆 32 m 登高车赶赴现场增援，调度员同时迅速向消防救援支队值班首长汇报火情。值班首长得知火情后，立即赶赴火场，途中命令作战指挥中心调集消防救援支队所属 6 个消防救援站的全部水罐消防车、1 辆 53 m 登高车和一个企业消防救援站增援。

4 时 50 分，支队值班首长赶到火场，迅速成立了火场指挥部；4 个增援消防救援站的 12 辆水罐车、100 余名消防救援人员也相继赶到火场。

呈现方式：多媒体展示，口述。

（四）参训者及任务分工

7 人一组，分别定为 1、2、3、4、5、6、7 号指挥员，1~4 号指挥员模拟指挥员角色，由 1 号指挥员根据既定场景明确指出情况需求；2 号指挥员讲评 1 号指挥员行动，并下达搜集现场情况的部署，5 号指挥员作为知情人配合情况搜集行动，协助形成行动结果；3 号指挥员讲评 2 号指挥员行动，并根据情况搜集结果，进行情况处理，呈现组织的过程和结果；4 号指挥员进行总结讲评；6 号指挥员负责导调；7 号指挥员组织填表记录；组训者负责训练讲评。

（五）训练展开

1. 确定情况需求训练

（1）6 号指挥员进行基本灾情和处置进展介绍展示。

（2）1 号指挥员口述目前处于火灾发展初期阶段，现场需要确定的情况有：①灾害对象方面：商场建筑类型、平面布局、使用情况、水电气、固定消防设施、燃烧物质数量及性质、人员被困情况、火场存在的险情、火势及其发展趋势、火场周边道路及交通状况、毗邻建筑情况、市政及天然水源；②参战力量方面：到场车辆、装备、人员数量、状态及站位；③现场环境：风向、风力、温度、湿度及阴晴雨雪情况。

（3）7 号指挥员填表记录 1 号指挥员口述内容，见表 7-1。

（4）2 号指挥员进行小结讲评。

2. 组织信息搜集训练

（1）2 号指挥员结合讲评内容，下达信息搜集部署命令：

① 副站长在火场外联系物业，通过询问和观察，掌握被困人员、商场建筑类型、平面布局、使用情况、水电气等使用情况；统计各班组到场人员和车辆装备数量及状态；确定现场风向、风力、温度、湿度及阴晴雨雪等情况。

② 由我带通信员和战斗 1 班班长组成侦察 1 组，进入商场内部，侦察燃烧物质数量及性质、人员被困情况、火势及其发展趋势、火场存在的险情，战斗 1 班单干线出 2 支水枪掩护。

表7-1 确定情况需求训练记录表

训练时间： 参训者： 记录人： 参训人签名：

1号指挥员训练		2号指挥员讲评		教员评定
需求类型	需求内容	是否明确	是否缺少及缺少的内容	
火场信息				
到场力量信息				
作战环境信息				
总体评价				

③ 由站长助理带战斗2班班长组成侦察2组，进入消防控制室，会同值班人员掌握固定消防设施运行情况。

④ 由供水班组成侦察3组，侦察周边道路及交通状况、毗邻建筑情况、市政及天然水源。

（2）5号指挥员根据信息搜集命令部署，逐项反馈侦察结果。侦察结果为××。

（3）7号指挥员填表记录2号指挥员搜集情况命令部署（表7-2）。

表7-2 组织信息搜集训练记录表

训练时间： 参训者： 记录人： 参训人签名：

2号指挥员训练		3号指挥员讲评		教员评定
部署类型	部署内容	是否合理	是否缺少及缺少的内容	
外部观察及询问知情人				
内部侦察				
侦察设备及监控侦察				
总体评价				

（4）3号指挥员进行小结讲评。

3. 组织情况处理训练

（1）6号指挥员进行处置进展介绍展示。

（2）3号指挥员结合讲评内容，处理侦察结果并向指挥中心报告：①现场火势已经进入全面燃烧阶段，火场面积为××，发展蔓延趋势为××；②现场人员被困情况为××；③现场可能出现的险情是××；④灭火效能评估为××；⑤天气情况对灭火救援行动的利弊是××。

（3）7号指挥员填表记录3号指挥员搜集情况命令部署（表7-3）。

表7-3　组织情况处理训练记录表

训练时间：　　　　参训者：　　　　记录人：　　　　参训人签名：

3号指挥员训练		4号指挥员讲评		教员评定
处理结果	部署内容	是否合理	是否缺少及缺少的内容	
火灾发展态势				
险情及火场主要方面				
灭火效能判断				
总体评价				

（4）4号指挥员对3号指挥员进行讲评。

（六）组训人员讲评

组训人员讲评是信息搜集和处理训练的最后一个环节，用于对整个训练过程进行评析和总结，组训人员汇报词如下。

组训人员："今天我们对火场信息搜集和处理进行了训练，同学们在训练过程中表现得严肃认真，基本达到了训练目标和要求。此外，还有需要进一步改进的地方：指挥者方面，××；指挥信息方面，××；指挥手段方面，××；指挥对象方面，××。希望各位同学在今后的学习和训练中不断提高情况搜集与处理能力，讲评完毕！"

（七）训练结束

组训人员讲评结束后，组织参训者清点人员和装备，收整并归还器材，对训练场地进行恢复。

（八）训练考核

训练成绩主要从训练准备、训练过程和训练结束三个方面进行评定，为便于量化评定，按照总分100分，训练准备占10分，训练过程占85分，训练结束占5分标准进行控制，扣分细则和考核标准见表7-4。

表7-4 信息搜集与处理训练扣分细则和考核标准

项目	分值	分项内容及标准			扣　分
		分项	分数	考核标准	
训练准备	10	器材准备	5	训练所需器材准备齐全，器材完好	器材准备数量不足扣1分，器材有故障扣1分/件
		训练着装	5	参训者着装符合要求，身份标志明显	参训者着装不符合要求，每人次扣1分
训练过程	85	确定信息需求训练	25	熟知起火单位基本信息（如面积、使用功能、毗邻情况等），赋5分；对着火部位情况（如起火物质、被困人员、救援难点等）了解，赋5分；对起火物质的基本性质（如起火物质名称、理化性质、扑救措施等）了解，赋5分；掌握救援进程中的天气情况以及对火灾的影响，赋5分；对到场力量情况（如人员、器材、灭火剂等）详细掌握，赋5分	信息内容缺项扣5分/次
		组织信息搜集训练	25		信息搜集部署不当扣5分/次
		组织信息处理训练	25		信息处理结果混乱无序视情扣分
		训练安全	5	符合火场安全要求，个人防护意识较强	违反火场安全情况的、有危险动作的每处扣1分
		训练作风	5	作风紧张，动作迅速，训练行动积极	参训者作风拖拉、不紧张，存在嬉戏打闹等现象，发现一处扣1分
训练结束	5	收整器材	3	收整器材规范，无遗漏	不规范一次扣1分，遗漏一件扣1分
		现场恢复	2	现场使用过的设施恢复原样，无遗漏	恢复不到位一处扣1分
说明		考核标准满分为100分，没有加分项目，只有扣分，每小项分数扣完为止：90分以上为优秀，80~89分为良好，70~79分为中等，60~69分为合格，不满60分为不合格。			

二、定下灭火救援决心训练

(一) 课目下达

课目：定下灭火救援决心训练。

目的：通过训练，使参训者熟悉定下灭火救援决心的方法，并在实际工作中运用。

内容：主要训练指挥员对火情信息的筛选与分析，并对灭火救援指挥决心进行表述。

方法：参训者轮流模拟指挥员通过指挥图板进行灭火救援决心表述，组织训练教师进行辅导。

时间：50 min。

场地：消防技战术训练场、模拟训练中心。

要求：大家在训练中要严肃认真、密切配合，注意定下灭火救援决心的清晰明确和准确迅速的要求。

143

（二）理论提示

定下灭火救援行动决心是指挥者在搜集处理现场信息的基础上对如何完成该战斗任务进行筹划和作出决定的活动，灭火救援行动决心主要包括战斗企图、确定行动目标、拟定决心方案3个方面内容。

定下灭火救援决心程序由确定目标、拟制计划、评选方案和制订计划4个步骤组成。

（三）灾情设定

1. 基本灾情

某文化中心大楼工地位于光华路36号，东侧为服务楼，间距94 m；南侧为主楼，间距93 m；西侧为东三环中路，间距49 m；北侧为两栋居民楼，间距38 m。该建筑地上30层、地下2层，高159 m，建筑面积103648 m²，主体为钢筋混凝土结构，正在进行装修施工。外立面装修材料为玻璃幕墙、钛锌板，使用挤塑板、聚氨酯泡沫等作保温材料。

该建筑地下一层为停车场和卸货平台；地下二层为停车场、员工食堂；一层为录音棚、剧场影院、宴会厅；二层为新闻发布厅、数字传送机房；三、四层为视听室和水疗室；五层为酒店公共活动场所及大堂；六~十二层、十五~二十六层为酒店客房；十三层为设备层、十四层为避难层；二十七、二十八层为酒廊和餐厅；二十九、三十层为设备层。

文化中心园区内部共有地下消火栓23个，其中附属文化中心9个，能源服务楼2个，主楼12个，管径为300 mm，环状管网。附属文化中心建筑内有墙壁消火栓435个，管径为150 mm；消防水箱2个，位于十三层（储水量60 t）和二十九层（储水量24 t），总储水量84 t；消火栓水泵接合器6个，喷淋水泵接合器6个。文化中心园区500 m范围内共有市政消火栓6个，其中朝阳路4个，管径为600 mm；光华路2个，管径为300 mm。

文化中心大楼水源道路平面图如图7-4所示，文化中心工地北立面图如图7-5所示。

火灾发生时，气温2~5 ℃，风向西南，风力2~3级。

2月9日20时20分，在建的附属文化中心工地发生火灾，火灾发生后短时间内形成外立面大面积立体燃烧火灾。火灾主要燃烧物为聚氨酯泡沫、挤塑板等建筑保温材料和钛锌板。

20时27分，消防救援总队作战指挥中心接到文化中心园区附属文化中心工地发生火灾的报警，立即启动高层建筑火灾事故灭火救援预案，迅速调集了辖区消防救援站6辆消防车、协管消防救援站4辆消防车及1辆元宵节驻点执勤车辆共计11辆消防车赶赴现场，并调派一支队全勤指挥部到场指挥。

同时，指挥中心通过消防视频监控系统观测火势发展情况，确认起火建筑顶部有明火燃烧并生成大股黑烟，迅速将现场情况通报总队值班首长，并调集总队全勤指挥部以及所属8个消防救援支队，27个消防救援站，85辆消防车（含总队、支队指挥车5辆），595名指战员前往火场进行火灾扑救。

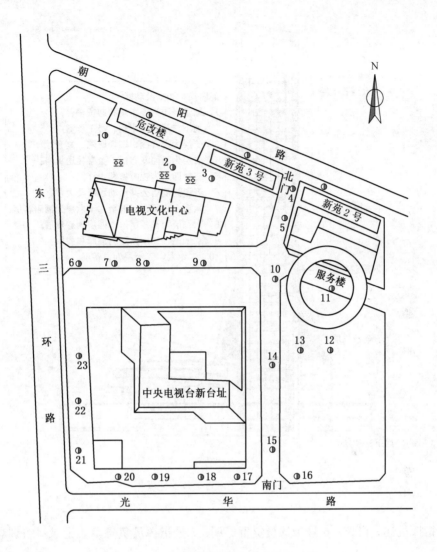

图 7 - 4　文化中心大楼水源道路平面图

呈现方式：多媒体展示，口述。

2. 处置进展

20 时 36 分，辖区消防救援站 3 辆消防车和烟花爆竹驻点执勤的 1 辆五十铃水罐消防车共 25 人同时到达现场。此时，建筑物顶部起火，呈燃烧状态，火灾尚未蔓延至建筑内部，楼内尚有部分单位人员。

呈现方式：多媒体展示，口述。

（四）参训者及任务分工

训练时 7 人一组，分别定为 1、2、3、4、5、6、7 号指挥员，1～4 号指挥员模拟指挥员角色，根据既定场景下定灭火救援决心，并在指挥图板上标示；5 号指挥员负责对

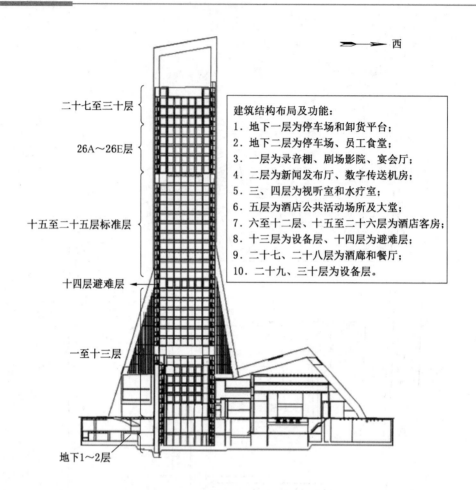

西

二十七至三十层

26A～26E层

十五至二十五层标准层

十四层避难层

一至十三层

地下1～2层

建筑结构布局及功能：
1. 地下一层为停车场和卸货平台；
2. 地下二层为停车场、员工食堂；
3. 一层为录音棚、剧场影院、宴会厅；
4. 二层为新闻发布厅、数字传送机房；
5. 三、四层为视听室和水疗室；
6. 五层为酒店公共活动场所及大堂；
7. 六至十二层、十五至二十六层为酒店客房；
8. 十三层为设备层、十四层为避难层；
9. 二十七、二十八层为酒廊和餐厅；
10. 二十九、三十层为设备层。

图7-5 文化中心工地北立面图

1～4号指挥员逐人讲评；6号指挥员负责导调；7号指挥员负责填表记录；组训者负责训练讲评。

（五）训练展开

（1）6号指挥员进行基本灾情和处置进展介绍展示。

（2）1号指挥员下达作战部署命令：××。

（3）7号指挥员填表记录1号指挥员标示的灭火救援决心（表7-5）。

表7-5 定下灭火救援决心训练记录表

训练时间：　　　　参训者：　　　　　　记录人：　　　　　　参训人签名：

决心类型	决心内容	是否合理	是否缺少及缺少的内容	评　定
战斗目标				

表7-5（续）

决心类型	决心内容	是否合理	是否缺少及缺少的内容	评　　定
行动企图				
决心方案				
总体评价				

（4）5号指挥员进行小结讲评。

（5）2、3、4号指挥员依次重复进行训练。

（六）组训人员讲评

略。

（七）训练结束

略。

（八）训练考核

略，扣分细则和考核标准见表7-6。

表7-6　定下灭火救援决心训练扣分细则和考核标准

项目	分值	分项内容及标准				扣　分
		序号	分项	分数	考核标准	
训练准备	10	1	器材准备	5	训练所需器材准备齐全，器材完好	器材准备数量不足扣1分，器材有故障扣1分/件
		2	训练着装	5	参训者着装符合要求，身份标志明显	参训者着装不符合要求，每人次扣1分
训练过程	85	3	火场主要矛盾是否得到解决	25	对主要矛盾形成行之有效的解决方法，赋25分；无法形成任何有效措施，赋0分	对主要矛盾处理缺项扣5分/次
		4	目标完成情况	25	在进行救援过程中制定的目标完成很好，手段科学，且付出的代价较小，赋25分；目标完成较好，付出代价较大，据情赋分；制定的目标基本无进展，且人员、装备付出的代价惨重，赋0分	目标未完成扣5分/项付出代价大扣5分/项
		5	作战决心表述滞后性	25	超过10 min还未下达作战方案的，赋0分；根据灾情和力量对比提前下达完毕的，赋25分，其余据情赋分	作战决心不清晰或迟误视情扣分
		6	训练安全	5	符合火场安全要求，个人防护意识较强	违反火场安全情况的、有危险动作的每处扣1分

147

表7-6（续）

项目	分值	分项内容及标准				扣分
		序号	分项	分数	考核标准	
训练过程	85	7	训练作风	5	作风紧张，动作迅速，训练行动积极	参训者作风拖拉、不紧张，存在嬉戏打闹等现象，发现一处扣1分
训练结束	5	8	收整器材	3	收整器材规范，无遗漏	不规范一次扣1分，遗漏一件扣1分
		9	现场恢复	2	现场使用过的设施恢复原样，无遗漏	恢复不到位一处扣1分

三、组织实施灭火救援训练

（一）课目下达

课目：组织实施灭火救援行动训练。

目的：通过训练，使参训者熟悉组织实施灭火救援行动的方法，掌握任务下达的方式。

内容：训练指挥员为实现其灭火救援决心而正确下达各项灭火救援任务。

方法：参训者轮流模拟指挥员下达灭火救援任务部署命令，组织训练教师进行辅导。

时间：50 min。

场地：消防技战术训练场、计算机模拟训练中心。

要求：大家在训练中要严肃认真、语言规范，注意组织实施活动中任务下达的明确和效力。

（二）理论提示

组织实施灭火救援行动是指挥者依据灭火救援行动决心对所属队伍进行的具体筹划和指导落实，是实施灭火救援指挥过程的重要阶段，其目的是使所属队伍明确所担负的任务以及所要采取的措施。

组织实施灭火救援包括拟制、下达灭火救援行动指令，组织协同动作和各种保障、检查指导队伍战斗展开准备3部分内容。

指挥者根据指挥决策和灭火救援行动方案组织实施灭火救援，对灭火救援行动进行具体的部署和安排，并指导落实所采取的基本方法，主要有指令法、指导法、演示法三种。

（三）灾情设定

1. 基本灾情

某粮库是集粮食购销和存储于一体的综合性粮库，现有职工76人，储粮146000 t。建有各类库房13个，烘干塔2座；设有临时苇苫粮囤160个，其中东侧粮囤区56个、西侧粮囤区18个、南侧粮囤区82个、5号露天堆垛旁4个，每个粮囤储粮约500 t，粮囤间距约为2 m；在库区中部和西部设有露天堆垛5个。

粮库平面图如图7-6所示。

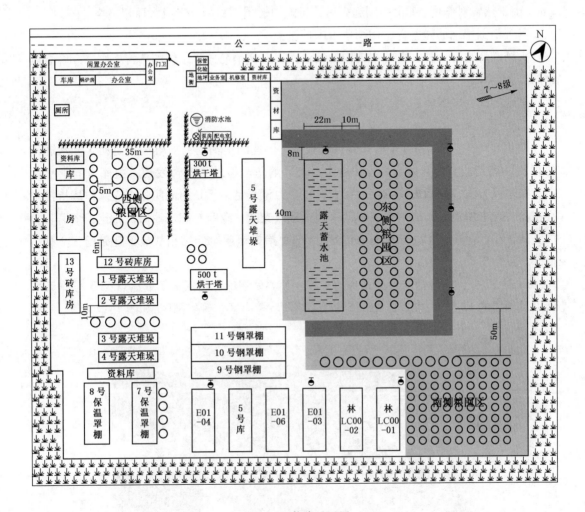

图7-6 粮库平面图

该粮库有专职消防队1支,水罐消防车1辆,专职消防员3人。库区内设有露天蓄水池1个,储水2500 t;地下消防水池1个,储水300 t;室外地下消火栓9处,流量5.7 L/s。库区外2 km范围内有1处消防水鹤,流量60 L/s;6处农用机井,流量5 L/s。

该粮库距辖区消防救援站35 km,距消防救援支队75 km。粮库占地面积222000 m²,东侧和南侧为农田,西侧和北侧为居民区。

起火当日多云,风向西南风,风力7~8级,并伴有强对流天气,最高气温34 ℃。

11月18日13时5分,该粮库发生火灾。火灾发生时,风力为7~8级,并伴有强对流天气,芦苇编织的苇草帘猛烈燃烧,燃烧碎片被抛向空中,形成大量飞火,西侧的18个粮囤在15 min内全部过火。火灾过火面积11689 m²,直接财产损失307.9万元,起火原因系配电箱导线与箱体摩擦短路打火,引燃周围可燃物。

粮库内固定仓位少，超量储存，导致大量建造临时苇苫粮囤，粮囤密集，间距不足2 m，由于热辐射作用，1 个粮囤起火后，迅速引燃周围粮囤，形成大面积燃烧。

苇苫粮囤用钢筋做龙骨，用苇草帘围挡遮盖。

火场燃烧物有 3 种：①砖木结构的粮食库房；②钢筋龙骨结构的苇苫粮囤；③麻袋堆砌的露天堆垛。

呈现方式：多媒体展示，口述。

2. 处置进展

13 时 15 分，作战指挥中心接到火灾报警，迅速调集辖区消防救援站出动 5 辆水罐消防车、24 名指战员奔赴火场。行驶途中，辖区消防救援站指挥员发现，粮库方向烟雾弥漫，加之风力大，判断火场燃烧面积大，自身力量不足，于是向消防救援支队作战指挥中心报告并请求增援，作战指挥中心迅速调集辖区支队、政府专职、油田、石化 4 个消防救援支队、7 个消防救援站、19 辆消防车、5 部手抬机动泵、85 名指战员奔赴火场，全勤指挥部，遂行出动。

13 时 50 分，辖区消防救援站到达火场。侦察发现库区已形成 3 处火点：①1 号露天堆垛以及相邻的 12 号库；②库区中部 5 号露天堆垛；③库区东侧粮囤区,如图 7-7 所示。

图 7-7 粮库火灾阶段示意图

火势迅速蔓延，严重威胁西侧和南侧粮囤区，辖区指挥员根据火场情况，进行了情况判断，并定下了战斗决心。

呈现方式：多媒体展示，口述。

（四）参训者及任务分工

训练时7人一组，分别定为1、2、3、4、5、6、7号指挥员，1~4号指挥员模拟指挥员角色，根据定下的灭火救援决心，下达作战部署命令；5号指挥员负责对1~4号指挥员逐人讲评；6号指挥员负责导调；7号指挥员负责填表记录；组训者负责训练讲评。

（五）训练展开

（1）6号指挥员进行基本灾情和处置进展介绍展示。

（2）1号指挥员下达作战部署命令：××。

（3）7号指挥员填表记录1号指挥员口述内容（表7-7）。

表7-7　组织实施灭火救援训练记录表

训练时间：　　　　参训者：　　　　记录人：　　　　参训人签名：

命令内容	命令对象	是否合理	是否缺少及缺少的内容	评　定
作战主要方面				
供水及后勤保障				
其他				
总体评价				

（4）5号指挥员进行小结讲评。

（5）2、3、4号指挥员依次重复进行训练。

（六）组训人员讲评

略。

（七）训练结束

略。

（八）训练考核

略，扣分细则和考核标准见表7-8。

表7-8　组织实施灭火救援训练扣分细则和考核标准

项目	分值	分项内容及标准				扣　分
		序号	分项	分数	考核标准	
训练准备	10	1	器材准备	5	训练所需器材准备齐全，器材完好	器材准备数量不足扣1分，器材有故障扣1分/件
		2	训练着装	5	参训者着装符合要求，身份标志明显	参训者着装不符合要求，每人次扣1分

表 7 - 8（续）

项目	分值	分项内容及标准				扣　分
		序号	分项	分数	考核标准	
训练过程	85	3	方案准备、实施时间	25	各参战力量调动及时，调动方案所需力量时间较短，对火灾的发展影响较小，能够迅速实施方案，赋25分；其余据情赋分	实施时间过长扣5分/项
		4	指挥关系	25	现场各级指挥关系明确，上下级关系条理清晰，赋25分；各级指挥关系无体现，赋0分；其余据情赋分	指挥关系不明晰、不当扣5分/项
		5	人员分工	25	各参战力量任务分工明确，各司其职，任务按方案井然有序进行，赋25分；各参战力量混乱，赋0分；其余据情赋分	参战力量分工不明确扣5分/项
		6	训练安全	5	符合火场安全要求，个人防护意识较强	违反火场安全情况的、有危险动作的每处扣1分
		7	训练作风	5	作风紧张，动作迅速，训练行动积极	参训者作风拖拉、不紧张，存在嬉戏打闹等现象，发现一处扣1分
训练结束	5	8	收整器材	3	收整器材规范，无遗漏	不规范一次扣1分，遗漏一件扣1分
		9	现场恢复	2	现场使用过的设施恢复原样，无遗漏	恢复不到位一处扣1分

四、协调控制灭火救援训练

（一）科目下达

科目：协调控制灭火救援行动训练。

目的：通过本科目训练，使参训者熟悉协调控制灭火救援行动的作用，掌握协调控制的方法。

内容：训练指挥员根据各任务小组反馈的情况，对灭火救援的任务和力量做出及时调整。

方法：参训者轮流模拟指挥员下达灭火救援任务部署调整命令，组织训练教师进行辅导。

时间：50 min。

场地：消防技战术训练场、计算机模拟训练中心。

要求：大家在训练中要严肃认真、语言规范，注意协调控制活动中及时有效和全面统筹的要求。

（二）理论提示

协调控制灭火救援行动是指挥者通过掌握灭火救援现场情况，调控救援力量和灭火救援行动，其目的是保障灭火救援行动的顺利进行。

协调控制灭火救援行动包括督导队伍灭火救援行动、协调队伍灭火救援行动、修正灭火救援决心和调整力量部署4个方面内容。

协调控制灭火救援行动程序由掌握灭火救援现场情况、做出应对策略、调整力量行动3个步骤组成。

（三）灾情设定

1. 基本灾情

某酒店占地面积850 m²，建筑面积20000 m²。酒店共9层，员工100余人。建筑结构为钢混，二级耐火等级，高39 m，消防安全出口2个，东邻马鞍山路、西邻世纪阳光花苑、南邻世纪阳光花苑、北邻九华山路，重点部位在各层套房。该酒店属辖区消防救援站消防安全重点单位，市级防火安全重点单位，距辖区消防救援站3 km。

酒店共有8名志愿消防员，参加过消防培训。内部有消火栓35个，内部还设有干粉灭火器100个，每层楼均有自动报警系统、自动喷水系统、应急广播系统。消火栓泵2组、喷淋泵2组。

当日风向是西北风，风力3级，湿度为25%。

3月19日20时38分，2层217房间旅客外出时遗留烟头未熄灭，不慎点燃床单引发火灾。当酒店保安人员发现火光和烟雾时，没有及时报警，而是使用手提灭火器进行喷射，效果甚微，火势进一步扩大，向上层和四周蔓延，已经无法控制，于20时48分拨打119报警，此时距火灾发生已10 min，错过灭火与救援最佳时机。

20时48分，消防救援支队作战指挥中心接到报警。作战指挥中心迅速指示辖区消防救援站出警。辖区消防救援站出动3辆水罐车、1辆高喷车，17名指战员火速赶赴火场。途中发现酒店方向浓烟滚滚、火光冲天，辖区消防救援站站长意识到灾情严重、本站无法单独完成灭火救援任务，立即向消防救援支队作战指挥中心报告，请求紧急增援。作战指挥中心遂增派力量前往增援，出动力量见表7-9。

表7-9 出动力量一览表

序号	队次	出动力量
1	辖区消防救援站	水罐车2辆（8 t×1，15 t×1）、泡沫车1辆（2 t泡沫液/7 t水）、高喷车1辆（16 m）
2	消防救援A站	水罐车2辆（8 t×2）
3	消防救援B站	水罐车2辆（8 t×1，15 t×1）
4	消防救援C站	水罐车1辆（8 t×1）、泡沫车1辆（2 t泡沫液/7 t水）
5	特勤消防站	水罐车1辆（15 t×1）、登高平台车1辆（53 m）、指挥车1辆，照明车1辆、云梯车1辆（42 m）

20时52分，辖区消防救援站首先到达现场。经侦察发现，整幢大楼浓烟滚滚，火势

呈猛烈燃烧态势，大火在二层中部已向四周及三层、四层蔓延，辐射热威胁相邻房间，火势有继续扩大的危险，二、三、四层都有人员被困，情绪十分激动，部分人员趴在空调架上、招牌上及二层露台，少数人员经受不住浓烟熏烤直接从窗台跳下，正面楼梯已被浓烟烈火封锁，无法进入内部救人，情况十分紧急。按照全勤指挥部指示，辖区消防救援站站长将警戒、营救空调架、招牌及二层露台被困人员和组织人员疏散作为作战部署重点。

呈现方式：多媒体展示，口述。

2. 处置进展

21 时 20 分，支队全勤指挥部及增援力量到达现场，成立现场作战指挥部。此时空调架、招牌及二层露台被困人员已被成功营救。支队长对火场态势和到场力量进行了全面分析，对所有到场力量进行了战斗调整部署。

呈现方式：多媒体展示，口述。

（四）参训者及任务分工

训练时 7 人一组，分别定为 1、2、3、4、5、6、7 号指挥员，1～4 号指挥员模拟指挥员角色，根据现场灾情变化，下达作战力量调整部署命令；5 号指挥员负责对 1～4 号指挥员逐人讲评；6 号指挥员负责导调；7 号指挥员负责填表记录；组训者负责训练讲评。

（五）训练展开

（1）6 号指挥员进行基本灾情和处置进展介绍展示。

（2）1 号指挥员下达作战部署命令：××。

（3）7 号指挥员填表记录 1 号指挥员口述内容（表 7 – 10）。

表 7 – 10　协调控制灭火救援行动训练记录表

训练时间：　　　　　参训者：　　　　　记录人：　　　　　参训人签名：

命令类型	命令内容	是否合理	是否缺少及缺少的内容	评　定
作战主要方面				
供水及后勤保障				
其他				
总体评价				

（4）5 号指挥员进行小结讲评。

（5）2、3、4 号指挥员依次重复进行训练。

（六）组训人员讲评

略。

（七）训练结束

略。

（八）训练考核

略，扣分细则和考核标准见表7-11。

表7-11 协调控制灭火救援训练扣分细则和考核标准

项目	分值	分项内容及标准				扣 分
		序号	分项	分数	考核标准	
训练准备	10	1	器材准备	5	训练所需器材准备齐全，器材完好	器材准备数量不足扣1分，器材有故障扣1分/件
		2	训练着装	5	参训者着装符合要求，身份标志明显	参训者着装不符合要求，每人次扣1分
训练过程	85	3	灾变时间预测及备选方案准备	25	对灾变预测较为准确、合理，根本上降低了方案错误运行造成的人员、器材等的损失，有备用方案准备，赋25分；其余据情赋分	各项措施无计划调整扣5分/项
		4	调整方案的形成时间	25	形成针对性方案的时间较短，且针对性强，赋25分；其余据情赋分	调整方案形成迟误不当扣5分/项
		5	决策调整的难易程度	25	各参战力量调整及时，调整方案符合灾情发展、火场主要方面的变化实际和到场力量实际，能够迅速实施方案，赋25分；其余据情赋分	调整未结合火场实际或实施难度大扣5分/项
		6	训练安全	5	符合火场安全要求，个人防护意识较强	违反火场安全情况的、有危险动作的每处扣1分
		7	训练作风	5	作风紧张，动作迅速，训练行动积极	参训者作风拖拉、不紧张，存在嬉戏打闹等现象，发现一处扣1分
训练结束	5	8	收整器材	3	收整器材规范，无遗漏	不规范一次扣1分，遗漏一件扣1分
		9	现场恢复	2	现场使用过的设施恢复原样，无遗漏	恢复不到位一处扣1分

五、消防救援站本级指挥训练

（一）科目下达

科目：消防救援站本级指挥训练。

目的：通过训练，使参训者掌握消防救援站本级指挥的基本程序和内容，熟悉消防救援站本级指挥训练的组训形式和组训方法，提高参训者的初战指挥能力。

内容：途中指挥信息搜集与处理、任务分配和力量部署、向指挥中心汇报。

方法：受训人员依次轮流模拟消防救援站初战指挥活动中各个角色，协调配合完成训练，组训教员进行辅导。

时间：20 min。

场地：消防技战术训练场。

要求：要求同学们在训练过程当中严格训练纪律、突出训练重点、强化各班组之间的协同配合。

（二）理论提示

辖区消防救援站在向火场出发的途中要实施途中指挥，内容包括：①联系指挥中心、报警人、事故单位负责人，实时掌握现场情况；②指导事故现场组织先期自救，如启动固定消防设施、人员疏散等；③制订初步的作战方案，并将现场情况通报给所属人员及车辆，并向各班长简单部署作战任务，强调作战纪律、提示安全注意事项。

辖区消防救援站在任务分工和力量部署后，应及时向指挥中心汇报情况，内容包括：①本消防救援站到达火灾现场的时间；②火灾现场的基本情况；③本消防救援站的力量部署情况；④遇到的困难及请求增援情况。

（三）灾情设定

某日9时，某单位训练塔由于电气故障引起火灾，辖区消防救援站接到报警后出动5辆消防车（18 m高喷消防车1辆、12 t水罐消防车1辆、10 t水罐消防车2辆、抢险救援车1辆），30人赶赴现场。9时13分到达现场，现场火势通过外窗有向四层、五层蔓延的趋势，有人员被困，数量、位置不详。训练塔东、西两侧各有一个疏散楼梯。

呈现方式：多媒体展示，口述。

（四）参训者及任务分工

训练时7人一组，分别定为1、2、3、4、5、6、7号员，1号员模拟辖区消防救援站站长角色，2号员模拟副站长，3号员模拟一班长，4号员模拟二班长，5号员模拟三班长，6号员模拟指挥中心值班员，7号员模拟报警人和安全员，协调配合完成消防救援站本级指挥流程，组训者负责训练讲评。

（五）训练展开

1. 出动途中联系、汇报与部署传达

辖区消防救援站指挥员：指挥中心，我站接到出动命令，出5车30人前往处置，完毕！

指挥中心：收到！注意安全，到场及时汇报！

辖区消防救援站指挥员：报警人你好，现场情况如何？

报警人：三楼着火了，火很大！

辖区消防救援站指挥员：现场有人被困吗？

报警人：窗口有人呼救，很危急！

辖区消防救援站指挥员：好的，请你单位组织人员按照你单位预案展开初期火灾自救疏散，并启动固定消防设施。请你安排人员到主干道接应我们，我们马上就到。

报警人：好的，我们马上组织！

辖区消防救援站指挥员：各班注意！中国消防救援学院训练塔，由于电气故障引起火灾，现场火势很大，同时有人员被困，情况紧急！到达现场后，由副站长带领一班长和通信员进行火情侦察，一班分为两组进入火场搜救，同时二班、三班掩护和灭火，高喷车待命，注意停车位置！各班到达现场后，按照部署预先展开，等待下一步指示！行车途中注意安全！各班是否明白？

副站长：副站长明白！

一班长：一班明白！

二班长：二班明白！

三班长：三班明白！

2. 到场展开与侦察情况反馈

辖区消防救援站指挥员：我命令！现在由副站长任侦察组组长，带领一班长及通讯员进入火场，进行火情侦察，掌握火灾发展态势、火场主要险情、人员被困情况，安全员就位，其余人员按照计划展开！

副站长：副站长收到！

安全员：安全员收到！

一班长：一班收到！

二班长：二班收到！

三班长：三班收到！

副站长：站长，站长！侦察组呼叫，收到请回答！

辖区消防救援站指挥员：收到，请讲！

副站长：经侦察，发现 3 楼北侧起火，火势进入全面燃烧阶段，过火面积 100 m^2，有向南发展蔓延的趋势，火势通过外窗有向 4、5 楼蔓延的趋势！3、4、5 楼均有人员被困，同时伴有浓烟，能见度较低。报告完毕！

辖区消防救援站指挥员：继续侦察，同时协助救人！

副站长：侦察组明白！

3. 任务分工和力量部署

辖区消防救援站指挥员：各班注意！我命令高喷车在起火点北侧展开，控制火势向上蔓延，同时泡沫车为其供水！一班第一搜救组从建筑西侧进入搜救，同时二班在西侧利用水罐车铺设干线出两支水枪，负责灭火掩护！一班第二搜救组引导疏散通道内被困人员！三班在南侧利用水罐车铺设干线，出两支水枪内攻灭火，各班按计划展开！

一班长：一班收到！

二班长：二班收到！

三班长：三班收到！

4. 向指挥中心汇报战斗进展

辖区消防救援站指挥员：指挥中心，指挥中心，辖区消防救援站呼叫！

指挥中心：收到请讲！

辖区消防救援站指挥员：我站于 19 时 13 分到达现场，现场商城三楼北侧起火，呈猛烈燃烧态势。过火面积 100 m²，有蔓延扩大趋势，3、4、5 层均有人员被困。我站正在组织救人疏散，同时在西侧、东侧以及南侧外部设置阵地，堵截火势蔓延。现场力量不足，请求增援！

指挥中心：指挥中心收到！前期出动的消防 B 站马上到达现场，现已调派特勤站出动增援，全勤指挥部正在赶赴现场！

（六）组训人员讲评

略。

（七）训练结束

略。

（八）训练考核

略，扣分细则和考核标准见表 7 – 12。

表 7 – 12 消防救援站本级指挥训练扣分细则和考核标准

项目	分值	分项内容及标准				扣 分
		序号	分项	分数	考核标准	
训练准备	10	1	器材准备	5	训练所需器材准备齐全，器材完好	器材准备数量不足扣 1 分，器材有故障扣 1 分/件
		2	训练着装	5	参训者着装符合要求，身份标志明显	参训者着装不符合要求，每人次扣 1 分
训练过程	85	3	信息搜集的完整性	25	熟知起火单位基本信息，赋 5 分；对着火部位情况了解，赋 5 分；对起火物质的基本性质了解，赋 5 分；对到场的力量情况详细掌握，赋 5 分；对现场环境（如水源、气象等）情况了解，赋 5 分	各项信息不完整扣 5 分/项
		4	灭火救援力量部署合理性	25	火场主要方面突出，阵地布置合理，救援时机的选择恰当，配套器材使用合理，具体战术方法应用科学，赋 25 分；其余情况视情赋分	部署不合理扣 5 分/项
		5	作战保障	25	能保证灭火剂供应持续不间断，质量不下降；保证火场需求的器材的供给；保证火灾现场通信畅通，信息传达及时、准确；保证现场战斗员的战斗力，赋 25 分；其余可根据实际情况赋分	不能保障战斗部署顺利实施扣 5 分/项

表 7 – 12（续）

项目	分值	序号	分项	分数	考核标准	扣　分
					分 项 内 容 及 标 准	
训练过程	85	6	训练安全	5	符合火场安全要求，个人防护意识较强	违反火场安全情况的、有危险动作的每处扣 1 分
		7	训练作风	5	作风紧张，动作迅速，训练行动积极	参训者作风拖拉、不紧张，存在嬉戏打闹等现象，发现一处扣 1 分
训练结束	5	8	收整器材	3	收整器材规范，无遗漏	不规范一次扣 1 分，遗漏一件扣 1 分
		9	现场恢复	2	现场使用过的设施恢复原样，无遗漏	恢复不到位一处扣 1 分

六、消防救援站属地指挥训练

（一）科目下达

科目：消防救援站属地指挥训练。

目的：通过训练，使受训人员掌握属地指挥的基本程序和内容，熟悉属地指挥训练的组训形式和组训方法，提高受训人员的协调指挥能力。

内容：增援消防救援站请示任务，辖区消防救援站分配任务，增援消防救援站力量部署。

方法：受训人员模拟属地指挥场景中各个角色，协调配合完成训练，组训教员进行辅导。

时间：20 min。

场地：消防技战术训练场。

要求：要求同学们在训练过程当中严格训练纪律、突出训练重点、强化各班组之间的协同配合。

（二）理论提示

属地指挥员平时熟悉本地域情况、水源情况、辖区内重点单位情况等信息，能够迅速掌握现场的主要方面，便于迅速下定决心，快速实施灭火救援行动，有利于把握住灭火救援行动中稍纵即逝的良好时机。而在常见的灭火救援行动中，由两个以上消防救援站参加的灭火战斗比较常见。在支队指挥员到达现场以前，指挥权一般由辖区站承担。

（三）灾情设定

某日 9 时，中国消防救援学院训练塔由于电气故障引起火灾，辖区消防救援站接到报警后出动 5 辆消防车（18 m 高喷消防车 1 辆、12 t 水罐消防车 1 辆、10 t 水罐消防车 2 辆、抢险救援车 1 辆），30 人先期到场处置。增援消防救援站（24 人，18 m 高喷消防车 1 辆、大型水罐消防车 1 辆、10 t 水罐消防车 2 辆）到场前，过火面积约 200 m²，辖区消防救援站出 5 支水枪在建筑西侧以及南侧外部设置阵地堵截火势蔓延，3、4、5 层均有人员被困，人员搜救有序展开但力量不足。

呈现方式：多媒体展示，口述。

（四）参训者及任务分工

训练时 5 人一组，分别定为 1、2、3、4、5 号员，1 号员模拟辖区消防救援站站长角色，2 号员模拟增援消防救援站站长，3 号员模拟增援消防救援站一班长，4 号员模拟增援消防救援站二班长，5 号员模拟增援消防救援站三班长，协调配合完成消防救援站本级指挥流程，组训者负责训练讲评。

（五）训练展开

1. 增援消防救援站出动途中请示汇报与部署传达

增援消防救援站指挥员：辖区消防救援站，增援消防救援站呼叫！

辖区消防救援站指挥员：辖区消防救援站收到，请讲！

增援消防救援站指挥员：我站已经出动一台泡沫车、两辆水罐车、一台抢险救援车以及 24 名指战员赶赴现场，请分配到场任务！

辖区消防救援站指挥员：我站目前需要一个搜救组和一个内攻组，此外供水紧张，需要加强！

增援消防救援站指挥员：增援消防救援站明白！

增援消防救援站指挥员：各班注意！由于火势较大，辖区消防救援站力量不足，所以调集我站前去增援。到场后，一班做好搜救准备，二班做好供水准备，三班做好内攻准备。行车途中注意驾驶安全。各班是否明白？

一班长：一班明白！

二班长：二班明白！

三班长：三班明白！

2. 增援消防救援站到场请示汇报与展开

增援消防救援站指挥员：辖区消防救援站，增援消防救援站呼叫！

辖区消防救援站指挥员：辖区消防救援站收到，请讲！

增援消防救援站指挥员：我站已到达现场，请指示！

辖区消防救援站指挥员：按要求展开！

增援消防救援站指挥员：增援消防救援站明白！

增援消防救援站指挥员：各班注意！一班从西侧楼梯进入 4 楼，协助辖区消防救援站疏散人员；二班利用水罐车，在商场西侧、南侧给辖区消防救援站主战车供水；三班进入 4 楼，利用固定消火栓在 4 楼楼梯口出枪控火。各班是否明白？

一班长：一班明白！

二班长：二班明白！

三班长：三班明白！

增援消防救援站指挥员：各班报告展开情况！

一班长：一班已到达 4 楼，正在协助疏散被困人员！

二班长：二班已为辖区消防救援站主战车供水！

三班长：三班已在 4 楼出枪控火，正在控制火势！

增援消防救援站指挥员：注意安全，及时报告！

（六）组训人员讲评

略。

（七）训练结束

略。

（八）训练考核

略，扣分细则和考核标准见表 7－13。

表 7－13 消防救援站属地指挥训练扣分细则和考核标准

项目	分值	分项内容及标准				扣 分
		序号	分项	分数	考核标准	
训练准备	10	1	器材准备	5	训练所需器材准备齐全，器材完好	器材准备数量不足扣 1 分，器材有故障扣 1 分/件
		2	训练着装	5	参训者着装符合要求，身份标志明显	参训者着装不符合要求，每人次扣 1 分
训练过程	85	3	途中请示汇报与任务部署	25	增援途中及时汇报，明确到场任务并合理部署，赋 25 分；其余据情赋分	途中无汇报、未请示或部署不当扣 5 分/项
		4	辖区指挥员命令	25	辖区指挥员增援需求明确、指示清晰，赋 25 分；其余视情赋分	增援需求不明确扣 5 分/项
		5	到场请示汇报与部署	25	增援指挥员到场及时汇报，作战命令下达清晰明确，赋 25 分，其余据情赋分	到场无汇报、命令不清晰明确扣 5 分/项
		6	训练安全	5	符合火场安全要求，个人防护意识较强	违反火场安全情况的、有危险动作的每处扣 1 分
		7	训练作风	5	作风紧张，动作迅速，训练行动积极	参训者作风拖拉、不紧张，存在嬉戏打闹等现象，发现一处扣 1 分
训练结束	5	8	收整器材	3	收整器材规范，无遗漏	不规范一次扣 1 分，遗漏一件扣 1 分
		9	现场恢复	2	现场使用过的设施恢复原样，无遗漏	恢复不到位一处扣 1 分

七、全勤指挥部指挥训练

（一）科目下达

科目：全勤指挥部指挥训练。

目的：通过训练，使参训者掌握全勤指挥部指挥的基本程序和内容，熟悉全勤指挥部指挥训练的组建形式和组建方法，提高参训者的统筹指挥能力。

内容：现场逐级交接指挥权、全勤指挥部火情侦察、力量部署和力量调整。

方法：受训人员模拟属地指挥场景中各个角色,协调配合完成训练,组训教员进行辅导。

时间：20 min。

场地：消防技战术训练场。

要求：要求同学们在训练过程当中严格训练纪律、突出训练重点、强化各班组之间的协同配合。

（二）理论提示

指挥权交接的主要内容：①辖区消防救援站指挥员向全勤指挥部报告现场情况，包括火势情况、人员被困及疏散情况、参战力量到位及部署情况、力量部署的薄弱环节及存在的困难等；②辖区消防救援站指挥员向全勤指挥部指挥长移交火场指挥权；③全勤指挥部指挥长宣布接管火场指挥权。

全勤指挥部接管火场指挥权前后，补充侦察的重点包括：①火势的发展蔓延情况；②火灾现场的主要险情及当前需要解决的问题；③现场力量部署的合理性。

（三）灾情设定

某日 9 时，中国消防救援学院训练塔由于电气故障引起火灾，前期到场的两个消防救援站在火势猛烈的 3、4 层楼梯口固移结合架设 5 支水枪控制火势，并在外围设置 1 辆高喷车控制火势向上蔓延。

9 时 50 分，全勤指挥部和特勤消防站到场时，火势处于发展阶段，过火面积约 500 m^2，建筑 3 层火势猛烈，有向东、向西蔓延的趋势。建筑 4、5 层有人员在窗口呼救，情况危急。

参训力量：支队通信指挥消防车 1 辆，指挥长 1 人，指挥助理 2 人，支队通信员 1 人；辖区消防救援站 30 人，18 m 高喷消防车 1 辆，12 t 水罐消防车 1 辆，10 t 水罐消防车 2 辆，抢险救援车 1 辆；增援消防救援站 24 人，18 m 高喷消防车 1 辆，大型水罐消防车 1 辆，10 t 水罐消防车 2 辆；特勤消防站 20 人，云梯消防车 1 辆，登高平台消防车 1 辆，大功率水罐消防车 1 辆，排烟消防车 1 辆。

通信呼号：全勤指挥部指挥长 001，指挥助理 002、003，全勤指挥部通信员 004；辖区消防救援站站长 101，副站长 102，一班长 111；增援消防救援站站长 201；特勤消防站站长 301。

辖区消防救援站接到报警后出动 5 辆消防车（18 m 高喷消防车 1 辆、12 t 水罐消防车

1 辆、10 t 水罐消防车 2 辆、抢险救援车 1 辆)、30 人先期到场处置。增援消防救援站到场前，过火面积约 200 m²，辖区消防救援站出 5 支水枪在建筑西侧以及南侧外部设置阵地堵截火势蔓延，3、4、5 层均有人员被困，人员搜救有序展开但力量不足。

呈现方式：图板展示，口述。

（四）参训者及任务分工

训练时 7 人一组，分别定为 1、2、3、4、5、6、7 号员，1 号员模拟辖区消防救援站站长角色，2 号员模拟副站长，3 号员模拟一班长，4 号员模拟二班长，5 号员模拟三班长，6 号员模拟指挥中心值班员，7 号员模拟报警人和安全员，协调配合完成消防救援站本级指挥流程，组训者负责训练讲评。

（五）训练展开

1. 现场指挥权移交

全勤指挥部指挥长：101，101，我是 001，收到请回答！

辖区消防救援站指挥员：我是 101，请讲！

全勤指挥部指挥长：我是指挥长，全勤指挥部现已到达火场，请汇报现场情况！

辖区消防救援站指挥员：报告指挥长，3 楼过火面积约 500 m²，现场烟雾较大，有向西、向东蔓延及沿南侧外窗向上蔓延趋势。我两消防救援站共出 5 支水枪，分别在建筑西侧、东侧楼梯口设置水枪阵地，防止火势蔓延；高喷车占据南侧阵地，控制火势向上蔓延。目前火势得到基本控制，但室内管网压力不足，目前人员的疏散与搜救持续进行。在建筑 4 层西北侧、5 层东南侧还有人员被困，现有力量无法满足救援需要。报告完毕！

全勤指挥部指挥长：好的，现场现由我指挥！

辖区消防救援站指挥员：101 收到！

2. 补充侦察

全勤指挥部指挥长：002，002，001 呼叫！

指挥助理 1：002 收到，请讲！

全勤指挥部指挥长：现由你任侦察组组长，带领辖区消防救援站站长及其一班长、支队通信员，组成补充侦察小组，对火场进行补充侦察，主要掌握火灾发展态势、现场的主要险情以及人员被困情况！

指挥助理 1：002 收到！

指挥助理 1：001，001，002 呼叫！

全勤指挥部指挥长：001 收到，请讲！

指挥助理 1：报告指挥长，我已到达 3 层，火势及烟雾仍然很大，燃烧面积在 500 m² 左右，有蔓延扩大的趋势。前期到场力量在 3 楼楼梯口部署了 4 支水枪，在火场西侧、东侧对火势进行堵截，阵地设置合理；在 4 楼西侧利用墙壁消火栓部署了一支水枪，防止火势向 4 楼蔓延，目前建筑室内管网压力不能满足灭火需要；人员的疏散在有序进行，但 4 层西北侧、5 层东南侧还有人员被困。汇报完毕！

全勤指挥部指挥长：001 收到，继续侦察，注意安全！

指挥助理 1：002 收到！

3. 全勤指挥部力量部署

全勤指挥部指挥长：各消防救援站注意，站长到指挥部集合！

全勤指挥部指挥长：我命令，辖区消防救援站、增援消防救援站保持原有战斗队形，继续发挥堵截火势和搜救被困人员的作用；特勤站登高平台车在建筑西北侧展开营救 4 层被困人员，云梯车在建筑东南侧展开营救 5 层被困人员；大功率水罐车通过水泵接合器向室内管网加压；其余剩下人员，编入保障组。各站及时汇报现场情况，一定注意安全！各站是否明白！

辖区消防救援站指挥员：辖区消防救援站明白！

增援消防救援站指挥员：增援消防救援站明白！

特勤消防站指挥员：特勤站明白！

4. 全勤指挥部力量调整

指挥助理 1：001，001，002 呼叫！

全勤指挥部指挥长：001 收到，请讲！

指挥助理 1：经侦察，建筑内被困人员已全部被救出！

全勤指挥部指挥长：001 收到！

指挥助理 2：指挥长，根据各站汇报，火场被困人员已全部救出，火势趋于稳定，我认为灭火时机成熟，可以集中力量灭火！

全勤指挥部指挥长：各站注意！我命令，各站救援力量转换为灭火力量，集中优势力量灭火，特型站在建筑东侧排除攻坚组内攻灭火，加大火场内部灭火力量投入；保障组做好现场空呼保障，各组注意安全！

指挥助理 1：001，001，002 呼叫！

全勤指挥部指挥长：001 收到，请讲！

指挥助理 1：报告指挥长，现场火势已基本被扑灭，现场正在组织清理余火！

全勤指挥部指挥长：001 收到，继续侦察，注意安全！

全勤指挥部指挥长：各站注意！我命令，辖区消防救援站继续清理火场，确保无复燃可能；增援消防救援站和特勤站收检器材，归队途中注意安全！

辖区消防救援站指挥员：辖区消防救援站收到！

增援消防救援站指挥员：增援消防救援站收到！

特勤消防站指挥员：特勤站收到！

（六）组训人员讲评

略。

（七）训练结束

略。

（八）训练考核

略，扣分细则和考核标准见表 7 - 14。

表 7 - 14　全勤指挥部指挥训练扣分细则和考核标准

项目	分值	分项内容及标准				扣　分
		序号	分项	分数	考核标准	
训练准备	10	1	器材准备	5	训练所需器材准备齐全，器材完好	器材准备数量不足扣 1 分，器材有故障扣 1 分/件
		2	训练着装	5	参训者着装符合要求，身份标志明显	参训者着装不符合要求，每人次扣 1 分
训练过程	85	3	现场移交指挥权	25	移交过程完整，清晰，赋 25 分；其余据情赋分	移交缺项、漏项扣 5 分/项
		4	补充侦察	25	补充侦察内容全面，结果清晰明确，赋 25 分；其余据情赋分	侦察不全面、结果不明确扣 5 分/项
		5	力量部署与调整	25	力量部署合理，调整及时，赋 25 分；其余据情赋分	部署不合理、调整不及时扣 5 分/项
		6	训练安全	5	符合火场安全要求，个人防护意识较强	违反火场安全情况的、有危险动作的每处扣 1 分
		7	训练作风	5	作风紧张，动作迅速，训练行动积极	参训者作风拖拉、不紧张，存在嬉戏打闹等现象，发现一处扣 1 分
训练结束	5	8	收整器材	3	收整器材规范，无遗漏	不规范一次扣 1 分，遗漏一件扣 1 分
		9	现场恢复	2	现场使用过的设施恢复原样，无遗漏	恢复不到位一处扣 1 分

第四节　评估训练

灭火救援效能评估的方法多种多样，具体选择哪种方法取决于效能参数特性、给定条件、评估目的和精度要求。本节主要开展常见的指标权重确定、单一模型评估和组合模型评估训练。

一、指标权重确定训练

（一）指标确立

根据对灭火救援指挥效能要素的分析研究，建立以灭火救援指挥效能为总目标，以指挥员要素、指挥机构要素、指挥决策要素、指挥行为要素、指挥对象要素、指挥保障要素为一级指标,并将各项一级指标分解到二级指标,详细内容见表 7 - 15。

表 7 - 15　灭火救援指挥效能指标

总 目 标	一 级 指 标	二 级 指 标
灭火救援指挥效能（A）	指挥员要素（B_1）	指挥员战斗气质（C_1）
		指挥员政治素质（C_2）
		指挥员知识素质（C_3）
	指挥机构要素（B_2）	力量调度指挥（C_4）
		指挥岗位、职能和分工（C_5）
		灾情信息搜集和反馈（C_6）
		指挥部位置的设置（C_7）
	指挥决策要素（B_3）	信息决策（C_8）
		行动决策（C_9）
		组织决策（C_{10}）
	指挥行为要素（B_4）	指挥原则的贯彻（C_{11}）
		指挥方式的应用（C_{12}）
		任务命令下达和行动督导（C_{13}）
	指挥对象要素（B_5）	行动任务执行程度（C_{14}）
		队伍战斗士气（C_{15}）
		灾害事故处置基本技能（C_{16}）
		现场力量数量（C_{17}）
	指挥保障要素（B_6）	信息保障（C_{18}）
		通信保障（C_{19}）
		警戒保障（C_{20}）
		后勤保障（C_{21}）

（二）权重计算

1. 一级评估指标权系数确定

（1）对指标体系进行专家咨询,根据咨询结果,构造判断矩阵,见表 7 - 16。

表 7 - 16　一级指标判断矩阵

A	B_1	B_2	B_3	B_4	B_5	B_6
B_1	1	1	1	1	3	5
B_2	1	1	1	1	3	3
B_3	1	1	1	1	3	5
B_4	1	1	1	1	3	5

表7-16（续）

A	B₁	B₂	B₃	B₄	B₅	B₆
B₅	1/3	1/3	1/3	1/3	1	1
B₆	1/5	1/3	1/5	1/5	1	1

（2）将判断矩阵每一列正规化，得判断矩阵为：

$$\begin{bmatrix} 0.2206 & 0.2143 & 0.2206 & 0.2206 & 0.2143 & 0.25 \\ 0.2206 & 0.2143 & 0.2206 & 0.2206 & 0.2143 & 0.15 \\ 0.2206 & 0.2143 & 0.2206 & 0.2206 & 0.2143 & 0.25 \\ 0.2206 & 0.2143 & 0.2206 & 0.2206 & 0.2143 & 0.25 \\ 0.0735 & 0.0714 & 0.0735 & 0.0735 & 0.0714 & 0.05 \\ 0.0441 & 0.0714 & 0.0441 & 0.0441 & 0.0714 & 0.05 \end{bmatrix}$$

（3）将矩阵按行相加得：

$$\overline{W}_1 = 0.2206 + 0.2143 + 0.2206 + 0.2206 + 0.2143 + 0.25 = 1.3404$$

$$\overline{W}_2 = 0.2206 + 0.2143 + 0.2206 + 0.2206 + 0.2143 + 0.15 = 1.2404$$

$$\overline{W}_3 = 0.2206 + 0.2143 + 0.2206 + 0.2206 + 0.2143 + 0.25 = 1.3404$$

$$\overline{W}_4 = 0.2206 + 0.2143 + 0.2206 + 0.2206 + 0.2143 + 0.25 = 1.3404$$

$$\overline{W}_5 = 0.0735 + 0.0714 + 0.0735 + 0.0735 + 0.0714 + 0.05 = 0.4133$$

$$\overline{W}_6 = 0.0441 + 0.0714 + 0.0441 + 0.0441 + 0.0714 + 0.05 = 0.3251$$

（4）求特征向量 W：

$$\sum_{j=1}^{n} \overline{W}_j = 1.3404 + 1.2404 + 1.3404 + 1.3404 + 0.4133 + 0.3251 = 6$$

$$W_1 = \frac{\overline{W}_1}{\sum_{j=1}^{n} \overline{W}_j} = \frac{1.3404}{6} = 0.2234$$

$$W_2 = \frac{\overline{W}_2}{\sum_{j=1}^{n} \overline{W}_j} = \frac{1.2404}{6} = 0.2067$$

$$W_3 = \frac{\overline{W}_3}{\sum_{j=1}^{n} \overline{W}_j} = \frac{1.3404}{6} = 0.2234$$

$$W_4 = \frac{\overline{W}_4}{\sum_{j=1}^{n} \overline{W}_j} = \frac{1.3404}{6} = 0.2234$$

$$W_5 = \frac{\overline{W}_5}{\sum_{j=1}^{n} \overline{W}_j} = \frac{0.4133}{6} = 0.0689$$

$$W_6 = \frac{\overline{W_6}}{\sum\limits_{j=1}^{n} \overline{W_j}} = \frac{0.3251}{6} = 0.0542$$

$$W = [0.2234, 0.2067, 0.2234, 0.2234, 0.0689, 0.0542]^T$$

（5）一致性检验。首先计算特征向量的最大特征根 λ_{max}：

$$AW = \begin{bmatrix} 1 & 1 & 1 & 1 & 3 & 5 \\ 1 & 1 & 1 & 1 & 3 & 3 \\ 1 & 1 & 1 & 1 & 3 & 5 \\ 1 & 1 & 1 & 1 & 3 & 5 \\ \frac{1}{3} & \frac{1}{3} & \frac{1}{3} & \frac{1}{3} & 1 & 1 \\ \frac{1}{5} & \frac{1}{5} & \frac{1}{5} & \frac{1}{5} & 1 & 1 \end{bmatrix} \begin{bmatrix} 0.2234 \\ 0.2067 \\ 0.2234 \\ 0.2234 \\ 0.0689 \\ 0.0542 \end{bmatrix}$$

$$(AW)_1 = 1.3546$$
$$(AW)_2 = 1.2462$$
$$(AW)_3 = 1.3546$$
$$(AW)_4 = 1.3546$$
$$(AW)_5 = 0.4154$$
$$(AW)_6 = 0.3260$$

$$\lambda_{max} = \sum_{i=1}^{n} \frac{(AW)_i}{nW_i} = 6.044$$

$$CI = \frac{\lambda_{max} - n}{n - 1} = 0.088$$

$$RI = 1.24$$

$$CR = \frac{CI}{RI} = 0.071 < 0.1$$

判断矩阵具有满意的一致性。

（6）确定权系数。一级指标指挥员要素、指挥机构要素、指挥决策要素、指挥行为要素、指挥对象要素、指挥保障要素的权系数分别为 0.2234、0.2067、0.2234、0.2234、0.0689、0.0542。

2. 二级评估指标权系数确定

采用同样方法，对二级级评估指标权系数进行确定。

1）指挥员要素二级评估指标权系数

指挥员要素（B_1）分解为指挥员战斗气质（C_1）、指挥员政治素质（C_2）、指挥员知识素质（C_3）3 个二级指标，构造判断矩阵见表 7-17。

2）指挥机构要素二级评估指标权系数

指挥机构要素（B_2）分解为力量调度指挥（C_4），指挥岗位、职能和分工（C_5），灾情信息搜集和反馈（C_6），指挥部位置的设置（C_7）4个二级指标，构造判断矩阵见表7-18。

表7-17　指挥员（素质）要素判断矩阵

B_1	C_1	C_2	C_3	W	一致性检验
C_1	1	1	1	0.3333	max = 3
C_2	1	1	1	0.3333	$CI = 0$
C_3	1	1	1	0.3333	$CR = 0 < 0.1$

表7-18　指挥机构要素判断矩阵

B_2	C_4	C_5	C_6	C_7	W	一致性检验
C_4	1	3	3	5	0.5401	max = 4.0327
C_5	1/3	1	1	1	0.1592	$CI = 0.0109$
C_6	1/3	1	1	1	0.1592	$CR = CI/RI = 0.0121 < 0.1$
C_7	1/5	1	1	1	0.1414	

3）指挥决策要素二级评估指标权系数

指挥决策要素（B_3）分解为信息决策（C_8）、行动决策（C_9）、组织决策（C_{10}）3个二级指标，构造判断矩阵见表7-19。

表7-19　指挥决策要素判断矩阵

B_3	C_8	C_9	C_{10}	W	一致性检验
C_8	1	1	1	0.3333	max = 3
C_9	1	1	1	0.3333	$CI = 0$
C_{10}	1	1	1	0.3333	$CR = 0 < 0.1$

4）指挥行为要素二级评估指标权系数

指挥行为要素（B_4）分解为指挥原则的贯彻（C_{11}）、指挥方式的应用（C_{12}）、任务命令下达和行动督导（C_{13}）3个二级指标，构造判断矩阵见表7-20。

表7-20　指挥行为要素判断矩阵

B_4	C_{11}	C_{12}	C_{13}	W	一致性检验
C_{11}	1	1	1	0.3333	max = 3
C_{12}	1	1	1	0.3333	$CI = 0$
C_{13}	1	1	1	0.3333	$CR = 0 < 0.1$

5）指挥对象要素二级评估指标权系数

指挥对象要素(B_5)分解为行动任务执行程度(C_{14})、队伍战斗士气(C_{15})、灾害事故处置基本技能(C_{16})、现场力量数量(C_{17})4个二级指标，构造判断矩阵见表7-21。

表7-21　指挥对象要素判断矩阵

B_5	C_{14}	C_{15}	C_{16}	C_{17}	W	一致性检验
C_{14}	1	1	1	3	0.3	
C_{15}	1	1	1	3	0.3	max = 4
C_{16}	1	1	1	3	0.3	$CI = 0$
C_{17}	1/3	1/3	1/3	1	0.1	$CR = 0 < 0.1$

6）指挥保障要素二级评估指标权系数

指挥保障要素（B_6）分解为信息保障（C_{18}）、通信保障（C_{19}）、警戒保障（C_{20}）、后勤保障（C_{21}）4个二级指标，构造判断矩阵见表7-22。

表7-22　指挥保障要素判断矩阵

B_6	C_{18}	C_{19}	C_{20}	C_{21}	W	一致性检验
C_{18}	1	1	1	1	0.25	
C_{19}	1	1	1	1	0.25	max = 4
C_{20}	1	1	1	1	0.25	$CI = 0$
C_{21}	1	1	1	1	0.25	$CR = 0 < 0.1$

3. 层次总排序

层次总排序就是计算相对高一层次而言的本层次各指标的权重。对于最高层次（总目标A）下面的第二层次（$B_1 \sim B_6$）所进行的单排序即为总排序。表7-23为C层指标的总排序。

表7-23　C层评估指标总排序表

层次C	层次B						层次C总排序
	B_1	B_2	B_3	B_4	B_5	B_6	
	0.2234	0.2067	0.2234	0.2234	0.0689	0.0542	
C_1	0.3333						0.0745
C_2	0.3333						0.0745
C_3	0.3333						0.0745
C_4		0.5041					0.1042
C_5		0.1592					0.0329
C_6		0.1592					0.0329

170

表7-23（续）

层次 C	层次 B						层次 C 总排序
	B_1	B_2	B_3	B_4	B_5	B_6	
	0.2234	0.2067	0.2234	0.2234	0.0689	0.0542	
C_7		0.1414					0.0292
C_8			0.3333				0.0745
C_9			0.3333				0.0745
C_{10}			0.3333				0.0745
C_{11}				0.3333			0.0745
C_{12}				0.3333			0.0745
C_{13}				0.3333			0.0745
C_{14}					0.3		0.0207
C_{15}					0.3		0.0207
C_{16}					0.3		0.0207
C_{17}					0.1		0.0069
C_{18}						0.25	0.0136
C_{19}						0.25	0.0136
C_{20}						0.25	0.0136
C_{21}						0.25	0.0136

（三）确定权重

根据表7-9，得出灭火救援指挥效能评估指标体系各级指标的权重，见表7-24。

表7-24　灭火救援指挥效能指标权重

总目标	一级指标	二级指标	总权重
救援指挥效能	指挥员要素（B_1）（0.2234）	指挥员战斗气质（C_1）（0.3333）	0.0745
		指挥员政治素质（C_2）（0.3333）	0.0745
		指挥员知识素质（C_3）（0.3333）	0.0745
	指挥机构要素（B_2）（0.2067）	力量调度指挥（C_4）（0.5401）	0.1042
		指挥岗位、职能和分工（C_5）（0.1592）	0.0329
		灾情信息搜集和反馈（C_6）（0.1592）	0.0329
		指挥部位置的设置（C_7）（0.1414）	0.0292
	指挥决策要素（B_3）（0.2234）	信息决策（C_8）（0.3333）	0.0745
		行动决策（C_9）（0.3333）	0.0745
		组织决策（C_{10}）（0.3333）	0.0745
	指挥行为要素（B_4）（0.2234）	指挥原则的贯彻（C_{11}）（0.3333）	0.0745

表 7 - 24（续）

总目标	一 级 指 标	二 级 指 标	总权重
救援指挥 效能	指挥行为要素（B_4）（0.2234）	指挥方式的应用（C_{12}）（0.3333）	0.0745
		任务命令下达和行动督导（C_{13}）（0.3333）	0.0745
	指挥对象要素（B_5）（0.0689）	行动人执行程度（C_{14}）（0.3）	0.0207
		队伍战斗士气（C_{15}）（0.3）	0.0207
		灾害事故处置基本技能（C_{16}）（0.3）	0.0207
		现场力量数量（C_{17}）（0.1）	0.0069
	指挥保障要素（B_6）（0.0542）	信息保障（C_{18}）（0.25）	0.0136
		通信保障（C_{19}）（0.25）	0.0136
		警戒保障（C_{20}）（0.25）	0.0136
		后勤保障（C_{21}）（0.25）	0.0136

二、单一模型评估训练

（一）情况介绍

某日 14 时 55 分，由 46 节航空汽油槽车和 9 节货车编组的 0201 次列车，从陕西安康站出发，行至四川省万源市境内的"梨子园"隧道内时发生爆炸燃烧。事故造成 4 人死亡，14 人受伤，18 节油槽车和 5 节货车遭到不同程度损坏，并使西南交通命脉——襄渝铁路停运了 24 天。

爆炸燃烧发生时，大量油品喷出，北洞口外 24 m 范围内的草木被引燃、岩石被爆裂。首先到场的灭火救援力量出 2 支泡沫管枪和 2 支开花水枪，消灭了流淌火焰，在洞口堆了 1 m 多高的沙袋堤坎，阻止了油品溢流，控制了火势向洞外蔓延。然而到了第二天 2 时左右，又相继发生了槽车爆炸，油品流向洞口，火焰窜出洞外 30 多米高，拱形条石不断爆炸，洞口外 40 m 处的沙袋被烤燃，强烈的辐射使人在百米以外都难以忍受。灭火救援指挥部经过仔细的灾情侦察、了解任务、判断情况后，定下灭火救援行动决心，并拟制了 3 套应急救援方案。

方案 1：冷却监护，让隧道里面的汽油自由燃尽。

方案 2：根据"1 kg 汽油完全燃烧需消耗 11.1 m³ 空气"的原理，采取人工封洞窒息的方法灭火。

方案 3：调遣工兵部队将隧道两侧洞口炸塌，以窒息灭火。

针对以上 3 种处置方案，利用模糊综合评价模型进行优选与决策。

（二）信息处理

1. 确定方案优选的评价指标集 U 和指标权重集 A

$$U = \{可行性, 时效性, 安全性\}$$

指标集 U 中的可行性、时效性和安全性就是影响各待选方案优劣的影响因素。此次灭火救援现场规模大、参战人员多，铁路运输中断造成的经济损失和政治影响大，根据以上特点以及现场总指挥部确定的行动意图和决策目标，采取专家打分方法（具体过程略），得到 3 个评价指标的权重：

$$A = \{可行性,时效性,安全性\} = \{0.3, 0.45, 0.25\}$$

2. 确定评价集 V

根据现场的情况，可把每个评价指标对灭火救援指挥决策效果的影响划分为 4 个等级，组成评价集 V。

$$V = \{V_1, V_2, V_3, V_4\} = \{好,较好,一般,差\}$$

其中，"好、较好、一般、差"是对每个评价指标可能做出的评价结果。

3. 确定评判隶属度矩阵 R

根据火情、到场力量和现场环境条件等情况，专家对 3 种处置方案的可行性、时效性和安全性分别进行评价，以方案一为例，评价结果见表 7−25。

表 7−25　方案一专家评价表

类型	专家 1	专家 2	专家 3	专家 4	专家 5
可行性	优	优	良	一般	优
时效性	差	差	一般	差	差
安全性	优	良	一般	一般	良

根据专家对方案一各指标的评价，可得到方案一各评价指标的隶属度，可行性（0.6, 0.2, 0.2, 0）、时效性（0, 0, 0.2, 0.8）、安全性（0.2, 0.4, 0.4, 0），进而得到方案一的隶属度矩阵：

$$R_1 = \begin{bmatrix} 0.6 & 0.2 & 0.2 & 0 \\ 0 & 0 & 0.2 & 0.8 \\ 0.2 & 0.4 & 0.4 & 0 \end{bmatrix}$$

同理，方案二：可行性（0.2, 0.6, 0.2, 0）、时效性（0.8, 0.2, 0, 0）、安全性（0.2, 0.6, 0.2, 0）。

$$R_2 = \begin{bmatrix} 0.2 & 0.6 & 0.2 & 0 \\ 0.8 & 0.2 & 0 & 0 \\ 0.2 & 0.6 & 0.2 & 0 \end{bmatrix}$$

同理，方案三：可行性（0.2, 0.2, 0.6, 0）、时效性（0, 0.2, 0.6, 0.2）、安全性（0, 0, 0.2, 0.8）。

$$R_3 = \begin{bmatrix} 0.2 & 0.2 & 0.6 & 0 \\ 0 & 0.2 & 0.6 & 0.2 \\ 0 & 0 & 0.2 & 0.8 \end{bmatrix}$$

4. 模糊综合评价

根据方案评价指标权重以及各待选方案的隶属度矩阵，可得到各方案的模糊评价集。

方案一：

$$B_1 = AR_1 = (0.3,0.45,0.25)\begin{bmatrix} 0.6 & 0.2 & 0.2 & 0 \\ 0 & 0 & 0.2 & 0.8 \\ 0.2 & 0.4 & 0.4 & 0 \end{bmatrix} = (0.23,0.16,0.25,0.36)$$

评价结果："好"的隶属度为23%，"较好"的隶属度为16%，"一般"的隶属度为25%，"差"的隶属度为36%。根据最大隶属原则，此方案评价等级为"一般"。

方案二：

$$B_2 = AR_2 = (0.3,0.45,0.25)\begin{bmatrix} 0.2 & 0.6 & 0.2 & 0 \\ 0.8 & 0.2 & 0 & 0 \\ 0.2 & 0.6 & 0.2 & 0 \end{bmatrix} = (0.47,0.42,0.11,0)$$

评价结果："好"的隶属度为47%，"较好"的隶属度为42%，"一般"的隶属度为11%，"差"的隶属度为0。根据最大隶属原则，此方案评价等级为"好"。

方案三：

$$B_3 = AR_3 = (0.3,0.45,0.25)\begin{bmatrix} 0.2 & 0.2 & 0.6 & 0 \\ 0 & 0.2 & 0.6 & 0.2 \\ 0 & 0 & 0.2 & 0.8 \end{bmatrix} = (0.06,0.15,0.5,0.29)$$

评价结果："好"的隶属度为6%，"较好"的隶属度为15%，"一般"的隶属度为50%，"差"的隶属度为29%。根据最大隶属原则，此方案评价等级为"一般"。

5. 模糊结果的单值化处理及方案优选

采用加权平均的方法对模糊结果进行单值化处理，得出各待选方案的模糊评价结果系数 ϕ 值，以便于横向比较，准确优待各待选方案。

方案一：

$$\phi_1 = \frac{\sum_{j=1}^{m} b_j v_j}{\sum_{j=1}^{m} b_j} = \frac{0.23 \times 80 + 0.16 \times 60 + 0.25 \times 40 + 0.36 \times 20}{1} = 45.2$$

方案二：

$$\phi_2 = \frac{\sum_{j=1}^{m} b_j v_j}{\sum_{j=1}^{m} b_j} = \frac{0.47 \times 80 + 0.42 \times 60 + 0.11 \times 40 + 0 \times 20}{1} = 67.2$$

方案三：

$$\phi_3 = \frac{\sum\limits_{j=1}^{m} b_j v_j}{\sum\limits_{j=1}^{m} b_j} = \frac{0.06 \times 80 + 0.15 \times 60 + 0.5 \times 40 + 0.29 \times 20}{1} = 39.6$$

根据计算结果可知：$\phi_2 > \phi_1 > \phi_3$，因此，方案二为最优方案。

三、组合模型评估训练

（一）情况介绍

1. 基本情况

某市石油库位于该市西郊大兴路北侧，整个库区占地面积 120000 m²，库区内由北向南依次是油灌区、接卸区、发售区和桶垛区。油灌区有容积 5000 m³ 汽油罐 10 个和 2000 m³、200 m³、100 m³ 的煤油罐（柴油罐）9 个，装卸区经常有油罐槽车停放，发售区车辆来往频繁，桶垛区各种油桶常年垛于露天。石油库罐区平面图如图 7－8 所示。

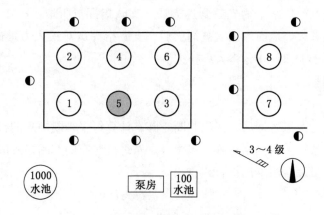

图 7－8　某石油库罐区平面图

2. 扑救过程

5 月 5 日 8 时 5 分，因该库工人违章作业，引起 5 号汽油罐发生爆炸起火。该库消防队发现后出动两台车（一台水罐车、一台泡沫车），边扑救边向市消防救援支队报警求援。市支队调度室接到报警后当即命令消防救援 A 站、消防救援 B 站迅速赶赴油库灭火，支队指挥车随即出动，一同赶往火场。支队指挥车在行驶途中，接到调度室的火情报告说火场火势很大，并且有蔓延扩大的危险。支队指挥员随即调度消防救援 C 站、消防救援 D 站、消防救援 E 站增援。

消防救援 A 站站长在行驶途中（距火场还需 5 min）通过车载台接到指挥中心情况通报：爆炸起火的是 5 号罐，罐盖已被掀掉，火势猛烈；已调消防救援 C 站前去增援，约

12 min 后到达；支队指挥车已出动。

5 min 后，消防救援 A 站到达现场，只见 5 号罐上空大火熊熊，浓烟翻滚，随着 3～4 级的东南风舞动。库区消防队向 A 站站长报告了初期的处置情况："5 号罐爆炸起火后，罐顶盖被掀翻到下风向 10 m 处，到场就启动了泡沫系统和清水冷却系统对 5 号罐进行灭火和冷却，同时用泡沫炮进行灭火，车上的泡沫已用完，现两台车正对 3 号罐和 6 号罐进行冷却。"

消防救援 A 站站长听取了该库消防队队长的情况报告后，命令所属力量加强对着火罐和邻近罐进行冷却。然后带领库区消防队队长和通信员进行火情侦察，经侦察发现，5 号罐的水喷淋管和泡沫发生器均遭破坏。这时消防救援 B 站车辆相继到场，在 A 站站长的统一指挥下，组织到场车辆对着火罐展开了第二次进攻，但由于准备不够充分，加上个别车辆发生故障，所以展开时间拖得比较长，这次进攻没有奏效。由于灭火受挫，于是担任火场指挥员的 A 站站长对到场力量重新进行了部署。

就在调整部署的同时，5 号油罐出现了变形，当即出现流淌火，使整个油罐处在大火包围之中，火场形势进一步恶化。在罐体发生变形、出现地面流淌火不久，支队指挥车和消防救援 C 站、D 站、E 站车辆先后到达火场。支队指挥员听取了一中队队长的情况汇报，决定先消灭流淌火。地面流淌火被消灭后，支队指挥员对灭火力量进行重新调整后，即投入灭火进攻，于 11 时 10 分将大火扑灭。

（二）信息处理

1. 计算权重

对指标体系进行专家咨询后，得出判断矩阵，计算每个判断矩阵的权重向量并进行一致性检验，对于一致性差的判断矩阵予以舍弃。对每位专家的判断矩阵的权重向量进行汇总后，运用权重向量综合法求出综合权重。

各级指标权重：

$$W_{A1} = (0.3027, 0.5488, 0.0528, 0.0957)$$

$$W_{B1} = (0.6483, 0.1220, 0.2297)$$

$$W_{B2} = (0.6738, 0.2255, 0.1007)$$

$$W_{B3} = (0.3325, 0.5276, 0.1396)$$

$$W_{B4} = (0.5936, 0.2493, 0.1571)$$

2. 确定评估灰类

设 $k=4$，即 $k=1$，2，3，4，有 4 个评估灰类，它们是"优""良""中""差" 4 级。

第 1 类"优"（$k=1$），设定灰数为 $\otimes 1 \in [9, \infty)$，白化权函数为

$$f_1(d_{ijk}) = \begin{cases} 1 & d_{ijk} \in [9, \infty) \\ \dfrac{d_{ijk}}{9} & d_{ijk} \in [0, 9] \\ 0 & d_{ijk} \in (-\infty, 0] \end{cases}$$

第 2 类"良"（$k=2$），设定灰数为 $\otimes 2 \in [0，8，16)$，白化权函数为

$$f_2(d_{ijk}) = \begin{cases} \dfrac{d_{ijk}}{8} & d_{ijk} \in [0,8) \\ 2-\left(\dfrac{d_{ijk}}{8}\right) & d_{ijk} \in [8,16] \\ 0 & d_{ijk} \notin (0,16] \end{cases}$$

第 3 类"中"（$k=3$），设定灰数为 $\otimes 3 \in [0，6，12)$，白化权函数为

$$f_3(d_{ijk}) = \begin{cases} \dfrac{d_{ijk}}{6} & d_{ijk} \in [0,6) \\ 2-\left(\dfrac{d_{ijk}}{6}\right) & d_{ijk} \in [6,12] \\ 0 & d_{ijk} \notin (0,12] \end{cases}$$

第 4 类"差"（$k=4$），设定灰数为 $\otimes 4 \in [0，1，5)$，白化权函数为

$$f_4(d_{ijk}) = \begin{cases} 1 & d_{ijk} \in [0,1) \\ \dfrac{5-d_{ijk}}{4} & d_{ijk} \in [1,5] \\ 0 & d_{ijk} \notin (0,5] \end{cases}$$

3. 建立评价样本矩阵

根据此次火灾扑救中灭火救援指挥实际情况，利用已经建立的灭火救援指挥效能评估指标体系和指标分级标准，组织 5 位评价专家对灭火救援指挥各个方面的效能实际发挥情况进行详细具体的分析和评分。

根据 5 位专家所写的专家评分，分别求得 U_1、U_2、U_3、U_4 评价样本，矩阵 D_1、D_2、D_3、D_4。

$$D_1 = \begin{bmatrix} 5 & 6 & 4 & 7 & 3 \\ 4 & 3 & 3 & 4 & 2 \\ 5 & 5 & 6 & 4 & 3 \end{bmatrix} \quad D_2 = \begin{bmatrix} 5 & 4 & 5 & 6 & 4 \\ 6 & 4 & 7 & 6 & 7 \\ 7 & 8 & 6 & 7 & 8 \end{bmatrix}$$

$$D_3 = \begin{bmatrix} 6 & 7 & 8 & 8 & 7 \\ 8 & 7 & 7 & 5 & 6 \\ 9 & 9 & 8 & 6 & 9 \end{bmatrix} \quad D_4 = \begin{bmatrix} 4 & 4 & 3 & 4 & 5 \\ 5 & 4 & 5 & 3 & 6 \\ 6 & 7 & 5 & 7 & 5 \end{bmatrix}$$

4. 计算灰色评价系数

对于评估指标 B_1、C_1 的属于各灰类的评估系数如下：

$$k=1, n_{11}^{(1)} = \frac{5}{9} + \frac{6}{9} + \frac{4}{9} + \frac{7}{9} + \frac{3}{9} = 2.778$$

$$k=2, n_{12}^{(1)} = \frac{5}{8} + \frac{6}{8} + \frac{4}{8} + \frac{7}{8} + \frac{3}{8} = 3.125$$

$$k = 3, n_{13}^{(1)} = \frac{5}{6} + 1 + \frac{4}{6} + 2 - \frac{7}{6} + \frac{3}{6} = 3.833$$

$$k = 4, n_{14}^{(1)} = 0 + 0 + \frac{1}{4} + 0 + \frac{2}{4} = 0.75$$

总评估系数 $n_1 = \sum\limits_{k=1}^{4} n_{1i} = 10.486$。

5. 计算灰色评价矩阵

对于 D_1 中的指标进行矩阵分析：

$$R_{11} = \frac{2.778}{10.486} = 0.265$$

$$R_{12} = \frac{3.125}{10.486} = 0.298$$

$$R_{13} = \frac{3.833}{10.486} = 0.366$$

$$R_{14} = \frac{0.75}{10.486} = 0.0072$$

同理，由上述介绍的步骤方法可得对应于 D_1、D_2、D_3、D_4 灰色评价权矩阵 R_1、R_2、R_3、R_4。

$$R_1 = \begin{bmatrix} 0.265 & 0.298 & 0.335 & 0.072 \\ 0.21 & 0.237 & 0.316 & 0.237 \\ 0.255 & 0.287 & 0.383 & 0.075 \end{bmatrix} \quad R_2 = \begin{bmatrix} 0.253 & 0.285 & 0.38 & 0.082 \\ 0.286 & 0.321 & 0.371 & 0.022 \\ 0.32 & 0.36 & 0.32 & 0 \end{bmatrix}$$

$$R_3 = \begin{bmatrix} 0.32 & 0.36 & 0.32 & 0 \\ 0.307 & 0.345 & 0.348 & 0 \\ 0.377 & 0.362 & 0.261 & 0 \end{bmatrix} \quad R_4 = \begin{bmatrix} 0.239 & 0.269 & 0.358 & 0.134 \\ 0.255 & 0.287 & 0.383 & 0.075 \\ 0.286 & 0.321 & 0.371 & 0.022 \end{bmatrix}$$

6. 对指标进行综合评价

根据灰色层次分析法的计算要求，对 R_1、R_2、R_3、R_4 进行数据处理，得总灰色评价矩阵 R 为

$$R = \begin{bmatrix} 0.256 & 0.288 & 0.344 & 0.093 \\ 0.267 & 0.301 & 0.372 & 0.06 \\ 0.321 & 0.352 & 0.326 & 0 \\ 0.278 & 0.282 & 0.366 & 0.099 \end{bmatrix}$$

$$A = (0.268, 0.298, 0.361, 0.07)$$

7. 计算综合评估值

最后通过归一化的方法处理，设备评价灰类等级值化向量为 $D = (0.9, 0.8, 0.6, 0.3)$，对应级别分别为优、良、中、差，被评系统的综合评价值：

$$W = BD^T = \left(\frac{0.268}{0.097}, \frac{0.298}{0.097}, \frac{0.361}{0.097}, \frac{0.07}{0.097}\right)(0.9, 0.8, 0.6, 0.3)^T = 0.7085$$

（三）评估结果

该指挥效能评估值基本达到中等偏上的水平，并针对灭火救援指挥活动提出的改进措施如下。

1. 侦察掌握现场情况

（1）指挥员在行驶途中要与指挥中心、报警人保持联络，以便初步了解现场情况，并初步定下决心。

（2）在到达现场后，要综合运用各种侦察方法进一步了解现场情况。

（3）要在了解现场情况的基础上，分析和判断火场的主要方面。

（4）在火灾扑救过程中必须保持不间断地侦察，要设立安全员，以便能够实时了解火场的情况。

2. 定下战斗决心

在定下决心过程中，可以运用定量分析的方法或者使用指挥辅助决策系统帮助指挥员进行决策，使指挥员在救援过程中能够准确地判断火场的主要方面，正确、合理地运用各种战术方法。

习题

1. 灭火救援指挥训练的含义是什么？

2. 灭火救援指挥训练的方法有哪些？

3. 灭火救援指挥理论知识和训练的区别和联系是什么？

4. 如何进行灭火救援指挥训练的成绩评定？

5. 灭火救援指挥训练记录员的能力要求有哪些？

6. 灭火救援指挥训练中讲评的注意事项有哪些？

7. 灭火救援指挥训练和实战运用的区别和联系是什么？

8. 如何运用现代化信息技术和手段开展灭火救援指挥训练？

附录一　消防救援总队灭火救援指挥预案示例

1　单位概况

高层建筑是指建筑高度大于 27 m 的住宅建筑和建筑高度大于 24 m 的非单层厂房、仓库和其他民用建筑。

近年来，随着××省经济高速发展，人口密度迅速增加，高层建筑数量越来越多。高层建筑高度高、体量大、结构复杂、人员密集，其楼梯间、电梯井、管道井、电缆井等竖向井道多，一旦着火，如果初期时得不到有效控制，易形成立体火灾，加之人员疏散困难、灭火用水量大、火场供水难度大，极易造成巨大的人员伤亡和财产损失。因此，必须充分做好高层建筑火灾应急处置的各项准备工作。

2　指挥决心

当××省行政区域内发生高层建筑火灾事故时，在省应急救援总指挥部的统一指挥下，遵照应急管理部、消防救援局以及省委、省政府的有关指示精神，迅速调集人员、车辆和装备赶赴现场，规范有序、科学高效地实施应急救援，最大限度地减少火灾事故给国家和人民生命财产造成的损失，维护社会稳定。

3　力量调集

3.1　力量调集原则：按照就近调集、战区调集、专业调集的原则调集增援力量。

3.2　Ⅳ级响应由属地支队负责调集力量，Ⅲ级响应由总队适时调集属地战区和邻近战区增援力量，Ⅱ级和Ⅰ级响应由总队根据作战需要分批次调集全省其他战区增援力量。

3.3　高层建筑火灾扑救优先调集各支队高层建筑灭火救援专业队，以调集灭火消防车、举高消防车、专勤消防车以及其他特种车辆为主。Ⅲ级响应调集 3 个支队，Ⅱ级响应调集 5 个支队，Ⅰ级响应分批次调集 10 个支队。

3.4　各支队增援人员包括干部和消防员，其中政府专职消防员不得少于所调集消防员总数的 10%。

3.5　各增援支队接到总队调派命令后，迅速通知支队现场作战指挥部及相关消防救援站力量，采取分批次或统一编队出动。

3.6　各增援支队接到总队调派命令后，应与属地支队和总队指挥中心保持联系，每 0.5 h 为 1 个联络时间节点，报告内容为力量编成、出动情况、行进路线、所处位置等情况。

3.7　属地支队应当确定协调员，负责接应增援力量。

4　组织指挥

总队根据高层建筑火灾严重程度，确定响应等级，启动《××省消防救援总队突发事件应急救援指挥总体预案》，按照"统一指挥、逐级指挥"的原则，成立前、后方指挥部，在应急管理部、消防救援局和省委、省政府、省应急救援总指挥部的领导下，组织指挥开展跨区域高层建筑火灾应急救援工作。

4.1　现场作战指挥部

现场作战指挥部由总指挥员、副总指挥员、现场文书、安全助理、通信员等人员组成，下设综合信息、指挥协调、应急通信、战地政工、战勤保障、新闻宣传、安全管控、技术专家、对外联络9个工作组。总指挥员由总队长担任，当总队长不在位时由政治委员担任；副总指挥员3人，由总队灭火救援指挥部部长、1名副总队长和政治部主任担任。

主要职责：负责与应急管理部、消防救援局以及省应急救援总指挥部的联络协调，执行上级下达的应急救援任务；根据灾情研判，向省应急救援总指挥部提出调集相关社会力量配合作战行动的意见；完成灾情研判分析、作战力量调集、作战方案审定、作战任务部署、作战安全管控、战评总结等工作。

4.2　后方指挥部

后方指挥部总指挥由总队政治委员担任，当政治委员不在位时，由当日值班领导担任；副总指挥由当日值班领导或其他党委成员担任，成员由当日值班在岗的指挥长、作战助理、信息助理、战保助理、通信助理以及指挥中心值守班组、全媒体工作中心人员、应急通信保障分队人员、相关处室人员组成。

主要职责：负责与现场作战指挥部保持不间断联络，掌握作战情况；连线相关行业专家远程会商，为前方作战提供各种辅助决策信息；及时向总队领导和现场作战指挥部传达上级的批示、指示；做好上级与总队指挥中心、现场作战指挥部的音视频连线保障等工作；根据现场作战指挥部需求随时调集车辆装备和其他救援物资，必要时调集相关消防装备生产厂家的装备器材和技术人员到场支援；及时监控网络舆情，统筹新闻媒体做好宣传报道和新闻发布工作。

5　指挥要点

扑救高层建筑火灾，应坚持"反应灵敏、救人第一、科学施救"的指导思想，按照"先控制、后消灭"的原则，落实"攻防并举、固移结合"的要求，充分利用固定消防设施，立体部署战斗力量，灵活运用战术，以取得灭火战斗行动的主动权。

5.1　火情侦察

（1）火情侦察必须贯穿于火灾扑救的始终，以便及时掌握火情的动态变化。

（2）组织若干侦察小组进行火情侦察，及时汇总相关信息向前方总指挥报告。

（3）进入消防控制室侦察火情时，应由值班或工程技术人员提供情况，并由他们操作设备。指挥员通过"两屏、三器、两柜"（视频监控屏、图形显示屏，火灾报警控制器、消防联动控制器、消防应急广播控制器，消防电源控制柜、消防水箱液位显示柜），确定被困人员数量、位置及救生途径，掌握火势发展变化和建筑消防设施动作情况，实施灾情研判和决策指挥。

（4）在前期火情侦察的基础上，还需进一步查明：燃烧范围及火势蔓延的主要方向；尚未疏散的被困人员位置和数量；贵重物品疏散转移及受火势威胁情况；建筑内重点部位和要害区域是否得到有效保护；消防给水系统运行是否正常；飞火波及的区域；现场断电、断气情况；有无发生爆炸、坍塌的危险；作战车辆停放和作战阵地部署是否存在安全风险。

（5）组织火情侦察时应认真查看图纸资料，仔细询问知情人，利用好红外热像仪、测温仪、测距仪、有毒（可燃）气体探测仪、经纬仪等侦检仪器。

5.2　现场管控

（1）现场作战指挥部评估现场警戒的人员、范围和措施，根据灭火需要适时调整警戒范围。外围警戒交由公安机关牵头、相关人员配合实施。

（2）现场作战指挥部应明确专人联络协调警戒事宜。

（3）管控进入建筑的各个出入口，严格控制无关人员进入。

5.3　疏散救人

（1）将人员信息核实贯穿于火灾扑救全过程。

（2）组织若干搜救小组，充分利用应急广播系统、消防电梯、避难层、防烟（封闭）楼梯间、室外楼梯、救援窗、举高消防车、直升机、擦窗工作机等途径和手段，加强对起火层和充烟、隐蔽区域的人员疏散与搜救，做到全覆盖、无遗漏。

（3）楼层疏散人员的基本顺序是：起火层→起火层上一层→起火层上二层→顶层→起火层以上其他楼层→起火层下一层。

起火层疏散救人应按照"起火房间→起火房间两侧房间→起火房间对面房间→其他房间"的顺序实施。

（4）利用应急广播指导疏散时，应按疏散的基本顺序依次分批广播。若大楼内有外国人，要使用英语广播。同一内容，要重复广播。

（5）视情况分开设置人员疏散和内攻灭火路线，避免形成对冲。

（6）本着"能下尽下"的原则，一次性将被困人员疏散救助至地面安全区域；对一时无法转移至地面安全区域的人员，可以视情况转移至上风窗口、平台或避难层伺机救助。

（7）对已确认搜索完毕的房间和楼层，应在醒目位置设置统一标志，避免重复搜救。火灾后应组织人员对火场进行彻底清理，防止遗留盲点。

（8）安排专人对疏散营救出的人员进行登记并妥善安置。

5.4　作战部署

（1）根据火势发展变化，及时采取"强攻近战、上下合击、内外结合、逐层消灭"的技战术措施，科学有序实施作战行动。

（2）合理编成到场力量，以班组为基本战斗单元，控制内攻人数。

（3）战斗力量部署的顺序依次是：起火层、起火层上层、起火层下层。战斗力量分配的原则是起火层大于起火层上层，起火层上层大于起火层下层。

（4）进攻起点层设在起火层下二层，在进攻起点层下一层设立力量集结点，做到人装同上、一次到位。在起火楼层较高的情况下，要在进攻起点层下方适当位置设立器材中转区，备足空气呼吸器、水带、分水器、水枪等装备器材。在进攻起点层或首层大厅设置前沿指挥点，指挥协调各楼层的内攻行动。

（5）科学合理设置堵截阵地。起火层的堵截阵地通常选择在着火房间的门口、窗口，着火区域的楼梯口，有蔓延可能的吊顶处等。起火层上部的堵截阵地一般选择在楼梯口、电梯井、电缆井、管道井处，楼板孔洞处，有火势窜入危险的窗口等。起火层下部的堵截阵地主要选择在与起火层相连的各开口部位和竖向管井处，重点防止掉落的燃烧物或下沉的烟气引燃下部可燃物。

（6）控制火势蔓延的措施。当一个楼层内大面积燃烧、火势处于发展阶段时，要重点采取堵截和设防措施。在水平方向，应在防火分区两端部署力量，力争将火势控制在一个防火分区的范围内。在垂直方向，除在电梯井、楼梯间及喷火的外窗等处设防外，还应在竖向管道井分隔段上下两端部署力量，力争将火势控制在这一范围内。当多层同时燃烧时，内攻力量应自上而下部署，特别是在起火层上部应加强堵截力量，重点阻止火势继续向上发展；外攻力量应利用举高消防车阻止火势向上部蔓延；在起火层以下楼层部署一定的防御力量，防止燃烧掉落物引燃下层或高温烟气向下层蔓延扩散。

（7）在起火建筑周边区域和毗邻建筑屋顶部署灭火力量，防范飘落飞火引发的火灾。

（8）灭火时优先选用 A 类泡沫等灭火剂。火灾扑灭后，要及时关闭自动喷水灭火系统配水管阀门，以减少水渍损失。

（9）及时组织力量轮换，提高作战行动效能。

（10）在火灾扑救过程中，要及时将积水导向楼梯间排出，尽可能防止电梯井进水。

5.5 火场供液

（1）高层建筑火场供水应坚持"以固为主、固移结合"的原则，指定专人负责，根据需要成立若干供水组。

（2）根据消防车泵的技术性能和水源与火场的距离，合理选择直接供水、接力供水或拉运供水的方式。

（3）供水负责人掌握现场供水资源动态情况，对已占据水源和已形成的供水线路做好标记，与各供水组实时保持联系。

（4）当固定消防水泵无法正常运行或室内消火栓系统不能满足灭火需求时，应利用消防车通过水泵接合器向室内消防管网供水，但必须明确水泵接合器所对应的供水区域和大楼采取的减压方式。

（5）通过水泵接合器加压供水时，应保证检修阀门处于开启状态，其中高区补水压力不应大于 2.5 MPa，低区补水压力不应大于 1.6 MPa。通常情况下，每启动 1 个水泵接合器可同时使用 2 个室内消火栓（出 2 支水枪）。

（6）当固定消防水泵、水泵接合器等消防设施都不能正常使用或不能满足灭火需求时，应组织消防员沿外墙或楼梯间垂直铺设水带，利用消防车直接供水或 A 类泡沫混合液灭火。

（7）应对移动供液线路上的水带接口、分水器等器材进行固定。

5.6 火场排烟

（1）利用固定排烟设施排烟。关闭防烟楼梯间、封闭楼梯间各层的疏散门，关闭通风、空调系统，优先启动楼梯间、前室等部位的机械加压送风防烟设施。在确保排烟路径安全的前提下，利用机械排烟设施实施排烟、控烟时，可手动或远程启动打开排烟阀，启动排烟风机。

（2）利用自然通风排烟。打开下风或侧风方向靠外墙的门窗，进行通风排烟。当烟气进入袋形走道时，可打开走道尽头地窗或门进行排烟，如果走道尽头没有窗或门，可打开靠近尽头房间的门、窗进行通风排烟。打开共享空间可开启的天窗或高侧窗进行通风排烟。

（3）利用移动消防装备排烟。主要利用喷雾水流驱烟和使用移动排烟机排烟。

（4）实施排烟时要选准排烟路径，以方便人员疏散和灭火进攻，避免造成新的燃烧。在烟雾流经部位和出口，要相应地布置水枪设防。严禁人员位于排烟路径的下风口处，防止烟热对流伤害。

（5）对密闭房间进行排烟时，应逐渐开启排烟口，并用喷雾或开花水枪掩护，防止发生轰燃。

（6）严禁破拆玻璃幕墙排烟，防止因外部风力加大，造成内部火势迅速蔓延。

5.7 作战安全

（1）安全助理应当根据灭火作战需要设置若干安全员，明确各安全员的工作任务并实施统一管理，随时检查他们所处位置及履行职责情况，发现问题及时纠正。

（2）各安全员对自己负责的危险区段、部位进行实时监测，确定安全防护等级，检查参战人员的安全防护器材和措施，记录进入危险区的人员数量和时间，保持不间断联系；协助现场指挥员提前确定紧急撤离信号和路线，及时向现场指挥员提出紧急撤离和人员替换的建议，并根据指挥员下达的紧急撤离命令，发出撤离信号，在指定集结区清点核查人员。

（3）内攻灭火时，应有水枪掩护。进入起火、充烟区域前，应有效依托防火分隔设施，采取必要的出水掩护措施，防止轰燃、回燃、热对流等伤害。

（4）沿玻璃幕墙外侧行动时，要保持一定的安全距离，防止玻璃爆裂碎片伤人。

（5）严禁人员位于车泵出水口、分水器接口、垂直铺设水带下方等部位，防止水带脱口、爆裂伤人。

（6）使用电梯时，严禁直达、穿越着火层，并应避免冲撞、倚靠电梯门，防止发生变形。

（7）对于燃烧时间较长的火灾现场，要组织专家对建筑结构进行检测、评估，在确保安全的情况下组织内攻。

6　保障措施

6.1　通信保障

高层建筑火灾发生后，总队启动《××省消防救援总队高层建筑火灾通信保障预案》，做好通信资源调配，运用有线通信、无线通信、卫星通信、计算机通信等设备形成语音、视频和信息指挥通信网络，并协调电信运营商、通信设备厂家参与保障，保证应急管理部、消防救援局、省应急救援总指挥部、总队现场作战指挥部、各支队救援力量之间的应急通信畅通。

6.2　战勤保障

高层建筑火灾发生后，总队启动《××省消防救援总队高层建筑火灾战勤保障预案》，迅速调集保障人员、车辆和装备赶赴现场，科学、有序、高效地实施运输、油料、装备器材、灭火剂、生活、卫勤及经费等保障。

6.3　政工保障

高层建筑火灾发生后，总队启动《××省消防救援总队突发事件应急救援政治工作保障预案》，发挥政治工作"生命线"作用，进行作战动员和宣传鼓动，建立党（团）组织，全程跟进做好思想工作，持续开展立功创模活动和先进典型事迹宣传，维护作战纪律，做好群众工作和参战指战员家属思想工作和牺牲、伤病残人员善后工作，为队伍执行应急救援任务提供坚强的思想和组织保证。

6.4　信息保障

高层建筑火灾发生后，总队启动《××省消防救援总队突发事件应急救援信息保障预案》，迅速调集人员、车辆和装备赶赴现场，建立快速、畅通的前后方信息渠道，全力做好信息保障工作，为规范有序、科学高效实施应急救援提供信息保障和支撑。

6.5　安全管控保障

高层建筑火灾发生后，总队启动《××省消防救援总队突发事件应急救援安全管控保障预案》，迅速调集安全管控人员、车辆和装备与消防应急救援力量随行出动，紧跟任务执行全程，进行火场警戒、人员车辆安全管控、营地位置区域划定、现场秩序维护和纪律作风监督工作，维护作战纪律，为队伍执行应急救援任务提供坚强保证。

6.6　技术专家保障

高层建筑火灾发生后，总队启动《××省消防救援总队突发事件应急救援技术专家保障预案》，及时调派相关专家赶到总队指挥中心或火场，从技术角度向现场作战指挥部提出处置要点及防护措施等意见建议，并根据需要参与远程指挥、现场处置、调查评估、战评总结等工作。

6.7 对外联络保障

高层建筑火灾发生后，总队启动《××省消防救援总队突发事件应急救援对外联络保障预案》，对外联络政府现场指挥部、相关单位和力量，及时掌握火场相关情况，做好上传下达和沟通协调工作，第一时间向现场作战指挥部汇报相关情况，为指挥决策提供依据。

6.8 新闻宣传保障

高层建筑火灾发生后，总队启动《××省消防救援总队突发事件应急救援新闻宣传保障预案》，迅速调集新闻宣传人员、车辆和装备与消防应急救援力量随行出动，对现场规范有序、科学高效地实施应急救援工作进行视频、图像采集，及时、准确发布和宣传报道应急救援行动进展、处置情况，回应社会关切。

6.9 舆情处置保障

高层建筑火灾发生后，总队启动《××省消防救援总队突发事件应急救援舆情处置保障预案》，通过总队官方互联网网站及官方微信、微博、抖音等网络平台，组织网上网下舆论骨干力量开展正面网评引导工作，传递正确的立场导向，及时回应网友关切，抵消负面情绪蔓延，推动理性发声，树立消防救援队伍的良好形象。

附录二 消防救援支队灭火救援指挥预案示例

1 单位概况

××时代广场位于××市开发区长安路与明月街交叉口西北角，东侧为明月街，南侧为××人民大厦，西侧为××档案馆与开发区实验小学，北侧为正在修建的××场馆。东西方向长约500 m，南北方向长约300 m。

××时代广场作为大型商业综合体，占地面积为44200 m²，总建筑面积为地上82600 m²，地下47300 m²，人流量大，地下二层为地下车库，可停车辆400辆；局部设有消防泵房、隔油池、生活水泵房和库房，地下一层为地下车库、万辉超市步行街，可停车辆280辆，局部设有机房和库房；一层为商场，主要经营服饰与珠宝；二层为商场，主要经营服饰与儿童娱乐；三层为餐饮、娱乐、时代影城。商场3层的厨房会大量使用天然气和大功率用电设备，时代影城的人流量大，疏散困难，以上都是重点防火区域。

1.1 建筑基本情况

<table>
<tr><td rowspan="4">建筑概况</td><td>建筑名称</td><td>××时代广场</td><td>地址</td><td></td><td>联系人</td><td></td><td>联系电话</td><td></td></tr>
<tr><td>建筑高度</td><td>23.95 m</td><td>总面积</td><td>130149 m²</td><td>占地面积</td><td>44200 m²</td><td>标准层面积</td><td>29000 m²</td></tr>
<tr><td>层数</td><td>地上3层，局部4层，地下2层</td><td>建筑结构</td><td colspan="6">框架结构</td></tr>
<tr><td>裙房</td><td>无</td><td>建筑外壳</td><td colspan="2">金属幕墙、石材幕墙、玻璃幕墙</td><td colspan="2">登高作业面</td><td>南广场、东广场</td></tr>
<tr><td rowspan="5">功能分区</td><td>B2</td><td colspan="8">为地下车库，可停车辆400辆；局部设有消防泵房、隔油池、生活水泵房和库房</td></tr>
<tr><td>B1</td><td colspan="8">为地下车库、万辉超市步行街，可停车辆280辆，局部设有机房和库房</td></tr>
<tr><td>1F</td><td colspan="8">为商场，主要经营服饰与珠宝</td></tr>
<tr><td>2F</td><td colspan="8">为商场，主要经营服饰与儿童娱乐</td></tr>
<tr><td>3F</td><td colspan="8">为餐饮、娱乐、时代影城</td></tr>
</table>

1.2 建筑固定消防设施

<table>
<tr><td>类别</td><td>项目</td><td>主要情况</td></tr>
<tr><td rowspan="4">安全疏散设施</td><td>疏散楼梯</td><td>共25部，东侧4部，西侧4部，南侧7部，北侧10部</td></tr>
<tr><td>消防电梯</td><td>无</td></tr>
<tr><td>避难设施</td><td>无</td></tr>
<tr><td>安全出口</td><td>一层通往室外的安全出口共11个，东2个，西1个，南5个，北3个</td></tr>
</table>

（续）

类别	项目	主要情况
消防水系统	室外消火栓	500 m 范围内共有市政消火栓 9 个，管网直径 250 mm
	室内消火栓	共 656 个，负一层 130 个，负二层 88 个，一层 136 个，二层 125 个，三层 148 个，四层 29 个
	供水管网	采取环状管网形式，通过市政进行补水
	湿式自动喷淋系统	负二、负一机房，及一到四层
	消防泵	位于负二层，共设 2 台消火栓泵，4 台喷淋泵，流量 40 L/s
	消防水池	位于负二层，水池容量 990 m³
	水泵接合器	12 个，分别位于外广场东、南、西、北各 3 个
其他	消防控制室	负一层北侧
	自动报警系统	建筑内部装有温感 4795 个，烟感 380 个
	气体灭火系统	4 个，位于 1、2 号变电室，托管机房，影城 IMAX 厅放映室
	消防通信	商场安全保卫人员配备专用对讲机，能够互相联系，并保持与控制室通信畅通
	消防排烟	建筑机械送风机 45 台，送风口 450 个，机械排风机 66 台，排烟阀 910 个，排烟窗 3 个
	防火卷帘	共 112 个，分别位于各商铺门口

1.3 进攻通道

1.3.1 安全出口

安全出口	位 置	可达区域
1 号	一层北侧	北广场
2 号	一层北侧	北广场
3 号	一层北侧	北广场
4 号	一层东侧	东广场
5 号	一层东侧	东广场
6 号	一层南侧	南广场
7 号	一层南侧	南广场
8 号	一层南侧	南广场
9 号	一层南侧	南广场
10 号	一层南侧	南广场
11 号	一层西侧	西广场

1.3.2 疏散楼梯

名　称	可否垂直施放水带	到 达 层 面
1～4 号	可	1～3
5～7 号	可	1～3
8～11 号	可	−2～4
12～15 号	可	−2～3
16～19 号	可	−2～3
20～21 号	可	1～3
22～23 号	可	−2～4

1.4　重点部位

重点部位名称	餐饮区	重点部位所在位置	三层	建筑结构	钢筋混凝土	使用性质	餐饮
主要危险性	商场三层有大量餐饮店铺，厨房大量使用天然气和大功率用电设备，同时三层东侧为时代影城，人流量大，疏散困难						

1.5　危险部位情况

序号	种类	分布	原　因
1	爆炸	时代广场三层	时代广场三层为餐饮区域，接入有天然气，发生火灾后有爆炸危险
2	窒息	时代广场	时代广场内使用大量易燃可燃装修装饰材料，燃烧后产生大量有毒烟气
3	触电	时代广场	时代广场日常用电量大，如果不能切断电源，易造成人员触电伤亡
4	迷失	时代广场	时代广场内部结构复杂，受浓烟影响，内攻人员易迷失方向
5	踩踏	时代广场楼梯间	时代广场人流量大，发生火灾后，人员慌乱，疏散过程中易造成人员踩踏事件
6	疫情	时代广场	受疫情影响，在灭火救援过程中，指战员与群众密切接触，会有疫情传染隐患

2　灾情设定

火灾等级	燃　烧　态　势
Ⅰ级（初期火灾）	燃烧面积＜100 m²，根据燃烧速度、排烟能力、防火分区、自动喷水灭火系统保护面积等因素综合考虑，设定为燃烧面积＜100 m²
Ⅱ级（可控火灾）	100 m²＜燃烧面积＜500 m²，根据燃烧速度、排烟能力、防火分区、自动喷水灭火系统保护面积等因素综合考虑，设定为100 m²＜燃烧面积＜500 m²
Ⅲ级（失控火灾）	500 m²＜燃烧面积＜800 m²，根据燃烧速度、排烟能力、防火分区、自动喷水灭火系统保护面积及灾情最大化等因素综合考虑，设定为500 m²＜燃烧面积＜1000 m²

3 力量调集

3.1 Ⅰ级火灾力量调集

序号	单 位	车 型	水泵流量/ (L·s⁻¹)	载水量/t		防护装备			行车时间/ min
				水	泡沫	空气呼吸器/具	备用气瓶/个	隔热服/套	
1	特勤站	18 m 高喷车	80	15	3	20	10	8	3
		泡沫水罐车	80	20	5				
		水罐消防车	80	12	0				
		18 m 破拆车	100	3	1				
		排烟消防车	—	2.5	0				
		抢险救援车	—	0	0				
		53 m 云梯车	100	1.5	0				
2	卫生西路 卫东消防站	双高车	—	1.28	0.21	4	2	0	3
合计		共计消防车辆8辆		55.28	9.21	24	12	8	

3.2 Ⅱ级火灾力量调集

序号	单 位	车 型	水泵流量/ (L·s⁻¹)	载水量/t		防护装备			行车时间/ min
				水	泡沫	空气呼吸器/具	备用气瓶/个	隔热服/套	
1	特勤站	18 m 高喷车	80	15	3	20	10	8	3
		泡沫水罐车	80	20	5				
		水罐消防车	80	12	0				
		18 m 破拆车	100	3	1				
		排烟消防车	—	2.5	0				
		抢险救援车	—	0	0				
		53 m 云梯车	100	1.5	0				
2	一站	城市主战车	60	5	0.2	4	2	0	3
3	二站	水罐泡沫车	60	15	3	20	10	2	12
		泡沫消防车	60	6	2				
		抢险救援车	0	0	0				
		水罐消防车	80	11	0				
		城市主战车	60	5	0				
4	三站	泡沫水罐车	100	10	2	20	10	2	26
		A类泡沫车	80	3	1				
		16 m 高喷车	100	12	3				
		抢险救援车	—	0	0				

（续）

序号	单 位	车 型	水泵流量/ (L·s⁻¹)	载水量/t		防护装备			行车时间/ min
				水	泡沫	空气呼吸器/具	备用气瓶/个	隔热服/套	
5	四站	泡沫水罐车	800	25	0	10	6	2	40
		60 m 高喷车	100	4	2				
6	五站	泡沫水罐车	80	8	2	10	6	2	13
		32 m 高喷车	80	6	2				
7	保障站	移动供气车	—	0	0	20	60		15
		45 t 供水车	60	45	0				
8	通信保障分队	通信保障车	—	0	0	—	—	—	3
9	全勤指挥部	灭火指挥车		0	0				3
合计		共计消防车辆25辆		209	26.2	104	104	16	

3.3　Ⅲ级火灾力量调集

序号	单 位	车 型	水泵流量/ (L·s⁻¹)	载水量/t		防护装备			行车时间/ min
				水	泡沫	空气呼吸器/具	备用气瓶/个	隔热服/套	
1	特勤站	18 m 高喷车	80	15	3	20	10	8	3
		泡沫水罐车	80	20	5				
		水罐消防车	80	12	0				
		18 m 破拆车	100	3	1				
		排烟消防车	—	2.5	0				
		抢险救援车	—	0	0				
		53 m 云梯车	100	1.5	0				
2	一站	水罐泡沫车	60	6	2	20	10	2	12
		泡沫消防车	60	6	2				
		抢险救援车		0	0				
		水罐消防车	80	11	0				
		城市主战车	60	4	2				
3	二站	泡沫水罐车	100	10	2	20	10	2	26
		A 类泡沫车	80	3	1				
		16 m 高喷车	100	12	3				
		抢险救援车	—	0	0				

（续）

序号	单 位	车 型	水泵流量/ （L·s⁻¹）	载水量/t		防护装备			行车 时间/ min
				水	泡沫	空气呼吸 器/具	备用气 瓶/个	隔热 服/套	
4	三站	泡沫水罐车	800	9	9	20	10	8	40
		60 m 高喷车	100	4	2				
4	三站	50 m 大跨距 消防车	100	2	0	20	10	8	40
		50 m 大跨距 消防车	100	2	0				
		泡沫水罐车	100	25	0				
		泡沫水罐车	100	25	0				
5	四站	泡沫水罐车	80	8	2	10	6	2	13
		32 m 高喷车	80	6	2				
6	五站	泡沫水罐车	80	12	4	8	4	4	40
		32 m 高喷车	80	6	2				
7	六站	泡沫水罐车	80	8	2	8	2	4	42
		16 m 高喷车	80	6	2				
8	战勤保障科	移动供气车	—	0	0	20	60	15	15
		45 t 供水车	60	45	0				
		饮食保障车	—	0	0				
		宿营车	—	0	0				
		餐饮车	—	—	—				
		油料车	—	0	0				
		器材运输车	—	0	0				
		装备维修车	—	—	—				
9	通信保障 分队	通信保障车	—	0	0	—	—	—	3
10	全勤指挥部	灭火指挥车	—	0	0	—	—	—	3
合计		共计消防车辆38辆		264	46	126	112	45	

4 组织指挥

4.1 指挥网络图

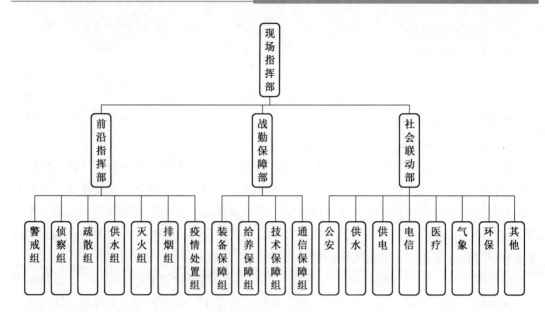

4.2 指挥力量构成及任务分工

指挥力量构成		灾 情 等 级			职 责
		Ⅰ级	Ⅱ级	Ⅲ级	
现场指挥部	市政府领导	—	—	√	实施决策、组织指挥
	市应急管理局	—	√	√	
	市公安局	—	√	√	
	消防救援支队	—	√	√	
前沿指挥部	消防救援站指挥员	√	√	√	现场指挥部决策意图的贯彻落实、组织指挥战斗行动、落实安全防范措施、向现场指挥报告情况、实施临机指挥
	消防救援大队指挥员	√	√	√	
	全勤指挥部	—	√	√	
后方指挥部	全勤指挥部备勤值班人员		√	√	留守支队指挥中心，做好增援力量调派和人员轮换，搜集现场信息，做好信息上报，密切监视舆论信息
应急通信分队	通信保障	—	√	√	确保车辆性能完好、保证给养物资供给以及通信联络
社会联动单位	公安	—	√	√	协调各社会联动部门，实施联勤保障
	交通	—	√	√	维护现场秩序，实施交通管制
	供水	—	√	√	负责现场水源供应
	供电	—	√	√	负责现场电力供应
	环保	—	√	√	监测火场周围环境
	医疗	—	√	√	负责现场医疗救助
	气象	—	√	√	负责灭火救援期间气象监测
	广电	—	√	√	负责现场新闻播报

4.3 指挥任务分工

4.3.1 现场指挥部

现场指挥部设在时代外广场东南角，由市政府、市公安局、消防救援支队、参战消防救援站、灭火救援专家、建筑结构技术专家、社会联动单位负责人等组成，主要负责火灾扑救措施决策和组织指挥。

4.3.2 前沿指挥部

前沿指挥部设在时代外广场东南角，由支队1名主官、分管副支队长、支队全勤指挥部当日值班人员、灭火救援专家、参战消防救援站指挥员、大型商业综合体建筑结构专家等人员组成。下设战斗段、集结组、警戒组、战勤保障组，主要负责总指挥部作战决策意图的贯彻落实，组织指挥到场力量的战斗行动，落实安全防范措施，及时报告现场灾情及处置情况等，并根据灾情变化实施临机指挥。

（1）战斗组：每条作战线路为一个战斗段，由各参战单位指挥员负责。主要负责合理设置枪炮阵地，正确选择供水方式，科学运用灭火战术，有力控制灾情发展，适时迅速扑灭火势。

（2）集结组：由支队灭火救援指挥部1名领导负责，辖区大队指挥协助，负责在设置力量集结区集结各增援力量，统计现场作战实力，统一调配排烟机、空气呼吸器、备用气瓶以及水带等器材装备，并按照指挥部战斗意图和部署，调整车辆装备。

（3）警戒组：由支队灭火救援指挥部1名领导负责，灭火救援专家、区公安交管部门和区消防救援大队协助，负责多点设置安全员，全程观察火场变化，并根据火灾发展态势调集力量实施警戒，主要划定警戒范围、控制无关人员、车辆、装备进出，保障消防车前往火场的交通顺畅等。当火灾发展成为Ⅱ级灾情时，对着火单位周边300 m以内范围进行警戒，疏散警戒区内人员，禁止无关人员、车辆进入；同时，对到达着火单位的主要道路进行交通管制，确保救援车辆快速通行。

（4）排烟组：由支队1名副职领导负责，利用建筑内部防排烟设施、自然排烟、机械排烟、排烟车排烟等多种形式进行排烟，提高建筑内部能见度。

（5）侦察组：由支队全勤指挥部指挥长负责，选派骨干力量组成侦察组，对建筑内部燃烧态势、蔓延方向、人员被困情况进行侦察，每个小组不少于3人，其中1名为指挥员。

4.3.3 战勤保障组

由支队后勤部门1名领导负责，由灭火救援部信息通信科、支队装备科和战勤保障科等负责人组成。支队信息通信科负责确定现场组网形式，设置临时通信线路，提供备用通信器材，组织现场有线、无线传输，保障火场信息畅通。装备科和战勤保障科负责灭火器材、防护装备和灭火药剂、油料等保障；战勤保障科负责对现场故障车辆装备进行抢修，对长时间持续战斗的车辆装备进行不间断巡查，确保状态良好；负责参战人员的饮食保障，作战时间超过6 h，补给食品按参战人员每3 h就餐一次准备，饮用水加大供给量。

4.3.4　社会联动部

由市应急联动中心，支队灭火救援部、防火部门领导、支队后勤部门、社会相关联动单位负责人等组成，主要负责各社会联动单位之间的协调，并根据现场指挥部的要求，实施信息、物资、技术和人员等资源联勤保障。公安、交通、卫生、气象、环保、电力、电信、公用事业等部门、单位接到通知后，立即赶赴指定地点集结，在总指挥部的统一指挥下，由市应急管理局协调各单位开展工作。

（1）公安机关：由市公安局调集交警、治安等警力。主要负责火场周边道路的警戒，维护现场秩序，对到达着火单位的沿途主要道路实施交通管制，保证参战车辆顺利通行。

（2）交通部门：调集大客车20辆、大货车20辆、铲车5部、自卸车5部。负责转运疏散居民，以及灭火人员、灭火装备器材和灭火剂的运输。

（3）医疗卫生部门：调集救护车5辆，负责对受伤人员实施紧急救护，转移治疗。

（4）气象部门：负责现场气象监测，特别是风力、风向等天气变化情况。

（5）电力部门：调集电力抢修车3辆、发电车3辆，负责排除火场中一切影响灭火战斗的带电因素，并确保夜间火场照明，并根据实际需要对建筑内部或周边进行断电或送电。

（6）环保部门：在单位技术人员的协调下，对环境和灭火污水的处理进行监护。

（7）公共事业部门：负责周边自来水供水管网的加压、抢修等工作。

4.4　社会联动单位联系表

序号	专业领域	姓　名	联系电话	工　作　单　位
1	指挥决策			市人民政府
2				市公安局
3				市应急管理局
4				区人民政府
5				区公安局
6				市消防救援支队
7	医疗救护			市第一医院
8				市第二医院
9	气象监测			市气象局
10	地质监测			市地质环境监督站
11				市地震局
12	交通管制			市交警支队
13				市交通运输局
14				区交警大队
15				公路局
16	供电技术			市供电局

（续）

序号	专业领域	姓　名	联系电话	工　作　单　位
17				市环境监测中心站
18				市环保局
19	资源环境 病情监控与处置			市卫生监督所
20				疾病控制中心
21				市政工程管理处
22				市规划局
23	信息通信			电信××分公司

5　指挥要点

5.1　途中决策

（1）在出动途中应联系指挥中心、报警人了解一下内容：火灾地址及周边水源、道路情况；起火部位燃烧物质、烟火蔓延及着火面积情况；人员疏散和被困情况；增援力量出动和社会应急联动单位调集情况。

（2）查阅起火建筑基本情况、灭火救援预案或者移动终端设备。

（3）接近火场时应注意观察以下情况：风向、风力情况；起火建筑和毗邻建筑的火光、烟雾情况；人员在窗口、楼顶呼救情况。

（4）综合火场信息，预判火灾规模，视情况请求调派增援力量。

（5）出动途中，世纪大道特勤站指挥员应向本站出动车辆、增援消防救援站指挥员通报掌握的情况，结合实际预先部署车辆停靠位置和初步作战分工，提示处置行动注意事项。

（6）向单位负责人提供初期处置意见（组织疏散人员、清理周边道路上的车辆和障碍物），准备好起火建筑楼层平面图及现场平面图等资料。

5.2　车辆停靠

（1）初战消防救援站车辆到场后，车辆应沿长安路北侧停靠，不得堵塞道路。主战车辆应部署在灭火救援行动开展的主要方面，大功率水罐消防车停靠在距起火点最近的上风方向入口处，供水车辆在外围占领水源，排烟车停靠在上风方向入口处。

（2）在人民大厦东侧设立增援车辆集结区，由专人负责现场指挥调度。增援车辆领受作战任务后，再进入火场作战区域。

（3）所有参战车辆应与着火建筑保持一定的安全距离，严禁车辆停靠在着火建筑的女儿墙、飘檐、外墙广告和装饰物等延伸构件下方，防止高空坠物伤人。重型消防车辆严禁停靠在地下井盖、沟板上方。

（4）举高消防车停靠应考虑作业场地承重、架空管线等情况，使传感器处于自动报警状态。作战任务未明确时，严禁盲目开展，严禁在梯臂上附加铺设水带实施供水。

（5）组织单位物管人员及时清理建筑周边的石墩、隔断等障碍，转移临停车辆，为消防车辆停靠、大型工程车辆开展破拆提供作业面。

5.3 火场警戒

（1）现场划定两层警戒区，即火场核心警戒区、外围警戒区，并设置明显警戒标志。火场核心警戒区由消防救援人员和公安民警共同负责警戒；火场外围警戒区由地方党委政府或公安、交警等部门负责警戒，一般在2个街口外划定该警戒区，严防无关人员靠近火场拍照、摄像影响战斗开展。

（2）及时清理警戒区内无关人员，严禁无关人员进入警戒区，防止商户、顾客擅自进入火场内部救人救物。

（3）对疏散抢救出来的物资，要选择不影响救援的地点集中放置，并协调民警进行看护。

（4）对燃烧猛烈、灾情可能进一步扩大的现场，要加强预判，预先扩大警戒区域面积。

（5）警戒范围图如下：

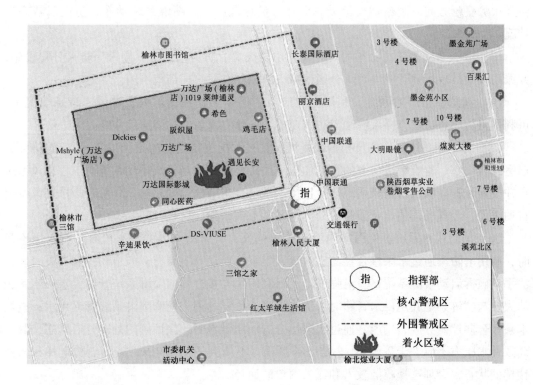

5.4 侦察评估

（1）出入口烟雾浓度、流速、排烟情况；毗邻建筑情况，是否有人员被困等。

（2）商场楼层功能分区、存放商品种类、火灾负荷、商户联系电话等情况。

（3）建筑出入口布局、内部改扩建、地下建筑深度、与其他建筑及轨道交通连通等情况。

（4）写字楼内工作人员、酒店入住人员数量和名单等情况。

（5）建筑外立面排烟口、逃生窗、可破拆部位等情况。

（6）根据观察出入口烟雾流动方向、浓度和风向，确定进攻入口和排烟出口。

（7）根据被困人员位置、数量和疏散通道情况，确定搜救小组数量和营救路线。

（8）根据烟火蔓延扩散情况，确定进攻路线、阵地位置、灭火组数量。

（9）根据着火区域防火分区面积、防火分区数量、与其他建筑连通情况，划分战斗区段。

（10）根据有无易燃易爆、毒害物品情况，确定战术措施及防护等级。

5.5　设施应用

（1）使用人员。应由不少于1名大队指挥员和1名消防救援站指挥员组成小组，第一时间进入消防控制室，确认起火部位，评估火势规模及蔓延趋势，建立防火分区，辅助疏散救人、堵截控火、排烟散热等作战行动。

（2）通过CRT图形显示装置和视频监控系统、火灾探测报警系统，查看核实起火部位及火势蔓延方向，观察烟气流动方向、人员疏散路线、喷淋系统动作、防火门状态等情况。

（3）防火分隔系统。必须第一时间利用防火墙、防火门、防火卷帘等防火分隔设施，并派内攻人员现场确认建立防火分区，将火势控制在建筑局部范围内。

（4）消防应急广播系统。利用消防应急广播引导建筑内部人员疏散。特殊情况下，可利用消防应急通信广播系统和消防固定电话，建立前后方之间通信联络。

（5）防排烟系统。指挥员根据现场情况，视情况决定启动防排烟设施。启动楼梯间、前室或合用室、避难走道前室的机械加压送风防烟设施；当机械排烟系统与工程通风系统合并设置时，应确认将通风系统转换为排烟系统；当烟气温度超过280 ℃时，排烟风机会自动关闭，经现场评估，可强制启动排烟风机1次，强启后运时间约30 min。

（6）消防供水系统。使用室内消火栓出枪灭火，启动室内的消火栓泵，当水压不足时，利用消防车通过水泵接合器向室内管网供水；启动喷淋系统，如自动控制失灵，应设法手动破拆启动喷淋系统，喷淋强度不足时利用水泵接合器向喷淋系统管网供水；当室内消火栓与喷淋系统共用供水管路时，优先保障着火层的消火栓和喷淋系统管网用水；查看水泵接合器控制分区、功能，通过水泵接合器加压供水时，保证阀门处于开启状态，其中高区补水压力不应大于2.5 MPa，低区补水压力不应大于1.6 MPa；查看消防电梯和疏散楼梯的状态，合理选择疏散救人和深入内攻的途径。

5.6　疏散救人

（1）启动应急广播系统指引人员疏散，组织物业人员对建筑内人员疏散情况进行核查，优先对火灾发生场所及其附近可能蔓延方向区域人员实施疏散。

（2）搜救部署。①划分搜救区域。将现场划分为安全区、亚安全区、风险区，组织各方搜救人员同时开展搜救。②人员编组。安全区可由每组不少于2名物业、公安、街办人员负责搜救疏散；亚安全区由每组2名消防员和1名物业人员负责搜救；风险区由每组不少于 3 名消防员负责搜救。搜救应分区域部署安排足够人力，以便在最短时间内完成搜救任务。③搜救顺序。按照起火区域（风险区）、起火相邻区域（亚安全区）、外围区域（安全区）的顺序进行搜救。

（3）携带器材。携带消防斧、铁锹、撬门器、机动切割机等破拆器材，热成像仪、测温仪、有毒气体检测仪等侦检器材，救生照明线、消防员路线灯、过滤式或隔绝式救生面罩、救生担架等救生照明器材。应携带无线自组网通信装备和消防员后场定位系统。

（4）搜救路线。①以"防烟楼梯间和封闭楼梯间为主、其他途径为辅"的原则确定搜救路线。利用防火分区的安全出口、防烟楼梯间或者封闭楼梯间疏散到室外安全地带，暂时无法疏散到室外的应及时到避难层、室外阳台、楼顶露台等相对安全部位等待救援。②外部利用举高消防车、金属拉梯等消防梯登高器材开辟疏散救生通道营救人员。③严禁利用消防电梯直接登至着火层或者穿越着火层。

（5）搜救重点。搜救应重点搜寻内部楼梯间、货架下、橱（柜）内、卫生间、墙角、门后等部位。对已搜索完毕的房间或者区域，粘贴明显标志，避免重复搜救。

（6）对搜救出的人员要进行清点，逐一登记（照相），伤员移交医护人员。

5.7　供水保障

（1）供水组织。全勤指挥部应设置供水指挥组，指定专人负责供水体系建立，将主要供水车辆装备、社会联动力量等进行统一调度使用。参战单位应及时上报供水组织情况、最大供水能力以及提出供水需求。

（2）现场采用直接供水、接力供水、运水供水等方式保障供水需求。优先使用火场周边市政消火栓、人工水池，其次选择河流、沟渠、池塘、湖泊等水源。按照管径管网供水能力评估取水口数量，避免出现供水水压不足、中断等情况。

（3）供水装备选择。供水车辆优先调集吨位较大、流量较大的消防车，在后续远程供水系统，供水车辆供水性能应优于前方车辆。优先选用 100 mm 口径水带供水，供水干线水带要靠路边铺设，避免穿越车底，横穿马路要利用水带护桥保护，保持道路通畅。

（4）供水距离与方式选择。①火场 200 m 以内水源充足时，宜采用单车多点取水供水；②在 200~1000 m 以内，宜采用 4~5 台消防车为一个供水编组进行串联供水；③超过 1000 m 优先采用大功率远程供水系统，当远程供水系统未到场之前直接采用运水供水，供水车辆依托现有消防车为主，城市环卫车作为力量补充。

（5）供水强度。首批到达火场力量组织供水强度应不低于 200 L/s。根据火灾荷载、燃烧区域面积、固定消防设施等情况，增援力量供水强度宜按照不低于 400 L/s、800 L/s、1000 L/s 的规模组织。

5.8　火场排烟

（1）战术原则。坚持以固为主，固移结合的方式，合理选择自然排烟和人工排烟，根据实际情况分割区域组织进行排烟。

（2）固定排烟设施运用。建筑内部排烟设施在烟气温度超过 280 ℃时会自动停止，需要人工强制启动。

（3）自然通风排烟运用。①自然排烟通常贯穿火灾扑救过程始终，消防员应利用门、窗、中庭顶部玻璃、竖井等部位，对着火区域自然排烟，对疏散区域自然通风，影响烟气流动，确保人员疏散安全。②必要情况下，可利用强臂破拆车等手段人工建立排烟口。创建排烟口前，应充分考虑烟气流动规律和辅助排烟装备需求。

（4）移动排烟机排烟。移动排烟机通常采用串联、并联、V型、多重结合方式进行排烟。内燃机动力排烟机和电动排烟机适用于外部排烟，水驱动排烟机适用于内部排烟。

（5）排烟车排烟。排烟车宜用于地下楼层和相对密闭空间的排烟，排烟管道口设施应尽量抬高。

（6）高倍数泡沫排烟。充灌高倍数泡沫时打开着火点前方出入口或者排烟口，从上风方向进攻喷射推进泡沫，应先喷射中倍数泡沫，再喷射高倍数泡沫，可加快泡沫推进速率，增强排烟效果。

（7）典型区域排烟方法。①对楼道空间排烟时，可使用屏障水枪与正压排烟机联用，梯次推进，确保排烟效率；②对于大空间区域排烟，优先考虑利用防火卷帘、水幕水带、屏障水枪等进行划区分割，逐步逐区域进行排烟；③对于地下或自然排烟口较少区域，可视现场情况在靠近着火区域最近位置的顶部位置开辟排烟口。选择破拆屋顶排烟口要注意防止火势从排烟口向上蔓延。

（8）指挥员应根据现场情况选择正压送风排烟和负压机械排烟方法。通常情况下，正压送风排烟常配合单、双面防御阻击型火场，不宜配合围歼、夹击战术；负压机械排烟可配合包围堵截战术，舍弃火场次要部分，达到保卫重点部位的战术目的。

5.9　通信保障

（1）现场组网。针对参战力量多、通信频点不足的情况，统筹使用 350 M 电台，POC 手机、自组网电台等通信装备组建现场一级、二级、三级通信指挥网，明确各级指挥网和各作战区段频道、使用人员及数量。

（2）通信保障组。迅速出动后方、前突和遂行指挥部等 3 个通信保障小组到现场，第一时间依托微信等社交平台建立通信保障群。通信群应包含总队、支队级救援队伍通信岗位人员。①前方通信保障小组：接到出动指令后，10 min 内出动，使用具有越野功能的通信器材运输车，携带单兵图传、小型无人机、供电设备（至少满足 8 h 连续作业）等轻型通信设备，第一时间到场建立现场与后方的不间断音视频通信，起飞无人机摄像，回传灾害现场图像、灾情信息及态势；②后方通信保障小组：支队、总队后方通信保障小组人员立即就位并开启各类应急通信指挥系统，建立后方指挥中心与现场的音视频通信网络，保障领导第一时间了解灾情。视情况启动应急通信保障联动机制；③遂行指挥部通信保障小组：优先使用通信指挥车（动中通/静中通），携行对讲机、单兵图传（音视频布控球）、无人机等通信器材。同时，根据现场实际情况，完成指挥部搭建、现场通信组织、现场专网覆盖、多部门协同通信、通信持续保障等任务。

（3）现场语音通信保障。①现场指挥部指挥长、各区段指挥员至少配备 1 名通信员，协助指挥长（员）接收语音信息，记录作战命令；②复杂区域信号覆盖。在进攻楼层进出口、拐角等位置架设 350 M 及组网便携式基站，或内攻人员佩戴自带中继功能自组网手持电台，保障火场内外部通信畅通。

（4）现场图像传输保障。①现场图像传输主要以手持 4G 单兵图传、4G 布控球、无人机摄像、车载 4G 图传为主，公安天网监控、建筑内部监控为辅；②初期首战力量到场，应选择不少于 2 个点位分别架设 4G 单兵图传设备，1 个点位可监控火场全局，1 个点位可监控火场内部；后期增援力量到场，应在每个战斗区段分别架设 4G 单兵图传设备，可监控各区段火场内部进攻方向；③内攻人员通过手持 4G 单兵图传、POC 对讲机摄像头实时拍摄传输火场内部图像至指挥部。

（5）各参战人员要严格遵守通信纪律、按照约定通信代码进行呼叫，不得私自更换频道，一有呼叫及时应答。遵循先主后次、先急后缓、突出重点、密切协作、确保畅通的原则。

5.10　战勤保障

（1）根据城市大型综合体火灾特点、扑救措施和战法，及时做好供水器材、救生器材、照明器材以及警戒类、侦检类、通信类、排烟类、破拆类、供气类等器材保障。①供水器材：配置与保障火场持续供水相配套的器材，包括高压水带、无后坐力水枪、专用分水器和各类转换接口、固定附件、水带及分水器紧固部件、安全绳、手抬机动泵等。部分地区还可配备移动水囊，建设内河湖泊取水泵站。②救生器材：按照多种途径救人的需要配置救援绳索、救生袋、救生梯、救生气垫、逃生缓降器、救生抛投器、楼顶缓降装置、柔性救生滑道、防毒面具等救生器材。③排烟器材：针对烟气和毒气的特点，配置大风量排烟机、水驱动排烟机、水幕水带、高倍数泡沫发生器、屏障水枪、喷雾水枪等辅助排烟器材。④其他器材：包括警戒类（隔离警示带、闪光警示灯、出入口标志牌）、侦检类（有毒气体探测仪、热成像仪、漏电检测仪）、破拆类（开门器、破玻器、强臂破拆车）、照明类、个人防护类、移动充气类、生活保障类等器材装备。

（2）装备保障区。装备保障区是灭火救援行动中装备器材的保障、轮换、补充区，装备保障区可集中设置，也可在各战斗区段分散设置，派专人负责管理、运输。

（3）轮换待命区。在各战斗区段分别设置内攻轮换人员待命区，一般与各战斗区段装备保障区并列设置。

（4）作战人员休息区。长时间作战时应设置作战人员休息区，休息区应具备食宿、盥洗等功能。如现场宿营车数量有限，可协调卧铺车、公交车或周边宾馆供作战人员休整。

（5）社会联动力量集结区。分别为公安、交警、供水、供电、民间救援力量设置集结区。

（6）保障车辆集结区。设置区域集中停放移动发电车、移动基站车、维修车、移动供液车、加油车、医疗车、餐饮车等保障车辆。

5.11 安全管控

（1）人员管控。①设立安全员。每个消防救援站应设立 1 名安全员，全勤指挥部应设立 1 名安全助理对现场安全员进行统一管控；②消防救援站安全员主要负责记录内攻人员进入时间，撤离时间，并按程序检查内攻人员防护装备；了解内攻人员体力、健康情况，及时向指挥员提出人员替换建议；对危险区段、部位进行实时监测，发现判断突发险情；③配备装备。携带现场进出登记箱、报警器、内攻人员情况登记本、连续紧急闪强光、通信扩音器。外部使用建筑倒塌监测仪、水平仪、连续紧急闪强光、通信扩音器；④内攻人员应佩戴具有定位功能的后场接收装置；⑤登高作战人员，必须采取防滑、防坠落措施，采用安全绳进行固定保护，且固定支点不得少于 2 处；⑥进入带电建筑内作战时，必须穿戴电绝缘服、绝缘靴、绝缘手套等防护装备，携带漏电探测仪、绝缘胶垫、接地线（棒）等器材，当发生带电导线击伤作战人员时，应迅速利用绝缘物体使触电者脱离电源，并采取急救措施。

（2）建筑物倒塌风险监测。外部利用强臂破拆车、挖掘机等大型机械设备制造震动时，应派遣地方建筑结构专家对建筑内部柱、梁、楼板、屋顶承重构件、疏散楼梯等构件进行监测并判断倒塌风险等级。

（3）有毒有害气体监测。现场设置多个检测点对作战区域内外进行动态侦测，对于下风和侧下风方向逐步扩大检测区域，防止发生环境污染或中毒。

（4）紧急营救。现场应设置紧急救援小组，及时救助陷入危险的内攻人员。紧急救援小组应全程掌握队伍内攻作战情况，提前预置在重点部位，第一时间介入排查风险及人员救助。Ⅰ级灾情时由辖区消防救援站设立一个紧急救援小组，Ⅱ级灾情时由全勤指挥部统一设立一个紧急救援小组，Ⅲ级灾情时由全勤指挥部统一设立至少两个紧急救援小组。

（5）处置危险性较大的建筑火灾，必须预先确定撤离信号的传递方式、撤离的方向和路线，清除紧急撤离线路上的障碍，确定掩蔽体，一旦接到紧急撤退命令，一律徒手撤离。

参 考 文 献

［1］ 商靠定. 灭火救援指挥［M］. 北京：公安大学出版社，2015.

［2］ 郭景涛. 城市群重大公共安全事件应急指挥协同研究［M］. 广州：中山大学出版社，2020.

［3］ 周俊良，陈松. 消防应急救援指挥［M］. 徐州：中国矿业大学出版社，2018.

［4］ 任海泉. 军队指挥学［M］. 北京：国防大学出版社，2007.

［5］ 李建华，黄郑华. 灾害现场应急指挥决策［M］. 北京：中国人民公安大学出版社，2011.

［6］ 夏登友. 灭火救援效能分析与评估［M］. 北京：化学工业出版社，2018.

［7］ 刘静. 消防部队联合救援协同组织指挥［M］. 北京：化学工业出版社，2019.

［8］ 史越东. 指挥决策学［M］. 北京：解放军出版社，2005.

［9］ 李建华，黄郑华. 火灾扑救［M］. 北京：化学工业出版社，2012.

［10］ 郭铁男. 中国消防手册［M］. 上海：上海科学技术出版社，2006.

［11］ 伍和员. 消防指挥员灭火指挥要诀［M］. 上海：上海交通大学出版社，2012.

［12］ 宋华文. 装备指挥决策论［M］. 北京：国防工业出版社，2014.

［13］ 李建华. 灭火战术［M］. 北京：中国人民公安大学出版社，2014.

［14］ 康青春. 灭火战术学［M］. 北京：中国人民公安大学出版社，2016.

［15］ 董树军，张庆捷. 军事运筹学教程［M］. 北京：蓝天出版社，2006.

［16］ 侯士田. 警务实战指挥决策学［M］. 北京：中国人民公安大学出版社，2016.

［17］ 李树. 灭火战术基础［M］. 北京：机械工业出版社，2014.

［18］ 夏登友. 灭火救援战斗力评估指标体系研究［J］. 消防科学与技术，2008，27（4）.